职业院校煤矿类专业课程教材

矿井通风

范晓娟　褚纯贞　主　编

中国劳动社会保障出版社

图书在版编目（CIP）数据

矿井通风 / 范晓娟，褚纯贞主编．-- 北京 ：中国劳动社会保障出版社，2025. --（职业院校煤矿类专业课程教材）. -- ISBN 978-7-5167-7025-2

Ⅰ. TD72

中国国家版本馆 CIP 数据核字第 2025TK3841 号

矿井通风

KUANGJING TONGFENG

中国劳动社会保障出版社出版发行

（北京市惠新东街 1 号　邮政编码：100029）

*

北京市鑫霸印务有限公司印刷装订　　新华书店经销

787 毫米 ×1092 毫米　16 开本　15.5 印张　335 千字

2025 年 8 月第 1 版　　2025 年 8 月第 1 次印刷

定价：41.00 元

营销中心电话：400-606-6496

出版社网址：https://www.class.com.cn

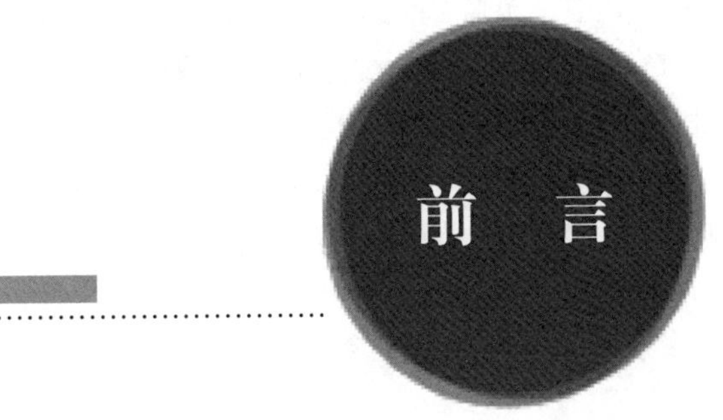

前言

为全面贯彻党的二十大和二十届二中、三中全会精神，深入贯彻落实习近平总书记关于大力发展技工教育的重要指示精神，落实中共中央办公厅、国务院办公厅印发的《关于推动现代职业教育高质量发展的意见》，推进技工教育高质量发展，全面推动技工院校教学模式改革创新，适应新时代技能人才培养要求，满足全国技工院校、职业院校以及相关培训单位的需求，我们在充分调研的基础上，组织有关院校的教师和行业企业专家，编写了“职业院校煤矿类专业课程教材”并将其作为“十四五”技工教育规划教材推荐使用。

在编写本套教材的过程中，我们严格贯彻落实《职业院校教材管理办法》《技工院校教材管理工作实施细则》《中等职业学校专业教学标准》等文件要求，依据技工院校教材规划、专业课课程规范，服务学生成长和就业创业，兼顾职业培训实际需要。本教材具有四个方面的特点：一是坚持知识性、准确性、适用性、先进性，体现专业特点。教材努力做到以教学实际为需求导向，根据煤矿行业发展现状和趋势，合理编写教材内容，同时在严格执行国家有关技术标准的基础上，尽可能多地介绍行业新知识、新技术、新工艺和新设备。二是突出职业教育特色，重视实践能力培养。教材以职业能力定位内容，根据煤炭专业职业实际需要，适当设置专业知识的深度与难度，合理确定学生应具备的知识结构和技能水平，以满足企业对技能型人才的需求。三是创新编写模式，激发学生学习兴趣。按照技工院校、职业学院和职业培训机构教学规律和学生的认知规律，合理安排教材内容，定位学习目标，以问题为导向设置知识导引、知识点和技能点，以图表、实物照片辅助知识理解，为学生营造生动、直观的学习环境。四是注重立体化开发，方便多媒体教学使用。

《矿井通风》配有电子课件并逐步丰富配套习题册等教学资源，以方便教师上课使用，可以通过技工教育网（https://jg.class.com.cn）查询下载。本教材可作为全国职业院校煤矿类及其相关专业课程的通用课程教材，也可作为煤矿类专业各类职业培训教材。本教材主要内容包括矿井空气及气候条件、矿井通风压力、矿井通风阻力、矿井通风动力、矿井通风系统、掘进通风、矿井风量计算、矿井通风网络、矿井风量调节等共九章，重点介绍了矿井通风相关理论知识的计算以及矿井通风的基本要求。为贴近教学与学习实践，本教材中在每章设置了学习目标、学习导引、思考练习题、技能实训，力求使内容符合职业教育和职业培训的教学需求，做到实用、适用。

《矿井通风》由太原煤炭气化（集团）有限责任公司技工学校范晓娟、褚纯贞任主编并负责编写大纲、统稿，太原煤炭气化（集团）有限责任公司技工学校韩婷婷、七台河技师学院王伟海参编。其中，范晓娟编写了第二章、第三章；褚纯贞编写了第五章、第六章；韩婷婷编写了第七章、第八章、第九章；王伟海编写了第一章、第四章。

在教材编写过程中，我们充分吸收借鉴了相关教材、著作的思路和内容，接受了很多优秀教师、企业管理人员、行业专家等的指导，在此表示衷心的感谢。由于水平有限，尽管我们认真构思、反复修改，但依然存在内容或文字上的缺憾，衷心希望广大教师、学生、读者提出宝贵的意见和建议。

“职业院校煤矿类专业课程教材”工作组

2025 年 3 月

目　录

第一章

矿井空气及气候条件

本章学习目标

1. 掌握矿井空气的主要成分及有毒有害气体组成。
2. 熟悉井下有害气体的性质、来源、危害、最高允许浓度。
3. 了解影响矿井空气温度的因素。
4. 掌握矿井空气温度、湿度的变化规律以及改善矿井气候条件的措施。
5. 掌握气体检测仪器的使用方法。

学习导引

在矿井生产过程中，必须持续不断地将地面空气输送到井下各个作业地点，以供给人员呼吸，并稀释和排除井下各种有害气体和粉尘，创造良好矿井气候条件，确保井下作业人员的身体健康和生产安全。

第一节　矿井空气的主要成分

一、概述

1. 地面空气的主要成分

一般来说，地面空气的成分是基本固定且无害的，仅局部地区有粉尘、有害气体和高温气体污染。因此，《煤矿安全规程》规定，进风井口必须布置在粉尘、有害和高温气体不能侵入的地方。已布置在粉尘、有害和高温气体能侵入地点的，应制定安全措施。

通常来说，地面空气是由干空气和水蒸气组成的混合气体。在正常情况下，干空气主要由氮气、氧气和二氧化碳等气体组成，另外还有少量的氦、氖、氩、氪、氙等稀有气体。按体积和质量计算，它们在空气中的占比见表 1-1。

表 1-1　干空气的组成成分表

空气成分	体积分数 /%	质量分数 /%	分子量
氮气	78.088	75.527	28.013
氧气	20.949	23.143	31.999
二氧化碳	0.030	0.046	44.010
稀有气体	0.933	1.284	—

2. 地面空气进入矿井后成分和性质的变化

地面空气进入矿井后，在成分和性质上将发生一系列的变化，如成分种类增多、各种成分的浓度发生改变等，具体表现为以下 4 点。

（1）混入各种有害气体

如甲烷、二氧化碳、硫化氢、二氧化硫等从煤层、岩层中涌出，混入井下空气中。

（2）混入煤尘和岩尘

井下各种作业所产生的细小岩尘、煤尘和其他粉尘悬浮在井下空气中。

（3）氧气浓度降低

使井下空气中氧气浓度降低的原因包括：井下各种物质（煤、岩石、支架等）的缓慢氧化；井下火灾和瓦斯、煤尘爆炸；爆破作业；火区氧化以及人员呼吸等都要消耗氧气，产生二氧化碳、一氧化碳、二氧化氮等气体。

（4）矿井空气的温度、湿度和压力发生变化

由于地热、氧化及水分蒸发等，使井下空气温度增高、湿度增大，空气压力也随之相应变化。

3. 矿井空气的概念

相对于地面新鲜空气而言，在成分和性质上发生了一系列变化的矿井井巷及工作面的空气称为矿井空气。相对于地面空气而言，在成分和性质上变化程度不大的矿井空气称为新鲜空气，简称新风，如井下进风巷中的空气；把经过井下工作面使用或受到井下浮尘和有害气体污染的，在成分和性质上变化程度较大的矿井空气称为污浊空气，简称污风或乏风，如井下回风巷中的空气。

二、矿井空气的主要成分及其对人体的影响

虽然地面空气进入矿井后将发生一系列变化，但组成矿井空气的主要成分仍然是氧气、氮气和二氧化碳，下面分别介绍矿井空气的主要成分。

1. 氧气（O_2）

（1）性质

空气中的氧气是一种无色、无味、无臭、化学性质很活泼的气体，易使其他物质氧化，几乎可以与所有气体相结合；相对于空气的密度为 1.11；是人与动物呼吸和大部分物质燃烧不可缺少的气体。

（2）对人体的影响

氧气与人的生命活动有着十分密切的关系。人类通过摄食及呼吸空气中的氧气，在体内进行新陈代谢，从而维持生命活动。人对氧气的需求量与人的体质及劳动强度有关，正常成年人，休息时平均需氧气量为 0.25 L/min；进行工作和行走时需氧气量为 1～3 L/min。空气中氧气浓度（体积分数）在 21% 左右时最有利于呼吸。在矿井条件下，空气中氧气浓度对人体的影响见表 1－2。

表 1－2　　空气中氧气浓度对人体的影响

氧气浓度（体积分数）/%	对人体的影响
17	静止时无影响，工作时能引起喘息和呼吸困难
15	呼吸急促及心跳加速，耳鸣目眩，感知和判断能力降低，失去劳动能力
10～12	失去理智，时间稍长有生命危险
6～9	失去知觉，呼吸停止，如不及时抢救可在几分钟内死亡

（3）矿井空气中氧气浓度降低的原因

有机物及无机物（坑木、煤、岩石）氧化；爆破作业；井下火灾及瓦斯、煤尘爆炸；矿井中各种气体（甲烷、二氧化碳及其他气体）的混入，使氧气浓度相对降低；人的呼吸。

2. 氮气（N_2）

（1）性质

氮气是一种无色、无味、无臭的不活泼气体；相对于空气的密度为 0.97；不助燃，也不能供给人的呼吸。在正常情况下，氮气对人无害；但在井下有限空间内，当空气中氮气浓度过高时，将相对地降低氧气浓度而使人缺氧窒息。

（2）矿井空气中氮气浓度增大的原因

有机物的腐烂；爆破作业；天然的氮气从煤、岩裂隙中涌出。在通风正常的井巷中，氮气浓度一般变化不大。

3. 二氧化碳（CO_2）

（1）性质

二氧化碳是一种无色、无味、能溶于水的气体；不助燃，也不能供给人的呼吸；相对于空气的密度为 1.52，所以二氧化碳也有“重气”之称。二氧化碳常积存在下山、盲巷、暗井、采空区和通风不良的巷道底部。

（2）对人体的危害

新鲜空气中含有的微量二氧化碳对人体是无害的。二氧化碳对人体的呼吸中枢神经有刺激作用，如果空气中完全不含二氧化碳，人体的正常呼吸功能也不能维持。所以在为中毒或窒息的人员进行人工输氧时，往往要在氧气中加入微量的二氧化碳，以促使患者加强呼吸。但当空气中二氧化碳的浓度过高时，将使空气中的氧气浓度相对降低，轻则使人呼吸加快，呼吸量增加，重则造成人员中毒或窒息。空气中二氧化碳浓度对人体的影响见表 1-3。

表 1-3　　空气中二氧化碳浓度对人体的影响

二氧化碳浓度（体积分数）/%	对人体的影响
1	呼吸急促
3	呼吸量增大 2 倍，易产生疲劳现象
4～5	呼吸量增大 3 倍，呼吸困难，且有较重的耳鸣，太阳穴处血管出现剧烈跳动现象
6	出现强烈喘息和虚弱现象
10～19	发生昏迷，失去知觉
20～25	立刻中毒（窒息）死亡

（3）二氧化碳的主要来源

煤和有机物的氧化；人的呼吸；碳酸岩分解；爆破作业；煤炭自燃；瓦斯、煤尘爆炸等。此外，有的煤层和岩层中也能长期地持续放出二氧化碳，有的甚至能与煤（岩）粉一起突然大量喷出，给矿井带来极大的危害。如我国某矿井曾在 1975 年发生过一起二氧化碳和岩石突出的事故，突出岩石 1 005 t，二氧化碳 11 000 m^3。二氧化碳窒息同缺氧窒息一样，都是造成矿井人员伤亡的重要原因之一。《煤矿安全规程》规定，采掘工作面的进风流中，二氧化碳浓度不超过 0.5%。

第二节　矿井空气中的主要有害气体

一、矿井空气中主要有害气体的性质、危害与来源

矿井空气中常见的有害气体主要有一氧化碳、硫化氢、二氧化硫、二氧化氮、氨气、氢气、甲烷等。这些有害气体对井下作业人员的身体健康和生命安全危害极大，必须引起高度重视。

1. 一氧化碳（CO）

（1）性质

一氧化碳是一种无色、无味、无臭的气体，相对于空气的密度为 0.97，微溶于水，能燃烧，当体积分数达到 13%～75% 时遇火源会发生爆炸。

（2）对人体的危害

一氧化碳有剧毒，人体血液中的血红素与一氧化碳的亲和力较其与氧气的亲和力大 250～

300 倍，因此，当人体吸入含有一氧化碳的空气时，血红素首先与一氧化碳相结合，阻碍了它与氧气的正常结合，从而造成人体血液缺氧引起窒息和中毒。一氧化碳的中毒程度与中毒浓度、中毒时间、呼吸频率和深度及人的体质有关。一氧化碳中毒的症状与浓度的关系见表 1-4。一氧化碳中毒除上述症状外，最显著的特征是中毒者黏膜和皮肤呈樱桃红色。

表 1-4 一氧化碳中毒的症状与浓度的关系

一氧化碳浓度（体积分数）/%	主要中毒症状
0.016	数小时后有头痛、心悸、耳鸣等轻微中毒症状
0.048	1 h 可引起轻微中毒症状
0.128	0.5～1 h 引起意识迟钝、丧失行动能力等严重中毒症状
0.400	短时间内失去知觉、抽筋，30 min 内即可死亡

（3）一氧化碳的主要来源

爆破作业，矿井火灾，煤炭自燃以及瓦斯、煤尘爆炸事故等。据统计，在煤矿发生的瓦斯爆炸、煤尘爆炸及火灾事故导致的人员死亡中，70%～75% 是一氧化碳中毒所导致的。

2. 硫化氢（H_2S）

（1）性质

硫化氢是无色、微甜、略带臭鸡蛋味的气体，相对于空气的密度为 1.19，易溶于水，体积分数为 4.3%～46% 时具有爆炸性。

（2）对人体的危害

硫化氢有剧毒，它不但能使人体血液缺氧中毒，同时对眼睛及呼吸道的黏膜具有强烈的刺激作用，能引起鼻炎、气管炎甚至肺水肿。当空气中硫化氢体积分数达到 0.000 1% 时可闻到臭味，但当体积分数较高（0.005%～0.01%）时，因嗅觉神经中毒麻痹，臭味“减弱”或“消失”，反而闻不到。硫化氢中毒的症状与浓度的关系见表 1-5。

表 1-5 硫化氢中毒的症状与浓度的关系

硫化氢浓度（体积分数）/%	主要中毒症状
0.000 1	闻到强烈臭鸡蛋味
0.010 0	流涎和清鼻涕、瞳孔放大、呼吸困难
0.050 0	0.5～1 h 严重中毒，失去知觉、抽筋、瞳孔变大，甚至死亡
0.100 0	短时间内死亡

（3）硫化氢的主要来源

有机物腐烂，含硫矿物的水化，矿物氧化和燃烧，从老空区和旧巷积水中放出等。1971 年，我国某矿井一上山掘进工作面发生一起老空区透水事故，人员撤出后，矿调度室主任和一名技术人员去现场了解透水情况，被涌出的硫化氢熏倒致死。有些矿区的煤层中也有硫化氢涌出。

3. 二氧化硫（SO_2）

（1）性质

二氧化硫是无色、有强烈硫黄气味及酸味的气体，当空气中二氧化硫体积分数达到0.000 5%时即可闻到刺激气味。二氧化硫易溶于水，相对于空气的密度为2.32，是井下有害气体中密度最大的，在风速较小时，易积聚在巷道的底部。

（2）对人体的危害

二氧化硫有剧毒，空气中的二氧化硫遇水后生成硫酸，对眼睛有刺激作用，矿工们将其称为“瞎眼气体”。此外，二氧化硫也能对呼吸道的黏膜产生强烈的刺激作用。体积分数达到0.05%时，能引起急性支气管炎和肺水肿，并在短时间内死亡。二氧化硫中毒的症状与浓度的关系见表1-6。

表1-6　二氧化硫中毒的症状与浓度的关系

二氧化硫浓度（体积分数）/%	主要中毒症状
0.000 5	闻到刺激性气味
0.002 0	头痛、眼睛红肿、流泪、喉咙痛
0.050 0	引起急性支气管炎和肺水肿，短时间内有生命危险

（3）二氧化硫的主要来源

含硫矿物的氧化与燃烧，在含硫矿物中爆破以及从含硫煤体中涌出等。

4. 二氧化氮（NO_2）

（1）性质

二氧化氮是一种红棕色气体，有强烈的刺激性气味，相对于空气的密度为1.59，易溶于水。

（2）对人体的危害

二氧化氮是井下毒性最强的有害气体，遇水后生成硝酸，对眼睛、呼吸道黏膜和肺部组织有强烈的刺激及腐蚀作用，严重时可引起肺水肿。

二氧化氮中毒有潜伏期，容易被人忽视。中毒初期仅表现为眼睛和喉咙有轻微的刺激症状，常不被重视，有的在严重中毒时仍无明显感觉，还可坚持工作；但经过6 h甚至更长时间后，会出现严重中毒症状，主要特征是指尖及皮肤出现黄色斑点，头发发黄，吐黄色痰液，发生肺水肿，引起呕吐甚至死亡。二氧化氮中毒的症状与浓度的关系见表1-7。

表1-7　二氧化氮中毒的症状与浓度的关系

二氧化氮浓度（体积分数）/%	主要中毒症状
0.004	2～4 h内症状不显著，6 h后出现中毒症状，咳嗽
0.006	短时间内喉咙感到刺激，咳嗽，胸痛
0.010	强烈刺激呼吸器官，严重咳嗽，呕吐、腹泻，神经麻木
0.025	短时间内即可致死

（3）二氧化氮的主要来源

矿井中二氧化氮的主要来源是井下爆破作业，炸药爆炸时会产生一系列氮氧化物，如一氧化氮（遇空气即转化为二氧化氮）、二氧化氮等（炮烟的主要成分）。1972 年我国某矿井在煤层中掘进巷道时，工作面非常干燥，作业人员放炮后立即迎着炮烟前进，结果因吸入炮烟过多，造成二氧化氮中毒，2 名作业人员于次日死亡。因此在爆破作业时，一定要加强通风，防止炮烟熏人事故。

5. 氨气（NH_3）

氨气是一种无色、有浓烈臭味的气体，相对于空气的密度为 0.596，易溶于水。当空气中的氨气体积分数达到 30% 时有爆炸危险。氨气有剧毒，对皮肤和呼吸道黏膜有刺激作用，可引起喉头水肿，严重时失去知觉，甚至导致死亡。

氨气主要在矿井发生火灾或爆炸事故时产生，部分岩层中也有氨气涌出。

6. 氢气（H_2）

氢气无色、无味、无毒，相对于空气的密度为 0.07，是井下最轻的有害气体。空气中氢气体积分数在 4%～74% 时有爆炸危险。

井下氢气的主要来源是蓄电池充电，有些中等变质的煤层中也有氢气涌出。此外，矿井发生火灾和爆炸事故也会产生氢气。

7. 甲烷（CH_4）

除了上述有害气体之外，矿井空气中最主要的有害气体是甲烷。甲烷是一种具有窒息性和爆炸性的气体，对煤矿安全生产的威胁最大，与煤矿安全、瓦斯防治相关的教材中均会详细介绍其主要性质、危害和预防措施，本节不再展开。

在煤矿生产中，通常把以甲烷为主的这些有毒有害气体总称为瓦斯。

二、矿井有害气体的检测

对矿井气体进行检测是有害气体危害防治的前提，也是矿井通风安全的重要内容。检测的目的是掌握矿井有害气体的规律及其浓度，确定其是否符合规定，若不符合规定，则必须采取措施进行处理。另外，通过气体检测还可以分析通风质量，检查漏风，预测井下煤炭自燃及分析火区状况等。这里只对有害气体的检测方法进行概述。

近年来，随着煤矿安全装备的不断发展、瓦斯监控系统的普遍应用，有害气体的检测手段也日趋完善，各大型、中型矿井已经形成了人工定点、定时检测与自动监测相结合的检测体系。在人工检测方法中，除了取样分析法之外，目前使用最广泛的是快速检测法。下面介绍可用于 CO、NO_2、H_2S、SO_2、NH_3、H_2 快速检测的方法。

煤矿井下空气中 CO、NO_2、H_2S、SO_2、NH_3 和 H_2 等有害气体的浓度测定，普遍采用比长式检测管，其原理是根据待测气体与检测管中的指示粉发生化学反应后指示粉的变色长度来确定待测气体浓度。下面以比长式 CO 检测管为例说明其检测原理及检测方法。

比长式 CO 检测管是一支直径为 4～6 mm，长度约 150 mm 的玻璃管，以活性硅胶为载体，吸附碘酸钾和发烟硫酸，当 CO 气体通过时，在发烟硫酸作用下，吸附在硅胶上的碘酸钾被还原，析出碘，使指示粉变为棕色，进而在玻璃管壁上形成一个棕色环，棕色环随着气体的不断通入向前移动，移动的长度与气样中所含 CO 浓度成正比。因此，可以根据玻璃管上的刻度直接读出 CO 的浓度值。测定 CO 时，矿井空气中部分碳氢化合物可能对结果产生影响，因此也可加入消除剂使结果更准确。比长式 CO 检测管结构如图 1–1 所示。

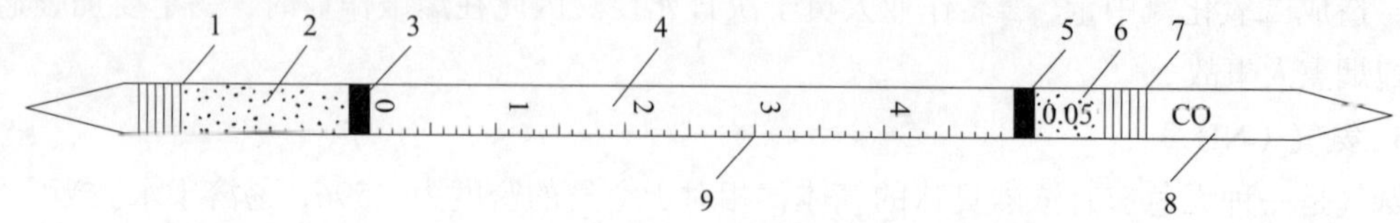

图 1–1　比长式 CO 检测管结构示意图

1，7—堵塞物；2，6—硅胶；3，5—消除剂；4—指示粉；8—玻璃管；9—刻度线

其他有害气体的比长式检测管结构及工作原理与 CO 基本相同，只是检测管内装的指示粉和吸附试剂各不相同，颜色变化各有差异。我国煤矿用比长式气体检测管主要性能见表 1–8。

表 1–8　　我国煤矿用比长式气体检测管主要性能表

检测管名称	型号	测量范围	最小分辨率	最小检测浓度	颜色变化
CO	Ⅰ	（5～50）$\times10^{-6}$	5×10^{-6}	5×10^{-6}	白色→棕褐色
	Ⅱ	（10～500）$\times10^{-6}$	20×10^{-6}	10×10^{-6}	
	Ⅲ	（100～5 000）$\times10^{-6}$	200×10^{-6}	100×10^{-6}	
CO_2	Ⅰ	0.002～0.03	0.002	0.001	蓝色→白色
	Ⅱ	0.01～0.15	0.01	0.005	
H_2S	—	（3～100）$\times10^{-6}$	5×10^{-6}	3×10^{-6}	白色→棕色
SO_2	—	（2.5～100）$\times10^{-6}$	5×10^{-6}	2.5×10^{-6}	紫色→土黄色
NO_2	—	（1～50）$\times10^{-6}$	2.5×10^{-6}	1×10^{-6}	白色→黄绿色
NH_3	—	（20～200）$\times10^{-6}$	20×10^{-6}	20×10^{-6}	橘黄色→蓝灰色
O_2	—	0.01～0.21	0.01	0.005	白色→茶色
H_2	—	0.005～0.03	0.005	0.003	白色→淡红色

与比长式检测管配套使用的还有圆筒形压入式手动采样器，其主要结构如图 1–2 所示。

采样器由变换阀和活塞筒等部分组成。活塞筒用来抽取气样，变换阀则可以改变气样流动方向或切断气流。当阀门把手处于垂直位置时，活塞筒与接头胶管相通；将阀门把手沿顺时针方向旋转至水平位置时，活塞筒与气嘴相通；当阀门把手处于 45° 位置时，变换阀将活塞筒与外界气体隔断。在活塞拉杆上刻有标尺，可以显示手柄拉动到某一位置时吸入活塞筒的气样体积（mL）。

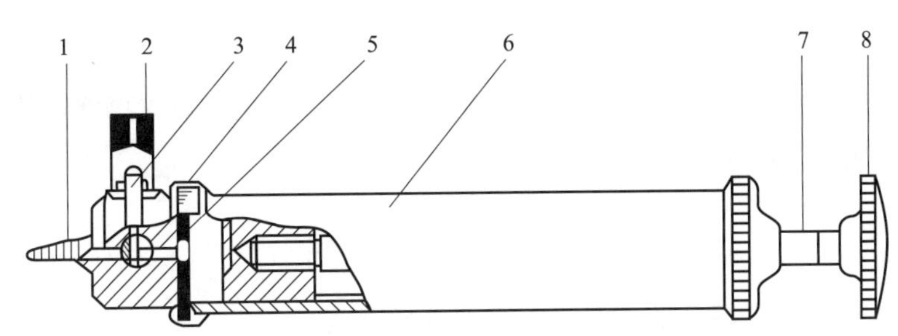

图 1–2　圆筒形压入式手动采样器结构示意图

1—气嘴；2—接头胶管；3—阀门把手；4—变换阀；5—垫圈；6—活塞筒；7—活塞拉杆；8—手柄

使用时先将阀门把手旋转至水平位置，在待测地点拉动活塞拉杆往复抽送气 2～3 次，使待测气体充满活塞筒，再将把手旋转至 45° 位置；将检测管两端用小砂轮片打开，按检测管上的箭头指向将检测管插入接头胶管；将把手旋转至垂直位置，按检测管上规定的送气时间（一般为 100 s）把气样匀速送入检测管，然后，拔出检测管读数。

如果被测环境空气中有害气体的浓度很低，用低浓度检测管不易测出，则可以采用增加送气次数的方法进行测定。测得的浓度值除以送气次数，即为被测对象的实际浓度。

若被测环境气体浓度大于检测管的上限（气样未送完检测管已全部变色），则应优先考虑检测人员的防毒措施，在安全的情况下，将待测气体稀释后再进行测定，但测定结果要根据稀释的倍数进行换算。

三、有害气体危害的防治措施

1. 加强通风

用通风的方法将各种有害气体浓度降低至《煤矿安全规程》规定的安全标准以下，这是目前有害气体危害的主要防治措施之一。

2. 加强对有害气体的检测

按照规定的检测制度，采用合理的检测方法和手段，及时发现存在的隐患和问题，采取有效措施进行处理。

3. 瓦斯抽采

对煤层或围岩中存在的大量高浓度瓦斯，可以采用抽采的方法加以解决，这样既可以减少井下瓦斯涌出，减轻通风压力，抽到地面的瓦斯还能加以利用，变废为宝。

4. 喷雾、洒水

CO_2、NO_2、SO_2、H_2S、NH_3 等有害气体都溶于水，喷雾洒水不但可以降低其浓度，还可起到降尘作用。因此井下爆破必须使用水炮泥，采掘工作面回风巷中必须安设水幕，爆破时必须喷雾 5 min 以上。

5. 加强对通风不良处和井下盲巷的管理

工作面采空区应及时封闭；临时停风的巷道要切断电源，设置栅栏和警示标识，需要进入时必须先进行有害气体检测，确认无害后方可进入。

6. 携带自救器

井下人员必须随身携带自救器。一旦矿井发生火灾或瓦斯、煤尘爆炸事故，井下人员可迅速使用自救器撤离危险区。

7. 急救

及时对缺氧窒息或中毒人员进行急救。一般应先将伤员转移到新鲜风流中，根据具体情况采取人工呼吸（NO_2、H_2S 中毒除外）或其他急救措施。

第三节　矿井气候条件

矿井气候条件是指矿井空气温度、湿度、大气压力和风速等参数所反映的综合状态，其与人体的热平衡状态有密切关系，直接影响着作业人员的身体健康和生产率。创造良好的矿井气候条件是矿井通风工作的基本任务之一。人不论是在休息还是在工作时，身体都会不断地产生热量和散失热量，以保持热平衡，使体温保持在 36.5～37 ℃。如果失去了这种平衡，就会引起身体不适，导致生产率下降，甚至威胁生命。影响人体热平衡的主要气候条件是空气的温度、湿度和风速。

一、影响矿井气候条件的因素

1. 矿井空气的温度

矿井空气的温度是影响气候条件的主要因素，温度过高或过低都会使人感到不舒适。一般情况下，井下最适宜的空气温度是 15～20 ℃。

（1）影响矿井空气温度的因素

影响矿井空气温度的因素有很多，且十分复杂，主要可分为以下 8 个因素：

1）岩层温度。岩层温度对矿井空气温度有很大的影响，是矿井的主要热量来源，约占总热量来源的 50%～60%。而地表以下的岩层温度是变化的，大致可分为以下三个地带：

①变温带。岩层温度随地面气温变化而变化的地带，一般距地表 20 m 左右，其温度随地面温度的季节变化而变化。

②恒温带。岩层温度常年保持恒定不变的地带，一般为地表以下 20～30 m 深度的地带。恒温带的温度通常等于该地区年平均地表温度。

③增温带。增温带是指在恒温带以下，岩层温度随垂深的增大而升高的地带，这个地带的岩层温度 T 与深度 Z 成正比。地温率是指在恒温带以下，岩层温度升高 1 ℃时所增大的垂直深度（m）。地温率与岩石的性质、种类有关，因此各地有所不同，例如，我国抚顺龙凤矿测定的平均地温率为 25～30 m/℃，河北唐山为 35 m/℃。如果知道某地区恒温带温度和地温率，就可以用式（1-1）预计深部水平的岩层温度：

$$t = t_{恒} + \frac{Z - Z_{恒}}{g_{温}} \tag{1-1}$$

式中， t——深度为 Z 时的岩层温度，℃；

$t_{恒}$——恒温带的岩层温度，℃；

Z——地下岩层温度为 t 时的深度，m；

$Z_{恒}$——恒温带深度，m；

$g_{温}$——地温率，m/℃。

【例 1－1】已知某矿井年平均地表温度为 10 ℃，恒温带深度为 25 m，地温率为 30 m/℃。求深度为 415 m 处的岩石温度。

【解】深度为 415 m 处的岩层温度为：

$$t = t_{恒} + \frac{Z - Z_{恒}}{g_{温}} = 10 + \frac{415 - 25}{30} = 23\ (℃)$$

当地面空气进入矿井后，因与岩层有温差，故在流动的同时会发生热交换。若矿井空气温度低于岩层温度，则岩层放热，使矿井空气的温度逐渐升高；反之，则岩层吸热，使矿井空气的温度逐渐下降。

2）地面空气温度。地面空气温度对矿井空气温度有直接的影响，尤其是在冬季、夏季和开采深度较浅的矿井，影响更为显著。冬季地面空气温度较低，冷空气流入矿井后，使矿井空气温度降低，如北方地区有的矿井进风井会有结冰现象，给行人和运输带来不便，因此，必须对风流进行预热，并满足进风井口以下的空气温度必须在 2 ℃以上的规定，以防结冰影响矿井提升安全。夏季地面空气温度很高，热空气进入井下后，使矿中空气温度升高，如南方地区有的矿井的井下进风巷或工作面每年有 1～2 个月处在高温热害之中。由此可以看出，矿井空气温度受地面温度的影响是十分明显的。

3）氧化生热。井下煤炭、坑木等物质的氧化会生成大量的热。例如，在 1 m^3 空气中由于煤的氧化而使二氧化碳浓度增加 0.1%（2 g）时，能产生 18 kJ 的热量，而这些热量能使 1 m^3 空气的温度升高 14.5 ℃。

4）水分蒸发吸热。水分蒸发时，将从空气中吸收热量，使空气温度降低。每蒸发 1 kg 水可吸收 2.5 kJ 的热量，能使 1 m^3 空气的温度降低 1.9 ℃。

5）空气的压缩与膨胀。空气沿井筒向下流动时，因空气受到压缩作用而产生热量，一般垂深每增大 100 m，其温度升高 1 ℃左右；相反，空气向上流动时，则因膨胀作用而降温，平均每升高 100 m，温度下降 0.8～0.9 ℃。

6）地下水。矿井地层中如有高温热泉或有地热水涌出时，能使地下岩层温度升高；相反，若低温的地下水活动剧烈，则地下岩层温度降低。

7）通风强度。通风强度可以用单位时间内进入井巷的风量表示。温度较低的空气流经井下巷道或工作面时，由于热交换作用吸收热量，所以流经井巷或工作面的风量越多（供风量越大）且通风强度越大，吸收的热量也就越多。同理，当温度较高的空气进入会使井下空气温度升高，且此时的通风强度越大，井下空气温度就会越高。由此可见，通风强度对井下气候条件是有影响的。

8）其他因素。在井下工作的作业人员的生理活动和机械运转等都对矿井空气温度有一定的影响。特别值得指出的是，随着我国煤矿生产机械化程度的不断提高，大型电气设备的使用量不断增大，加之井下机电硐室高度集中，机械运转所产生的热量对矿井空气温度的影响是不容忽视的。例如，风流每经过带式输送机的 1 台电动机，其温度就升高 1～2 ℃。

（2）矿井空气温度的变化规律

根据上述内容可以看出，矿井空气温度受多种因素的影响，其中有的起升温作用，有的起降温作用，但从许多矿井的实践看，一般升温作用都大于降温作用。矿井空气温度的变化规律如下：

1）在进风路线上（地面空气温度影响范围内），其空气温度随季节而变，和地面空气温度相比较，有冬暖夏凉的现象：在冬季，地面冷空气进入井下后，冷空气与地下岩层进行热交换，风流吸热，岩层散热，因地下岩层温度随深度增大，且风流下行受到压缩作用（增温），故沿矿井进风路线上空气温度逐渐升高；夏季与冬季的情况大致相反，沿线空气温度逐渐降低。

2）在整个风流路线上，采掘工作面一般是空气温度最高的区段。地面空气温度的影响范围（指进风风流流经路线长度或距离）一般为 1 000～2 000 m，超过此距离，不论冬季还是夏季，随着进风路线的延长，矿井空气温度会逐渐升高，至采掘工作面时，空气温度一般达到最高。这是因为采掘工作面除有氧化生热现象外，还受人体散热和机械运转、爆破等因素的影响。开采深度大、进风路线长且超过一定距离时，采掘工作面的空气温度常年保持不变；开采深度不大，进风路线短时，采掘工作面的空气温度将随地面空气温度的变化而变化。

3）在回风路线上，因通风强度较大、风速高，水分蒸发速度快，吸热较多，加之气流向上流动而膨胀降温，使空气温度略有下降，但基本上常年变化不大。

2. 矿井空气的湿度

（1）湿度的概念

空气的湿度是表示空气中的水蒸气含量或潮湿程度的指标，有绝对湿度和相对湿度之分。

1）绝对湿度。绝对湿度是指单位体积或单位质量空气中实际所含水蒸气的质量。一般用 f 表示，单位为 g/m^3 或 g/kg。

2）相对湿度。相对湿度是指单位体积空气中实际所含水蒸气的质量（即绝对湿度 f）与同温度下的饱和水蒸气的质量（即最大绝对湿度 F）的比值。相对湿度代表的是空气中所含水蒸气的质量接近饱和的程度，也称饱和度。空气的相对湿度越小，吸收水分的能力越强；反之越弱。相对湿度 φ 按式（1-2）计算：

$$\varphi=\frac{f}{F}\times 100\% \tag{1-2}$$

式中，φ——相对湿度，%；

f——绝对湿度，g/m^3；

F——最大绝对湿度，g/m^3。

最大绝对湿度取决于空气的温度，标准大气压下不同温度时空气的最大绝对湿度 F 和饱和水蒸气压力 $P_{饱}$见表 1-9。

表 1-9　　标准大气压下不同温度时空气的最大绝对湿度和饱和水蒸气压力

温度 /℃	最大绝对湿度 F/（$g \cdot m^{-3}$）	饱和水蒸气压力 $P_{饱}$/Pa	温度 /℃	最大绝对湿度 F/（$g \cdot m^{-3}$）	饱和水蒸气压力 $P_{饱}$/Pa
−20	1.1	128	14	12	1 597
−15	1.6	193	15	12.8	1 704
−10	2.3	288	16	13.6	1 817
−5	3.4	422	17	14.4	1 932
0	4.9	610	18	15.3	2 065
1	5.2	655	19	16.2	2 198
2	5.6	705	20	17.2	2 331
3	6	757	21	18.2	2 491
4	6.4	811	22	19.3	2 638
5	6.8	870	23	20.4	2 811
6	7.3	933	24	21.6	2 984
7	7.7	998	25	22.9	3 171
8	8.3	1 068	26	24.2	3 357
9	8.8	1 143	27	25.6	3 557
10	9.4	1 227	28	27	3 784
11	9.9	1 311	29	28.5	4 010
12	10	1 402	30	30.1	4 236
13	11.3	1 496	31	31.8	4 490

【例 1-2】设某一体积为 10 m^3 的空气所含水蒸气量为 182 g，空气温度为 21 ℃。试求空气的相对湿度。

【解】查表 1-9 可得，空气温度为 21 ℃时，其最大绝对湿度为 18.2 g/m^3。所以，空气的相对湿度为：

$$\varphi=\frac{f}{F}\times 100\%=\frac{182\div 10}{18.2}\times 100\%=100\%$$

（2）井下相对湿度的测定方法

测量矿井空气湿度的仪器主要有通风干湿表（又称风扇湿度计）和手摇干湿表（又称手摇湿度计），它们的测定原理相同。常用的是通风干湿表，如图 1-3 所示，它主要由两个相同的温度计和一个通风器组成，其中一个温度计的水银液球上包有湿纱布，称为湿温度计，另一个温度计称为干温度计，两个温度计的外面均罩着内外表面光亮的双层金属保护管，以防热辐射的影响；通风器内装有风扇和发条，上紧发条，风扇转动，使风管内产生稳定的气流，干、湿温度计的水银球处在同一风速下。

测定相对湿度时，先用仪器附带的吸水管将湿温度计的纱布浸湿，然后上紧发条，风扇转动吸风，空气从两个金属保护管的入口进入，经过中间风管后排出。由于湿纱布中的水分蒸发需要热量，因而湿温度计的温度（湿球温度）低于干温度计的温度（干球温度），空气的相对湿度越小，蒸发吸热作用越显著，干、湿温度计的读数差值就越大。根据湿温度计的读数 t' 和干、湿温度计的读数差值 Δt，由通风干湿表生产厂家提供的表格（示例见表 1－10）即可查出空气的相对湿度 φ。

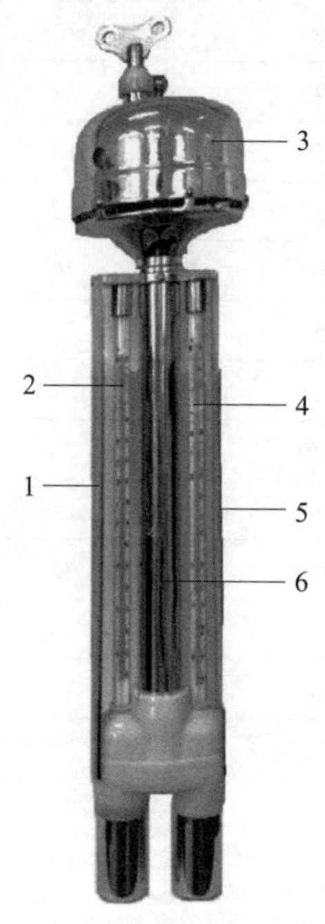

图 1－3　通风干湿表

1，5—双层金属保护管；2—湿温度计；3—通风器；4—干温度计；6—风管

表 1－10　通风干湿表对应的相对湿度（示例）

t'/℃	Δt/℃														
	0	0.5	1	1.5	2	2.5	3	3.5	4	4.5	5	5.5	6	6.5	7
	φ/%														
0	100	91	83	75	67	61	54	48	42	37	31	27	22	18	14
1	100	91	83	76	69	62	56	50	44	39	34	30	25	21	17
2	100	92	84	77	70	64	58	52	47	42	37	33	28	24	21
3	100	92	85	78	72	65	60	54	49	44	39	35	31	27	23
4	100	93	86	79	73	67	61	56	51	46	42	37	33	30	26

续表

t'/℃	Δt/℃														
	0	0.5	1	1.5	2	2.5	3	3.5	4	4.5	5	5.5	6	6.5	7
	φ/%														
5	100	93	86	80	74	68	63	57	53	48	44	40	36	32	29
6	100	93	87	81	75	69	64	59	54	50	46	42	38	34	31
7	100	93	87	81	76	70	65	60	56	52	48	44	40	37	33
8	100	94	88	82	76	71	66	62	57	53	49	46	42	39	35
9	100	94	88	82	77	72	68	63	59	55	51	47	44	40	37
10	100	94	88	83	78	73	69	64	60	56	52	49	45	42	39
11	100	94	89	84	79	74	69	65	61	57	54	50	47	44	41
12	100	94	89	84	79	75	70	66	62	59	55	52	48	45	42
13	100	95	90	85	80	76	71	67	63	60	56	53	50	47	44
14	100	95	90	85	81	76	72	68	64	61	57	54	51	48	45
15	100	95	90	85	81	77	73	69	65	62	59	55	52	50	47
16	100	95	90	86	82	78	74	70	66	63	60	57	54	51	48
17	100	95	91	86	82	78	74	71	67	64	61	58	55	52	49
18	100	95	91	87	83	79	75	71	68	65	62	59	56	53	50
19	100	95	91	87	83	79	76	72	69	65	62	59	57	54	51
20	100	96	91	87	83	80	76	73	69	66	63	60	58	55	52
21	100	96	92	88	84	80	77	73	70	67	64	61	58	56	53
22	100	96	92	88	84	81	77	74	71	68	65	62	59	57	54
23	100	96	92	88	84	81	78	74	71	68	65	63	60	58	55
24	100	96	92	88	85	81	78	75	72	69	66	63	61	58	56
25	100	96	92	89	85	82	78	75	72	69	67	64	62	59	57
26	100	96	92	89	85	82	79	76	73	70	67	65	62	60	57
27	100	96	93	89	86	82	79	76	73	71	68	65	63	60	58
28	100	96	93	89	86	83	80	77	74	71	68	66	63	61	59
29	100	96	93	89	86	83	80	77	74	72	69	66	64	62	60
30	100	96	93	90	86	83	80	77	75	72	69	67	65	62	60
31	100	96	93	90	87	84	81	78	75	73	70	68	65	63	61
32	100	97	93	90	87	84	81	78	76	73	71	68	66	63	61

注：如所测的t'不是整数，可四舍五入取值；如Δt的实际值不在表中，可就近取值。

【例 1-3】已知在井下某处用通风干湿表测得风流的干球温度为 24.2 ℃，湿球温度为 20.2 ℃。根据表 1-10，求此处空气的相对湿度。

【解】根据已知条件，可得干、湿温度计读数之差为：

$$\Delta t = 24.2 - 20.2 = 4\ (℃)$$

根据 $t' = 20$ ℃和 $\Delta t = 4$ ℃查表 1-10，得到相对湿度 φ 为 69%。

【例 1-4】已知某矿井进风流的空气温度为 25 ℃，相对湿度 $\varphi_{进}$ 为 50%，回风流的空气温度为 18 ℃，相对湿度 $\varphi_{回}$ 为 90%，矿井总进风量为 2 000 m^3/min。求风流一昼夜内（24 h）将从矿井中带走多少水蒸气（kg）。

【解】查表 1-9 得空气温度为 25 ℃和 18 ℃时的最大绝对湿度 $F_{进}$ 和 $F_{回}$ 分别为 22.9 g/m^3 和 15.3 g/m^3。

1）进风流空气的绝对湿度 $f_{进}$ 为：

$$f_{进} = F_{进}\varphi_{进} = 22.9\ \text{g/m}^3 \times 50\% = 11.45\ (\text{g/m}^3)$$

2）回风流空气的绝对温度 $f_{回}$ 为：

$$f_{回} = F_{回}\varphi_{回} = 15.3\ \text{g/m}^3 \times 90\% = 13.77\ (\text{g/m}^3)$$

3）风流一昼夜内将从矿井中带走的水蒸气质量 G 为：

$$G = \frac{(13.77 - 11.45) \times 2\,000 \times 60 \times 24}{1\,000} = 6\,681.6\ (\text{kg})$$

（3）矿井空气湿度的变化规律

矿井空气的湿度是随着地面空气湿度和井下淋水情况不同而变化的。一般情况下，在矿井进风路线上有冬干夏湿的现象。在冬季，地面空气进入矿井后，因温度升高，空气吸水能力增强（F 增大），使相对湿度降低，所以沿途要吸收水分，使进风井巷变得干燥；夏季地面空气进入矿井后，温度逐渐下降，吸水能力减弱，空气中所含的一部分水蒸气凝结成水珠，附着于巷道壁上，使沿途井巷变得潮湿。但是，进风井巷如果有淋水，则即使在冬季也是潮湿的。矿井回风巷和回风井的相对湿度大多在 95% 以上，且一般常年变化不大。

3. 井巷中的风速

风速是指单位时间内风流流过的距离。井巷中的风速过高或过低都会影响作业人员的身体健康。风速过低时，汗液不易蒸发，人体多余热量难以散失，人就会感到闷热、不适，同时瓦斯也容易积聚；风速过高时，容易使人感冒，同时矿尘飞扬，影响安全生产且对作业人员的身体健康不利。因此，《煤矿安全规程》规定了采掘工作面和各类井巷的最低、最高允许风速，见表 1-11。

表 1－11　各类井巷中的允许风速

井巷名称	允许风速 /（m/s）	
	最低	最高
无提升设备的风井和风硐	—	15
专为升降物料的井筒	—	12
风桥	—	10
升降人员和物料的井筒	—	8
主要进风巷、回风巷	—	8
架线电机车巷道	1	8
输送机巷，采区进风巷、回风巷	0.25	6
采煤工作面、掘进中的煤巷和半煤岩巷	0.25	4
掘进中的岩巷	0.15	4
其他通风人行巷道	0.15	—

二、矿井气候条件对人体的影响

人体内，食物的氧化和分解将产生大量的热量。人体产生的热量随人的体质、年龄和劳动强度不同而变化：成年人进行低强度的体力劳动时，每小时产生约 502.4 kJ 的热量；进行繁重的体力劳动时，每小时产生 1 046.7 kJ 以上的热量。人体产生的热量一部分消耗于人体内部的生理化学过程，并维持一定体温，大部分热量要散发到体外。

人体散热的方式有对流、辐射和蒸发三种。这三种方式的散热效果，取决于气候条件。空气的温度、湿度和风速是影响人体散热的三个基本要素。在对流过程中，起主导作用的是人与周围空气的温度差和空气的流动速度。在辐射过程中，人体与周围介质的热交换效率与两者的绝对温度差成正比，因此，当气温较低时，人体产生的热量大部分以对流及辐射的方式散失；在气温超过 25 ℃的情况下，对流及辐射散热将大大减少（《煤矿安全规程》规定，当采掘工作面空气温度超过 26 ℃、机电设备硐室超过 30 ℃时，必须缩短超温地点工作人员的工作时间，并给予高温保健待遇）；而当气温超过 37 ℃时，人体的主要散热方式是出汗蒸发，人体出汗 1 mL，能散热 2.43 J。

蒸发作用与空气温度、湿度和风速有关，蒸发的效果取决于空气的相对湿度。相对湿度低于 30% 时，蒸发过快，会感到干燥；相对湿度高于 80% 时，蒸发困难；而相对湿度达到 100% 时，蒸发完全停止。因此，对蒸发作用来说，最适宜的相对湿度为 50%～60%。当空气的温度、湿度一定时，增大风速可以提高人体散热效果。气温与体温相差越大，增加风速以后的散热效果提升越显著。

因此，矿井空气温度、湿度、风速对人体散热的影响是综合性的。空气温度影响辐射和对流，湿度影响蒸发，风速影响对流和蒸发。为了在井下创造适宜的气候条件，可结合现场实际生产条件，同时从温度、湿度和风速三个方面加以解决。根据实践经验，温度和风速之间的大致的适宜关系见表 1－12。

表 1－12　　温度和风速的适宜关系

空气温度 /℃	<15	15～19	20～22	23～24	>24
适宜风速 /（m/s）	<0.5	<1.0	>1.0	>1.5	>2.0

三、矿井气候条件的改善

改善矿井气候条件的目的在于创造良好的劳动环境，以保证作业人员的安全和身体健康，提高生产率和经济效益。因为控制矿井空气相对湿度比较困难，所以改善矿井气候条件的主要方法是空气预热、降温和调整风速。

1. 空气预热

我国北方冬季严寒，气温很低，很容易使进风井口、井筒内结冰，影响正常的提升运输工作并造成安全隐患，也对作业人员的身体健康不利。空气预热就是使用蒸汽、水暖或其他设备，将部分空气预热到一定温度后与冷空气混合送入井下，以满足进风井口以下的空气湿度必须在 2 ℃以上的规定。在不是很冷的地区，可以在进风井口附近安装暖气等加热装置，空气经加热后流入井下。在寒冷的地区，往往需要布置热风道等加热装置。

2. 降温

我国南方部分矿井和热害严重的矿井，往往需要采取降温措施才能满足《煤矿安全规程》有关规定。矿井常用的降温措施主要如下：

（1）通风降温

通风降温是目前高温矿井广泛采用的降温措施之一，包括选择合理的通风系统、增大通风强度、改变工作面通风方式等。

1）选择合理的通风系统。选择矿井通风系统或采区通风系统时，应尽量缩短进风风流路线的长度，并将主要进风巷道布置在受热害影响较小的地层中，利用调热巷道通风或采用全风压并联通风等，都可有效降低井下空气的温度。采用倾斜长壁采煤法时的通风系统比采用走向长壁采煤法时的通风系统简单，通风路线短，风阻小，风量大，工作面入口风流温度相对较低，有利于降低工作面的空气温度。

2）增大通风强度。当矿井热害不太严重时，在采取有效防尘措施和风速不超限的前提下，可以采取增大风量的降温措施。

3）改变工作面通风方式。采煤工作面采用“W”形、“Y”形、“H”形通风方式，不仅可以缩短工作面的风路长度，还可以提高工作面的通风能力，降温效果明显。工作面采用下行通风，不仅可以缩短风路长度，而且将发热量大的机电运输设备等置于回风流中，一般可使温度降低 3 ℃左右，但需要注意的是，机电设备在回风流中安全性能会降低。

（2）减少热源散热

如井下大型机电设备硐室布置单独的回风巷；利用水泵和隔热管道直接排除矿井涌出的

热水；对高温煤（岩）壁设置隔热层；及时封堵井下高温水源、自燃火区；巷道及时喷浆并及时运出采落的煤以减少其暴露氧化的时间等。

（3）制冷降温

当采用常规的降温措施不能有效地解决井下高温问题时，就必须使用机械制冷设备强制制冷。目前机械制冷的方法分为地面集中制冷、井下集中制冷和井下移动制冷等。但由于矿井是一个开放的空间，且通风强度大，大范围制冷降温目前还存在许多技术和经济方面的问题。

（4）其他降温措施

如局部地点使用引射器通风；硐室等局部地点采用冰块降温；工作面采用后退式回采和充填法控制顶板；个体采取防热措施等。

3. 调整风速

根据矿井空气温度，参照表 1－11 调整风速，使之与矿井空气温度相适宜，以改善矿井气候条件。

复习思考题

一、简答题

1. 地面空气的主要成分是什么？矿井空气与地面空气有何不同？
2. 矿井空气的新风、污风是什么？
3. 氧气有哪些性质？造成矿井空气中氧气减少的原因有哪些？
4. 矿井空气中常见的有害气体有哪些？它们的来源是什么？对人体有哪些影响？
5. 比长式检测管检测有害气体浓度的原理是什么？可用来检测哪些气体？
6. 有害气体危害的防治措施有哪些？
7. 什么是矿井气候条件？矿井气候条件对人体热平衡有何影响？
8. 什么是空气的绝对湿度和相对湿度？矿井空气的湿度一般有何变化规律？
9. 为什么温度和湿度在矿井的进风路线中表现为冬暖夏凉和冬干夏湿？

二、计算题

1. 测得井下某一工作面风流的干球温度为 22 ℃，湿球温度为 20 ℃，风速为 1.5 m/s。求其相对湿度。

2. 井下某采煤工作面的回风巷道中，已知 CO_2 的绝对涌出量为 6.5 m^3/min，回风量为 520 m^3/min。则该工作面回风流中 CO_2 浓度是多少？是否符合安全标准？

技能实训一　矿井空气中有害气体检测

一、实训目标

1. 学习并掌握圆筒形压入式手动采样器的使用方法。
2. 学习比长式检测管测定矿井有害气体浓度的原理和方法。

二、任务描述

利用圆筒形压入式手动采样器、比长式检测管测定矿井空气中有害气体的浓度，以进一步分析巷道内有害气体的来源、分布与危害程度。煤矿常用的有 CO、CO_2、H_2S 和 SO_2 检测管。本次实训练习用比长式检测管测 CO 浓度。

三、任务准备

实训所用的仪器和设备包括比长式检测管、圆筒形压入式手动采样器、秒表。

四、知识要点

本章第二节比长式检测管的原理及检测方法和圆筒形压入式手动采样器的使用方法。

五、实训过程

1. 检查采样器，检测管外部零部件、气密性、通畅性和量程。
2. 取气。
3. 打开检测管，连接送气。
4. 读数。

六、注意事项

1. 如果气样中气体（CO）含量超过检测管测量上限，可减少通气量。如通气量为 V mL，则测定结果 = 检测管读数 ×（100 ÷ V）(100 指要求送气量为 100 mL 的检测管)。

2. 如果气样中气体（CO）含量低于检测管测量下限，可增加通气次数。如通气次数为 N，则测定结果 = 检测管读数 ÷ N。

3. 不同检测管要求用不同的采样和送气方法。对于不活泼的气体，如 CO 或 CO_2，一般是先将气体吸入采样器，然后将气体按规定的送气时间以均匀的速度送入检测管；如果是较活泼的气体，如 H_2S，则应把检测管浓度标尺上限的一端插入采样器的气样入口中，然后以均匀的速度抽气，使气体先通过检测管后再进入采样器。

4. 每个测点应检测不少于 3 次，测定后应及时读数并记录。有害气体取最大值为测定结

果，氧气取最小值为测定结果。

七、总结与思考

1. 向检测管中送入测定气样时，为何要在规定时间内均匀进行？
2. 井下对高浓度 CO 测定时应注意些什么？
3.《煤矿安全规程》对井下常见的五种有毒气体的最高允许浓度的规定是多少？

技能实训二　矿井空气主要参数测定

一、实训目标

1. 学习使用温度计、湿度计、气压计测定空气的湿度和密度的方法。
2. 学习使用卡他计测量环境气候的卡他度和风速的方法。

二、任务描述

本次实训利用温度计、湿度计、卡他计测定矿井空气的温度、湿度、卡他度和风速。

三、任务准备

实训所用的仪器和设备包括温度计、卡他计、通风干湿表以及秒表。

四、知识要点

矿井空气温度、湿度的测定方法（详见本章第三节）。

五、实训过程

1. 空气温度的测定

使用普通温度计或湿度计中的干温度计测定空气温度，然后换算成绝对温度，记入实训报告中。

2. 湿度测定

使用手摇干湿表或通风干湿表测定湿度（详见本章第三节）。

温度、相对湿度要读数 3 次，取其平均值。

3. 卡他度测定

卡他计是检查空气温度、湿度和风速综合作用的一种仪器，如图 1–4 所示，其下端是长圆形的贮液球，长 40 mm、直径 16 mm、表面积 22.6 cm^2，内贮酒精。上端也有圆柱形的空间，以便在测定时容纳上升的酒精，全长约 200 mm，上刻 38 ℃和 35 ℃，其平均值约等于人体温度。

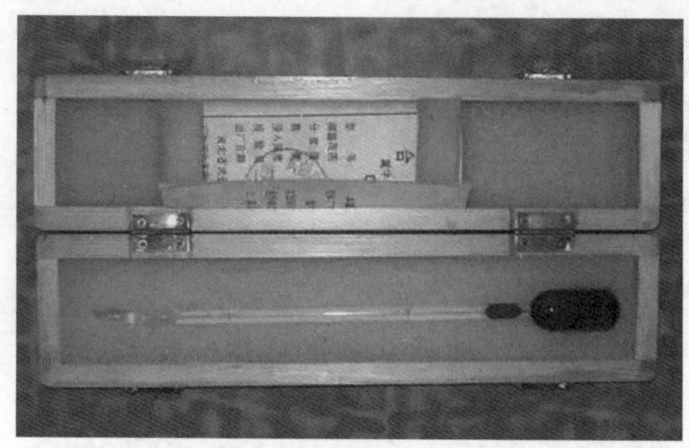

图 1-4　卡他计

测定时，将卡他计先放入 55 ℃左右的热水中使酒精液面升至仪器上部空间三分之一处，取出卡他计抹干，然后挂在待测点，此时酒精液面开始下降。记录温度由 38 ℃下降至 35 ℃所需时间，然后用式（1-3）计算卡他度：

$$H_{干}=\frac{F}{t} \tag{1-3}$$

式中，$H_{干}$——干卡他度，mcal/cm^2 · s；

F——卡他常数（附于仪器上）；

t——温度由 38 ℃下降至 35 ℃所需时间，s。

测定湿卡他度时，仅需将贮液球包上湿纱布后，按上述方法进行。然后用式（1-4）计算湿卡他度$H_{湿}$：

$$H_{湿}=\frac{F}{t} \tag{1-4}$$

用卡他度所测定的上述数据，可用式（1-5）和式（1-6）分别计算风速（m/s）。

当$H/\theta \leqslant 0.6$时：

$$v=\left(\frac{H/\theta-0.20}{0.4}\right)^2 \tag{1-5}$$

当$H/\theta > 0.6$时：

$$v=\left(\frac{H/\theta-0.13}{0.4}\right)^2 \tag{1-6}$$

式中，v——待测点风速，m/s；

θ——卡他度的平均温度，即 36.5 ℃减去该处的空气温度，℃；

其他符号意义同前。

六、注意事项

1. 测量空气温度时，应采用最小分度为 0.5 ℃并经过校正的温度计进行测量。测量时，温度计要离开人体或其他发热体 0.5 m 以上。待测量一段时间，温度计读数稳定以后，记下温度计读数。

2. 测量空气湿度时，可以采用手摇湿度计或风扇湿度计。

（1）湿度计的干、湿温度计应完好、准确，盒中的钥匙、纱布、滴水管、查对相对湿度的表格或牌板要齐全。要用净水湿润纱布，湿润程度以不滴水为宜。

（2）使用手摇湿度计时，使其以 120 r/min 的转数匀速旋转 1～2 min，待数值稳定后，读出两支温度计的读数，然后根据干、湿温度计的读数从对应的表上查得相对湿度。

（3）使用风扇湿度计时，用发条开动风扇，形成风速为 2 m/s 的气流，待湿温度计的数值稳定后，读出两支温度计的读数，然后根据干、湿温度计的读数从对应的表上查得相对湿度。

七、总结与思考

1. 空气的密度为什么与气压和温度有关？

2. 如何理解湿空气的密度小于干空气？

3. 为什么说卡他计是测定温度、湿度与风速综合作用的一种仪器？

第二章

矿井通风压力

本章学习目标

1. 了解空气的主要物理参数。
2. 掌握矿井通风断面上存在的压力及其特点。
3. 掌握井巷中常用的测压仪器及测压方法。
4. 熟悉伯努利方程及其在矿井通风中的应用。
5. 掌握巷道中通风点压力的测定方法。

学习导引

井下风流的流动遵循能量守恒及转换定律。本章结合矿井风流流动的特点，介绍了空气的主要物理参数、风流的能量与压力，以及压力测量方法与压力之间的关系，重点阐述了矿井通风中的能量方程及其应用。

第一节　空气的主要物理参数

与矿井通风密切相关的空气的物理参数除了反映气候条件的温度、湿度以外，还有密度、比容、容重、黏性和比热容等。

一、空气的密度

单位体积空气所具有的质量称为空气的密度，用ρ来表示：

$$\rho=\frac{m}{V} \tag{2-1}$$

式中，ρ——空气的密度，kg/m^3；

m——空气的质量，kg；

V——空气的体积，m^3。

一般来说，空气的密度是随温度、湿度和压力的变化而变化的。在标准大气状况（p=101 325 Pa，t=0 ℃，φ =0%）下，干空气的密度为 1.293 kg/m^3，湿空气密度的计算公式为：

$$\rho_{湿}=0.003\ 484\frac{p}{T}\left(1-0.378\frac{\varphi p_{饱}}{p}\right) \tag{2-2}$$

式中，$\rho_{湿}$——湿空气密度，kg/m^3；

p——空气的压力，Pa；

T——热力学温度 ($T=273+t$)，K；

t ——空气的温度，℃ ；

φ——相对湿度，%；

$p_{饱}$——温度为 t 时的饱和水蒸气压力（见表 1-9），Pa。

由式（2-2）可见，压力越大，温度越低，湿空气密度越大。当压力和温度一定时，湿空气的密度总是小于干空气的密度。

在矿井通风中，由于通风系统内的空气温度、湿度、压力各不相同，空气的密度也有所变化，但变化范围有限。在研究空气流动规律时，要根据具体情况考虑是否忽略这种变化。

一般将空气压力为 101 325 Pa、温度为 20 ℃、相对湿度为 60% 的矿井空气称为标准矿井空气，其密度为 1.2 kg/m^3。

二、空气的比容

单位质量空气所占的体积叫空气的比容，用 υ（m^3/kg）表示，比容和密度互为倒数，二者是一个状态参数的两种表达方式：

$$\upsilon=\frac{V}{m}=\frac{1}{\rho} \tag{2-3}$$

在矿井通风中，风流在通风网络中流动时，由于空气温度、湿度、压力在不断变化，其密度也会不断变化，进而导致其体积也发生相应的变化。在实际工作中，这种变化往往是不能忽略的。如在冬季，由于地面空气温度低于井下空气温度，地面空气进入井下后温度升高，体积膨胀，且吸水能力增强，吸收井巷中的水分使其湿度增大，引起矿井总回风量大于总进风量。

三、空气的容重

空气的容重是指单位体积空气的重量，用 γ 来表示，其计算公式为：

$$\gamma = \frac{W}{V} \tag{2-4}$$

式中，γ——空气的容重，N/m^3；

V——空气的体积，m^3；

W——空气的重量，N。

由于 $W = mg$（g 为重力加速度，取 9.8 N/kg），代入式（2-1）和式（2-4），得：

$$\gamma = \rho g \tag{2-5}$$

因此，将标准状况下的干空气密度和标准矿井空气密度代入式（2-5），可得出其容量分别为 12.67 N/m^3 和 11.76 N/m^3。

四、空气的黏性

任何流体都有黏性。当流体在管道中流动时，靠近管道中心的流层流速快，靠近管道壁的流层流速慢，相邻流层的接触面上便产生黏性阻力（内摩擦力），以阻止其相对运动，流体具有的这一性质，称为流体的黏性。不论流体是否流动，流体具有黏性的性质是不变的。

流体的黏性随温度和压力的变化而变化。对空气而言，黏性随温度的升高而增大，压力对黏性的影响可以忽略。液体的黏性随温度升高而减小。

在矿井通风中，通常用动力黏性系数和运动黏性系数来表示空气黏性大小，当温度为 20 ℃，压力为 0.1 MPa 时，空气的动力黏性系数 $\mu = 1.808 \times 10^{-5}$ Pa·s；运动黏性系数 $\nu = 1.501 \times 10^{-5}\ m^2/s$。

五、空气的比热容

为了计算热力过程的热交换量，必须知道单位数量气体的热容量或比热容。质量为 1 kg 的空气，温度升高或降低 1 ℃时所吸收或放出的热量即为空气的比热容。

在等容过程中，气体不能膨胀做功，所吸收的热量全部用来增加气体分子的内动能，使内能增加，温度升高。在等压过程中，气体可以膨胀，所吸收的热量除用来增加气体分子的内动能外，还克服外力膨胀做功。矿井通风基本属于等压过程，冬季低温空气进入井下后温度升高，体积有所膨胀。

第二节　矿井通风压力

矿井通风系统中，风流在井巷某断面上所具有的总机械能（包括静压能、动能和位能）及内能之和叫作风流的能量。风流能够流动的根本原因是系统中存在着能量差，所以风流的能量是风流流动的动力。单位体积空气所具有的能够对外做功的机械能就是压力。

一、压力与压强

压强，是指物体单位面积上受到的压力，符号为p。压强用来表示压力产生的效果，压强越大，压力的作用效果越明显。压强的计算公式为：

$$p=\frac{F}{S} \tag{2-6}$$

式中，p——压强，Pa；

F——垂直作用力（压力），N；

S——受力面积，m^2。

液体的压强计算公式为：

$$p=\rho gh \tag{2-7}$$

式中，p——压强，Pa；

ρ——液体的密度，kg/m^3；

g——重力加速度，取 9.8 N/kg（有时为了进行简便计算或粗略计算，g可以取 10 N/kg）；

h——液面下某处到自由液面（与大气接触的液面）的竖直距离，m。

二、空气的压力（压强）

矿井通风中，习惯将压强称为空气的压力。由于空气分子的热运动，分子之间不断碰撞，同时气体分子也不断地和容器壁碰撞，形成了气体对容器壁的压力。空气作用在单位面积上的力称为空气的压力，用p表示。根据物理学的分子运动理论可导出理想气体作用于容器壁的空气压力关系式为：

$$p=\frac{2}{3}n\cdot\frac{1}{2}mv^2 \tag{2-8}$$

式中，p——空气的压力，Pa；

n——单位体积内的空气分子数；

$\frac{1}{2}mv^2$——分子热运动的平均动能。

由式（2-8）可知，空气的压力是单位体积空气分子不规则热运动产生的总动能的三分之二转化为对外做功的机械能。单位体积内的空气分子数越多，分子热运动的平均动能越大，空气压力越大。

空气压力的单位为帕斯卡（Pa），简称“帕”，1 Pa=1 N/m^2。压力较大时还常用“千帕”（kPa）、“兆帕”（MPa），1 MPa=1×10^3 kPa=1×10^6 Pa。有的压力仪器也用“百帕”（hPa）表示，1 hPa=100 Pa。部分老旧的进口压力仪器使用了非法定单位，其换算方法见表 2-1。

表 2-1　　压力单位换算表

单位名称	帕斯卡（Pa）	巴（bar）	毫米水柱（mmH_2O）	工程大气压（at）	毫米汞柱（mmHg）	标准大气压（atm）
帕斯卡（Pa）	1	10^{-5}	0.101 972	$0.101\ 972\times10^{-4}$	$7.500\ 62\times10^{-3}$	$9.869\ 23\times10^{-6}$
毫米水柱（mmH_2O）	9.806 65	$9.806\ 65\times10^{-5}$	1	1×10^{-4}	$7.355\ 59\times10^{-2}$	$9.678\ 41\times10^{-5}$
毫米汞柱（mmHg）	133.322	$1.333\ 22\times10^{-3}$	13.595	$1.359\ 5\times10^{-3}$	1	$1.315\ 79\times10^{-3}$
标准大气压（atm）	101 325	1.013 25	10 332.3	1.033 23	760	1

地面空气压力习惯上称为大气压力。由于地球周围大气层的厚度高达数千千米，越靠近地表空气密度越大，空气分子数越多，分子热运动的平均动能越大，所以大气压力也越大。此外，大气压力还与当地的气候条件有关，即便是同一地区，大气压力也会随季节不同而变化，甚至一昼夜内都有波动。

三、绝对压力和相对压力

空气的压力根据所选用的测算基准不同可分为两种，即绝对压力和相对压力。

1. 绝对压力

以真空为基准测算的压力称为绝对压力，用 p 表示。由于以真空为基准，有空气的地方压力都大于零，因此绝对压力总是正值。

2. 相对压力

以同一地点、同一时间、同一标高的大气压力为基准测算的压力称为相对压力，用 h 表示。对于矿井空气来说，井巷中空气的相对压力 h 就是其绝对压力 p 与当地同时间同标高的地面大气压力 p_0 的差值：

$$h = p - p_0 \tag{2-9}$$

当井巷空气的绝对压力一定时，相对压力随大气压力的变化而变化。在压入式通风矿井中，井下空气的绝对压力高于当地同时间同标高的大气压力，相对压力是正值，称为正压通风；在抽出式通风矿井中，井下空气的绝对压力低于当地同时间同标高的大气压力，相对压力是负值，称为负压通风。由此可以看出，相对压力有正压和负压之分。在不同通风方式下，绝对压力、相对压力和大气压力三者的关系如图 2-1 所示。

四、井巷风流断面上的压力

能量就是物体所具有的做功本领，单位体积空气所具有的能量可用其做功的大小来度量，而单位体积空气所做的功（$N\cdot m/m^3$）与空气压力（N/m^2）具有同等度量单位。虽然能量与压力是两个概念不同的物理量，但是风流断面上的能量是用该断面上的压力来体现的，即压力是能量的一种等效表示值。

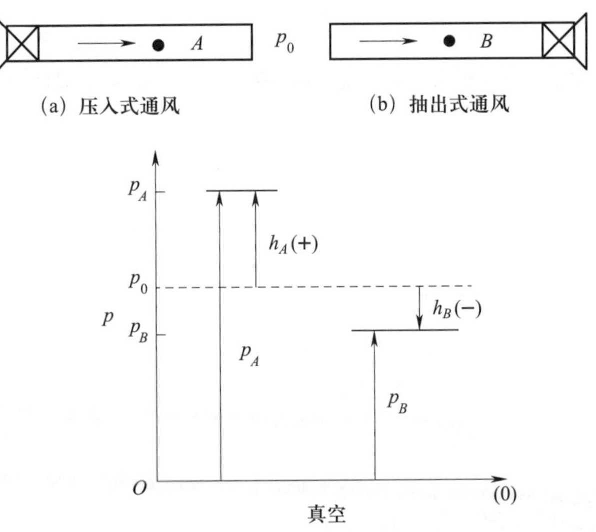

图 2-1　绝对压力、相对压力和大气压力之间的关系

风流能在井巷中流动的根本原因是两个通风断面之间存在能量差。这种能量分为静压能、动能和位能，而这三种能量可分别用静压、动压和位压来体现。

1. 静压能—静压

（1）静压能与静压的概念

由分子热运动理论可知，不论空气处于静止状态还是流动状态，空气分子都在做无规则的热运动。这种由空气分子热运动而使单位体积空气具有的对外做功的机械能叫静压能，用 $E_{静}$（J/m^3）表示。空气分子热运动不断地撞击器壁所呈现的压力（压强）称为静压，静压有绝对静压和相对静压之分（本教材中的"静压"若未特殊说明，则指绝对静压），绝对静压用 $p_{静}$（Pa）表示。

由于静压是静压能的体现，二者分别代表着空气分子热运动所具有的外在表现和内涵，所以在数值上大小相等，静压是静压能的等效表示值。

（2）静压的特点

1）只要有空气存在，不论其是否流动，都会呈现静压。

2）由于空气分子向器壁撞击的概率是相同的，所以风流中任意一点的静压各向同值，且垂直作用于器壁。

3）静压是可以用仪器测量的，大气压力就是地面空气的静压值。

4）静压的大小反映了单位体积空气具有的静压能。

2. 动能—动压

（1）动能与动压的概念

空气做定向流动时具有动能，用 $E_{动}$（J/m^3）表示，其动能所呈现的压力称为动压（或速压），用 $h_{动}$（或 $h_{速}$）表示，单位为 Pa。

（2）动压的计算

设某点空气密度为 ρ（kg/m^3），定向流动的流速为 v（m/s），则单位体积空气所具有的动能 $E_{动}$ 为：

$$E_{动}=\frac{1}{2}\rho v^2 \tag{2-10}$$

$E_{动}$ 对外所呈现的动压 $h_{动}$ 为：

$$h_{动}=\frac{1}{2}\rho v^2 \tag{2-11}$$

（3）动压的特点

1）只有做定向流动的空气才呈现出动压。

2）动压具有方向性，仅对与风流方向垂直或斜交的平面施加压力；与流动方向垂直的平面承受的动压最大，与流动方向平行的平面承受的动压为零。

3）在同一流动断面上，各点风速不同，其动压也各不相同。

4）动压无绝对压力与相对压力之分，总是大于零。

3. 位能—位压

（1）位能与位压的概念

单位体积空气在地球引力作用下，由于位置高度不同而具有的能量叫位能，用 $E_{位}$（J/m^3）表示。位能所呈现的压力叫位压，用 $p_{位}$（Pa）表示。需要说明的是，位能和位压的大小，是相对于某一个参照基准面而言的，是相对于这个基准面所具有的能量或呈现的压力。

（2）位压的计算

从地面上把质量为 m（kg）的物体提高至高度 Z（m），就要对物体克服重力做功，物体因而获得了相同数量的位能：

$$E_{位}=mgZ \tag{2-12}$$

在地球重力场中，物体离地心越远，其位能越大。

如图 2-2 所示的立井井筒中，求断面 1 相对于断面 2 的位压 $p_{位12}$（断面 1 与断面 2 的位压差），可取较低的断面 2 作为基准面（断面 2 的位压为零），按式（2-13）计算：

$$p_{位12}=\frac{mgZ_{12}}{V}=\rho_{12}gZ_{12} \tag{2-13}$$

式中，ρ_{12}——断面 1、断面 2 之间空气柱的平均密度，kg/m^3；

Z_{12}——断面 1、断面 2 之间的垂直高差，m。

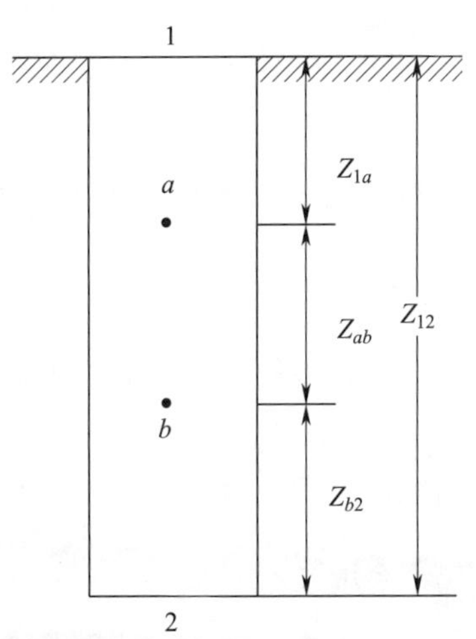

图 2-2　立井井筒中位压计算图

矿井通风系统中，由于空气密度与标高的关系比较复杂，往往不是线性关系，空气柱的平均密度 ρ_{12} 很难确定，在实际测定时，应在断面 1 和断面 2 之间布置多个测点（如图 2-2 中布置了 a、b 两个测点），分别测出各点和各段的平均密度 ρ_{1a}、ρ_{ab}、ρ_{b2} 和对应的高差 Z_{1a}、Z_{ab}、Z_{b2}（垂距较小时可取算术平均值），再由式（2-14）计算：

$$p_{位12} = \rho_{1a}gZ_{1a} + \rho_{ab}gZ_{ab} + \rho_{b2}gZ_{b2} \tag{2-14}$$

布置的测点越多，测段垂距越小，计算的位压越精确。

（3）位压的特点

1）位压只相对于基准面存在，是该断面相对于基准面的位压差。基准面的选取是任意的，因此位压可为正值，也可为负值。为了便于计算，一般将基准面设在所研究系统风流的最低水平。

2）位压是一种潜在的压力，不能在该断面上呈现出来。在静止的空气中，上断面相对于下断面的位压，就是下断面静压相对于上断面静压的增加值，可通过测定静压差来获得。在流动的空气中，位压只能在测得高差和空气柱的平均密度后，用式（2-14）计算。

3）位压和静压可以相互转化。当空气从高处流向低处时，位压转换为静压；反之，当空气由低处流向高处时，部分静压将转化成位压。

4）不论空气是否流动，上断面相对于下断面的位压总是存在的。

五、全压和总压力

矿井通风中，在研究空气的流动规律时，还将涉及全压和总压力等概念。

1. 全压

风流中某点的静压与动压之和称为全压。全压又分绝对全压和相对全压。

（1）绝对全压

某点的绝对全压等于该点的绝对静压 $p_{静}$ 与动压 $h_{动}$ 之和：

$$p_{全} = p_{静} + h_{动} \tag{2-15}$$

（2）相对全压

某点的相对全压等于该点的相对静压 $h_{静}$ 与动压 $h_{动}$ 的代数和或代数差：

$$h_{全} = h_{静} \pm h_{动} \tag{2-16}$$

对于压入式通风，相对全压为二者代数和；对于抽出式通风，则为代数差。

2. 总压力

井巷风流中任一断面（点）的绝对静压、动压、位压之和即为该断面（点）的总压力 $p_{总}$：

$$p_{总} = p_{静} + h_{动} + p_{位} \tag{2-17}$$

显然，由于风速在巷道断面上分布的不均匀性，风流任一断面上各点的总压力是不同的。通常所说的井巷风流某断面的总压力，一般是指该断面各点压力的平均值，称为平均压力。

由于井巷风流断面上任一点的静压与位压之和（称为势压）相等，其断面平均压力一般按该断面静压、位压与平均动压之和计算。在实际应用中，对水平巷道来说，由于其巷道高度和空气密度的变化不大，位压常忽略不计，其断面平均压力一般按该断面的静压与平均动压之和计算。

井巷风流中两断面上存在的能量差（总压力差）是空气能够流动的根本原因，空气的流动方向总是从总压力大处流向总压力小处，而不是取决于单一的静压、动压或位压的大小。总压力永为正值。

六、压差与通风压力的概念

风流在流动过程中，因阻力作用而引起通风压力的下降，称为压差、压降或压力损失。压差可表现为总压差、静压差、动压差和全压差。

井巷风流中两断面之间的总压差是造成空气流动的根本原因，空气流动的方向总是从总压力大的地点流向总压力小的地点。

能够使井巷内空气流动的压力称为通风压力，通风压力的大小就是进风井口断面与回风井口断面的总压差，是由主要通风机和自然风压的作用综合构成的。

第三节　空气压力测量及压力关系

井巷风流断面上任一点的压力称为风流的点压力。相对于某基准面来说，根据点压力的形成的特征，其可分为静压、动压和全压；根据压力的两种测算基准，静压又分为绝对静压（$p_{静}$）和相对静压（$h_{静}$）；全压也分为绝对全压（$p_{全}$）和相对全压（$h_{全}$）；动压永远为正值，无绝对、相对压力之分，用$h_{动}$表示。

需要说明的是，同一巷道或通风管道断面上，各点的点压力是不等的。在水平面上，各点的静压、位压都相同，动压则是中心处最大；在垂直面上，从上到下，静压逐渐增大，位压逐渐减小，动压也是中心处最大。因此，从断面上的总压力来看，一般中心处的点压力最大，周壁的点压力最小。

一、绝对压力测量

在矿井通风测量仪器中，测定空气压力的便携式仪器有三类：一是测量绝对压力的气压计；二是测量相对压力的压差计和皮托管；三是可同时测定绝对压力、相对压力的精密气压计或矿井通风综合参数检测仪等。

1. 测量仪器

测量绝对压力最常用的是空盒气压计，其外形图和内部构造图如图 2–3 所示。此外，其他常用的仪器还有动槽水银气压计、数字式气压计和矿井通风综合参数检测仪等。

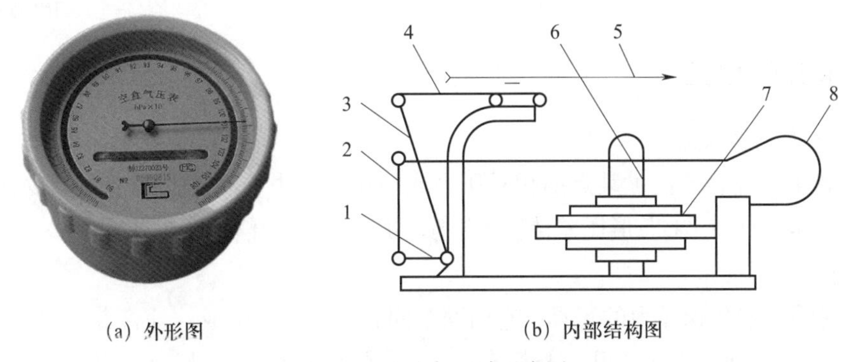

(a) 外形图　　(b) 内部结构图

图 2–3　空盒气压计示意图

1，2，3，4—传动机构；5—指针；6—拉杆；7—波纹真空膜盒；8—弹簧

空盒气压计的感压元件是外表呈波纹形、内为真空的特殊合金金属膜盒。当压力增大或减小时，膜盒面相应地凹下或凸出，通过传动机构将这种微小位移放大后，驱动指针指示出当时测点的绝对压力值。

2. 测量方法

（1）绝对静压$p_{静}$的测量

井巷风流中某点的绝对静压一般用空盒气压计、精密气压计或矿井通风综合参数检测仪测量。

用空盒气压计测量时，将仪器水平放置在测点处，轻轻敲击仪器外壳，以消除传动机构的摩擦误差，放置 3～5 min 待指针变化稳定后读数。读数时，视线与刻度盘平面要保持垂直，同时，还要根据每台仪器出厂时提供的校正表（或曲线），对读数进行刻度、温度校正及补充校正。

常用的 DYM3 型空盒气压计的测压范围为 80 000～108 000 Pa，最小分度为 10 Pa，经过校正后的测量误差不大于 200 Pa。因精度较低，一般只适用于粗略的压力测量和空气密度测算。

（2）动压 $h_{动}$ 的测量

动压的测量方法可分为两种：

1）在通风井巷中，一般用风速表（以下简称风表）测出该点的风速，再用式（2-11）计算动压。

2）在通风管道中，可利用皮托管和压差计直接测出该点的动压，如图 2-4 所示。

（3）绝对全压的测量

测出某点的绝对静压 $p_{静}$ 和动压 $h_{动}$ 之后，用式（2-15）计算该点的绝对全压 $p_{全}$。不论抽出式通风还是压入式通风，某一点的绝对全压等于绝对静压与动压的代数和。因为动压为正值，所以绝对全压大于绝对静压。

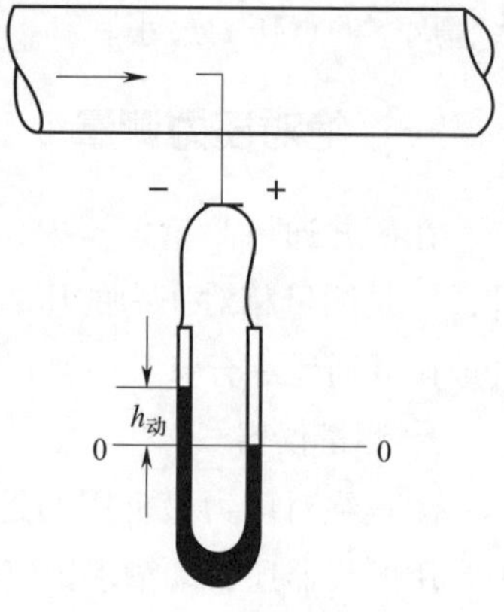

图 2-4　动压的测定

二、相对压力测量

1. 相对压力测量仪器

测量井巷中（或管道内）某点的相对压力或两点的压力差时，一般需要用皮托管配合压差计来进行。压差计有“U”形压差计、单管倾斜压差计、补偿式微压计等。

（1）皮托管

皮托管是承受和传递压力的工具。它由两个同心圆管相套组成，外管直径为 d，其结构如图 2-5 所示。内管前端有中心孔，与标有“+”号的接头相通；外管前端侧壁上分布有一组小孔，与标有“-”号的接头相通，内、外管互不相通。

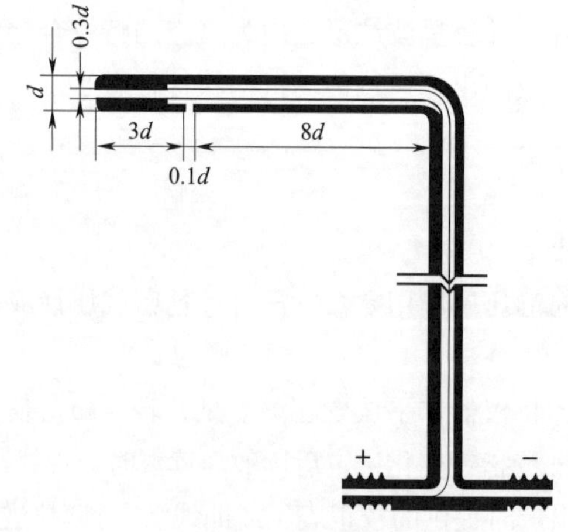

图 2-5　皮托管

使用时，将皮托管的前端中心孔正对风流，此时，中心孔测量的是风流的静压和动压（即全压），侧孔测量的是风流的静压。通过皮托管的"+"接头和"-"接头，分别将全压和静压传递到压差计上。

（2）"U"形压差计

"U"形压差计可分为"U"形垂直压差计和"U"形倾斜压差计两种，如图 2-6 所示。

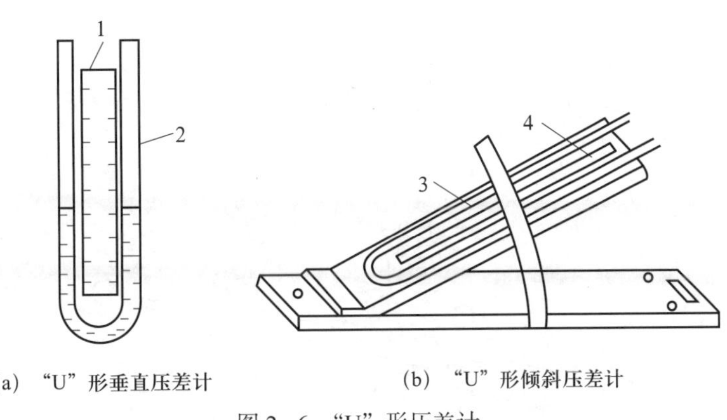

(a)"U"形垂直压差计　　(b)"U"形倾斜压差计

图 2-6　"U"形压差计

1，4—标尺；2，3—"U"形玻璃管

"U"形垂直压差计由垂直放置的"U"形玻璃管和标尺组成，"U"形玻璃管中装入蒸馏水或酒精，当玻璃管两端分别接入不等的空气压力时，液面会产生高差，通过两端液面的高差，在标尺上读出两点之间的空气压力差。

"U"形垂直压差计精度低，但量程大，适用于精度要求不高，压差较大的地方，如矿井主要通风机房内测量风硐内、外的压差。为了减小读数误差，可使用"U"形倾斜压差计，其测得的读数按式（2-18）计算压差：

$$h = \rho g L \sin\alpha \tag{2-18}$$

式中，h——两液面的垂直高差，即压差，Pa；

ρ——玻璃管内液体的密度，kg/m^3；

L——两端液面倾斜长度差，mm；

α——"U"形管倾斜的角度（可调整），对于"U"形垂直压差计 $\alpha = 90°$。

（3）单管倾斜压差计

单管倾斜压差计的结构（以 YYT-200 型为例）如图 2-7 所示。它主要由一个大断面的容器（面积为 S_1）和一个小断面的倾斜测压管（面积为 S_2）及标尺等组成。大容器和测压管互相连通，内部装有用工业酒精和蒸馏水配成的密度为 0.81 kg/m^3 的工作液。两断面之比（S_1/S_2）为 250～300。仪器固定在装有两个调平螺钉和水准指示器的底座上，弧形支架可以根据测量范围的不同将倾斜测压管固定在 5 个不同的位置上，刻在支架上的数字即为校正系数。大容器通过胶管与仪器的"+"接头相通，倾斜测压管的上端通过胶管与仪器的"-"接头相连，当"+"接头的压力高于"-"接头的压力时，虽然大容器内液面下降甚微，但测压管端的液面上升十分明显，经过式（2－19）计算相对压力或压差 h：

$$h = LKg \tag{2-19}$$

式中，L——倾斜测压管的读数，mm；

K——仪器的校正系数（又称常数因子），即测压时倾斜测压管在弧形支架上的对应数字。

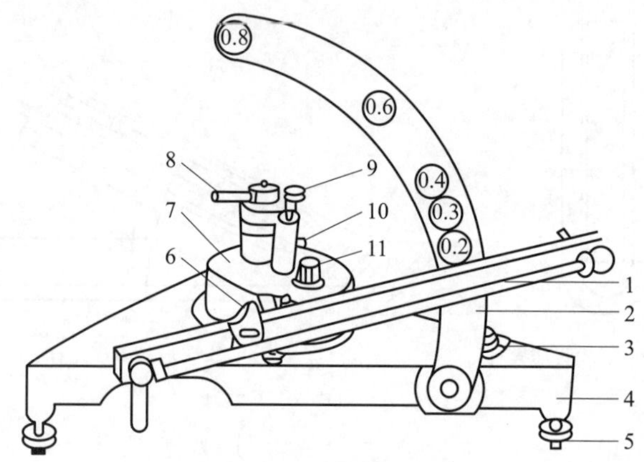

图 2－7 YYT－200 型单管倾斜压差计的结构

1—倾斜测压管；2—弧形支架；3—水准指示器；4—底座；5—调平螺钉；6—游标；7—大容器；8—三通阀门柄；9—零位调整旋钮；10—多向阀门；11—加液盖

单管倾斜压差计的操作和使用方法如下：

1）注入工作液。将零位调整旋钮调整到中间位置，测压管固定在弧形支架的适当位置，旋开加液盖，缓缓注入预先配置好的密度为 0.81 kg/m^3 的工作液，直到液面位于倾斜测压管的“0”刻度线附近，然后旋紧加液盖，再用胶管将多向阀门中间的接头与倾斜测压管的上端连通。将三通阀门柄转动到仪器的“测压”位置，用嘴轻轻从“+”端吹气，使酒精液面沿测压管缓慢上升，观察液柱内有无气泡，如有气泡，应反复吹吸多次，直至气泡消除为止。

2）调零。首先调整仪器底座上的两个调平螺钉，使水准指示器内的气泡居中，确保仪器处于水平状态。沿顺时针方向转动三通阀门柄到“校正”位置，使大容器和倾斜测压管分别与“+”接头和“－”接头隔断，而与大气相通。旋动零位调整旋钮，使测压管的酒精液面对准“0”刻度线。

3）测量。根据待测压差的大小，将倾斜测压管固定在弧形支架相应的位置上，用胶管将较大的压力接到仪器的“+”接头，较小的压力接到仪器的“－”接头。逆时针转动三通阀门柄到“测压”位置，读取测压管上酒精液面的读数和弧形支架的 K 值，用式（2－19）计算压差或相对压力。

常用的 YYT－200 型单管倾斜压差计最大测量值为 2 000 Pa，最小分度为 2 Pa，误差为 1%。单管倾斜压差计是通风测量中应用最广的一种压差计。

（4）补偿式微压计

补偿式微压计可用于精确的压差测量，其结构（以 DJM9 型为例）如图 2－8 所示。它有充水的大、小两个容器，下部用胶管连通。大容器与仪器的“－”接头相通，小容器与仪器的“+”接头相通。转动读数盘，大容器可随之上下移动。当“+”“－”接头的压力相同时，两容器液面处于同一平面上，通过装在小容器上的反射镜可以看到水准器尖端的正影像和倒影像正好相接，如图 2－8（b）所示。当“+”接头压力大于“－”接头压力时，小容器液面下降，反射镜内尖端的正影像和倒影像重叠，通过转动读数盘，使两液面再次恢复到同一水平面上，根据大容器的垂直移动距离（从标尺和读数盘上读出）来确定大、小容器所受到的压力差。

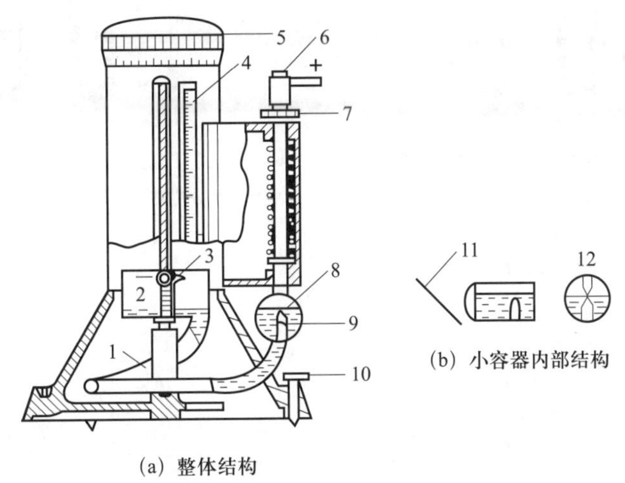

（a）整体结构

（b）小容器内部结构

图 2－8　DJM9 型补偿式微压计的结构

1—胶管；2—大容器；3—指针；4—标尺；5—读数盘；6—螺盖；7—调节螺母；8—小容器；9，12—水准器；10—调平螺钉；11—反射镜

补偿式微压计的操作和使用方法如下：

1）注入蒸馏水并调零。转动读数盘，使读数盘及位移指针均处于“0”点。打开螺盖，注入蒸馏水，直到从反射镜中观察到水准器的正影像和倒影像近似接触。盖紧螺盖，缓慢转动读数盘使大容器上下移动数次，以排除胶管内的气泡。用调平螺钉将仪器调平，慢慢转动调节螺母微微移动小容器，使反射镜内水准器的正影像和倒影像尖端恰好接触。若两个影像尖端重叠，表明水量不足，应再加水；若分离，表明水量过多，应排出部分水量。

2）测量。仪器调平、调零后，将被测压力较大的胶管接到仪器的“+”接头上，压力较小的胶管接到仪器的“－”接头上。小容器中的液面下降，从反射镜中可观察到水准器的正影像和倒影像消失或重叠，顺时针缓慢转动读数盘，直到两个影像尖端再次恰好相接。指针所指示的标尺整数与读数盘所指的小数之和，即为所测压力差值。

常用的补偿式微压计有 DJM9 型、YJB－150/250－1 型、BWY－150/250 型等。其中，DJM9 型的测量范围为 0～1 500 Pa，最小分度为 0.1 Pa。补偿式微压计的精度高，可用于微小压差的测量，但受压力波动影响大，水准器尖端有时很难调准，多用于实验室内。

2. 测量方法

风流中某点的相对压力常用皮托管和压差计测定，其布置方法如图 2-9（a）和图 2-9（b）所示。

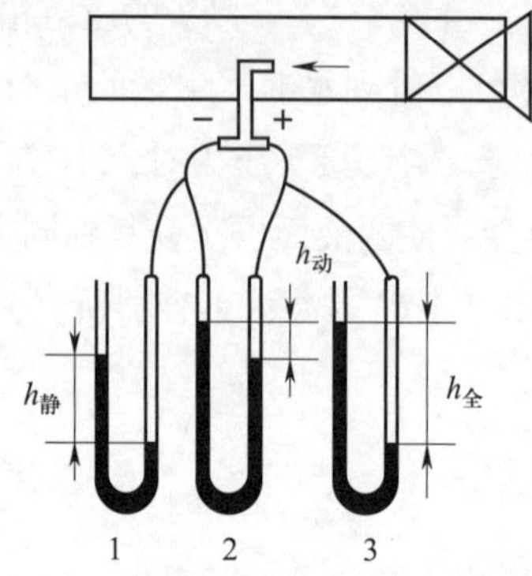

（a）压入式通风皮托管和压差计的布置方法

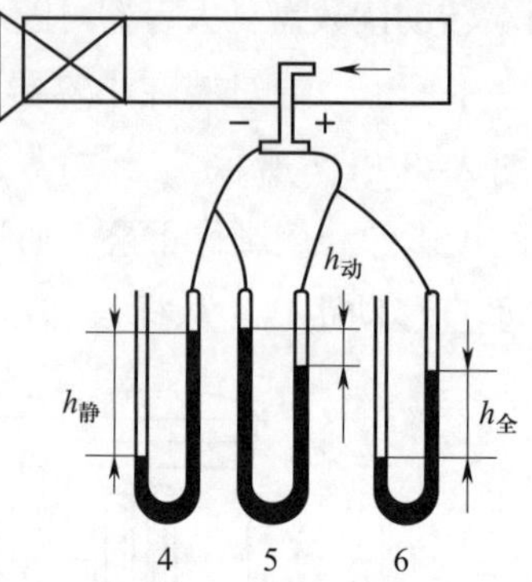

（b）抽出式通风皮托管和压差计的布置方法

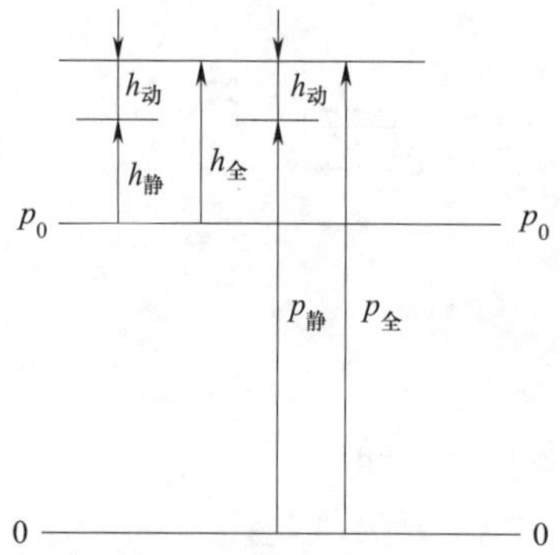

（c）压入式通风风流中某点各种压力之间的关系

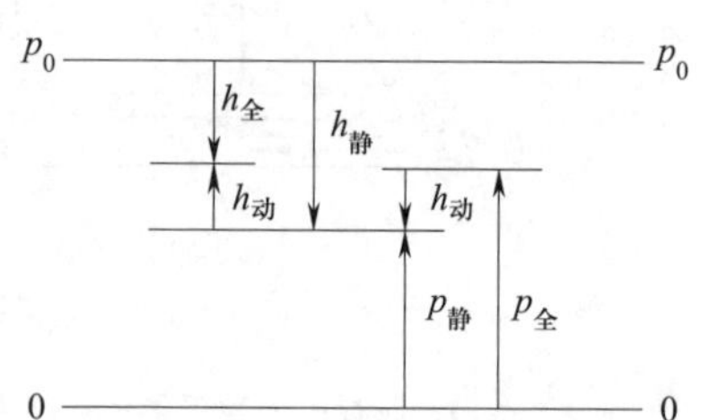

（d）抽出式通风风流中某点各种压力之间的关系

图 2-9　不同通风方式下风流中某点压力测量和压力之间的相互关系

（1）压入式通风中相对压力的测量及相互关系

如图 2-9（a）所示，皮托管的“+”接头传递的是风流的绝对全压 $p_{全}$，“−”接头传递的是风流的绝对静压 $p_{静}$，风筒外的压力是大气压力 p_0。在压入式通风中，因为风流的绝对压力都高于同标高的大气压力，所以 $p_{全}>p_0$、$p_{静}>p_0$、$p_{全}>p_{静}$。由图中压差计 1、压差计 2、压差计 3 的液面可以看出，绝对压力高的一侧液面下降，绝对压力低的一侧液面上升。

压差计 1 测得的是风流中的相对静压：$h_{静}=p_{静}-p_0$。

压差计 3 测得的是风流中的相对全压：$h_{全}=p_{全}-p_0$。

压差计 2 测得的是风流中的动压：$h_{动}=p_{全}-p_{静}$。

整理得：

$$h_{全}=p_{全}-p_0=(p_{静}+h_{动})-p_0=(p_{静}-p_0)+h_{动}=h_{静}+h_{动} \tag{2-20}$$

式（2-20）说明：就相对压力而言，压入式通风风流中某点的相对全压等于相对静压与

动压的代数和。

（2）抽出式通风中相对压力的测量及相互关系

如图 2-9（b）所示，压差计 4、压差计 5、压差计 6 分别测定风流的相对静压、动压、相对全压。在抽出式通风中，因为风流的绝对压力都低于同标高的大气压力，所以 $p_全 < p_0$、$p_静 < p_0$，$p_全 > p_静$。由图中压差计 4、压差计 6 的液面可以看出，与大气压力 p_0 相通的一侧水柱下降，另一侧水柱上升，压差计 5 中绝对全压一侧水柱下降，绝对静压一侧水柱上升。

压差计 4 测得的相对静压：$h_静 = p_0 - p_静$　或　$-h_静 = p_静 - p_0$。

压差计 6 测得的相对全压：$h_全 = p_0 - p_全$　或　$-h_全 = p_全 - p_0$。

压差计 5 测得的动压：$h_动 = p_全 - p_静$。

整理得：

$$h_全 = p_0 - p_全 = p_0 - (p_静 + h_动) = (p_0 - p_静) - h_动 = h_静 - h_动 \tag{2-21}$$

式（2-21）说明：就相对压力而言，抽出式通风风流中某点的相对全压等于相对静压减去动压。

需要强调的是，式（2-21）中的 $h_全$ 和 $h_静$ 分别是绝对全压和绝对静压比同标高大气压力的降低值，而式（2-20）中的 $h_全$ 和 $h_静$ 则分别是绝对全压和绝对静压比同标高大气压力的增加值，即公式中采用的都是其绝对值。

不同通风方式下，风流中某点各种压力之间的关系如图 2-9（c）和图 2-9（d）所示。

【例 2-1】在压入式通风风筒中，测得风流中某点的相对静压 $h_静 = 1\,200$ Pa，动压 $h_动 = 100$ Pa，风筒外与该点同标高的大气压力 $p_0 = 98\,000$ Pa。该点的 $p_静$、$h_全$、$p_全$ 分别是多少？

【解】（1）该点 $p_静$ 为：

$$p_静 = p_0 + h_静 = 98\,000+1\,200=99\,200\ (\text{Pa});$$

（2）该点 $h_全$ 为：

$$h_全 = h_静 + h_动 = 1\,200+100=1\,300\ (\text{Pa});$$

（3）该点 $p_全$ 为：

$$p_全 = p_0 + h_全 = 98\,000+1\,300=99\,300\ (\text{Pa}) \text{ 或 } p_全 = p_静 + h_动 = 99\,200+100=99\,300\ (\text{Pa})。$$

【例 2-2】在抽出式通风风筒中，测得风流中某点的相对静压 $h_静 = 1\,200$ Pa，动压 $h_动 = 100$ Pa，风筒外与该点同标高的大气压力 $p_0 = 98\,000$ Pa。该点的 $p_静$、$h_全$、$p_全$ 分别是多少？

【解】（1）该点 $p_静$ 为：

$$p_静 = p_0 - h_静 = 98\,000-1\,200=96\,800\ (\text{Pa});$$

（2）该点 $h_全$ 为：

$$h_全 = h_静 - h_动 = 12\,00-100=1\,100\ (\text{Pa});$$

（3）该点$p_全$为：

$p_全 = p_0 - h_全 = 98\,000-1\,100=96\,900$ (Pa) 或$p_全 = p_静 + h_动 = 96\,800+100=96\,900$ (Pa)。

（3）静压差与全压差测量

静压差与全压差的测量可用矿井通风综合参数检测仪或皮托管与压差计测量。当用皮托管与压差计测量风流中两点之间的静压差与全压差时，其布置如图 2-10 和图 2-11 所示。将布置在两测点的两支皮托管的“-”端用胶管连于压差计上，压差计上的读数即为两点之间的静压差；将两支皮托管的“+”端用胶管连于压差计上，压差计上的读数即为两点之间的全压差。

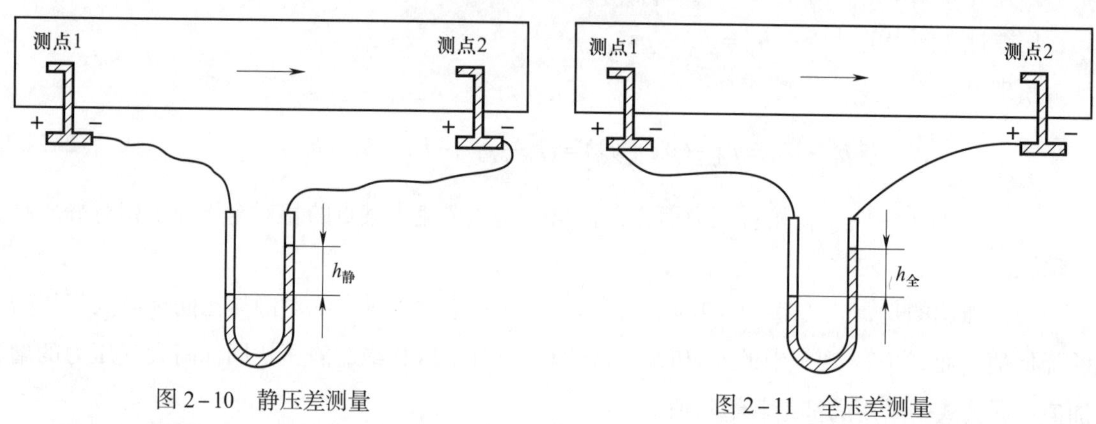

图 2-10　静压差测量　　图 2-11　全压差测量

（4）位压测算

如前所述，由于位压是某断面空气柱的重量对基准面单位面积上所呈现的压力，在上断面不显示位压，而要在下断面显示，即其值包含在下断面的静压之中，因此位压不能用仪器直接测出，而要通过测量两断面的高差和平均空气密度代入式（2-14）计算。

三、矿井通风综合参数检测仪

我国生产的 JFY 型矿井通风综合参数检测仪，是一种能同时测量空气的绝对压力、相对压力、风速、温度和相对湿度的精密便携式本质安全型仪器，适用于煤矿井下使用。其主要技术参数见表 2-2。

表 2-2　JFY 型矿井通风综合参数检测仪技术参数

技术参数	测量范围	测量分辨率	测量精度
绝对压力 / Pa	80 000～120 000	10	± 100
压差 / Pa	2 923	0.98	9.8
温度 / ℃	−30～+40	0.1	± 0.5
相对湿度 / %	50～99	1	± 4.0
风速 /（m/s）	0.6～15	0.1	0.6～4 ±（0.2+2% 风速值）
			5～15 ±（0.5+2% 风速值）

矿井通风综合参数检测仪由压力传感器、风速传感器、温度传感器、湿度传感器以及智能微机组成。其中，压力传感器采用高精度振动筒压力传感器，其结构如图 2－12 所示，主要由保护筒、激振元件、振动弹性体、温度传感器和拾振元件等组成。振动弹性体为一个薄壁圆筒（壁厚为 0.08 mm），是感受压力的敏感元件，与保护筒焊接在一起，共同构成真空腔，真空腔是测压基准参考腔。激振元件、拾振元件与放大器构成测压振荡器，在常压下产生一个固有的振动频率 f，当压力 p 变化时，振荡器的固有频率也发生变化，即压力 p 与频率 f 相对应，并且单值连续。通过测量频率 f（或周期 T）即可测出外界的绝对压力 p。

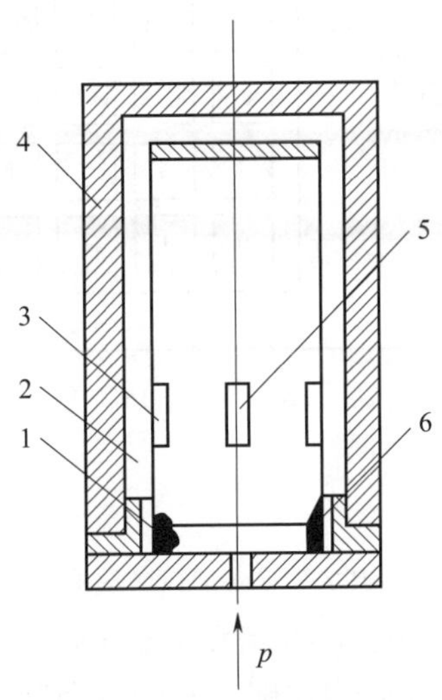

图 2－12　振动筒压力传感器

1—温度传感器；2—振动弹性体；
3—激振元件；4—保护筒；5—拾振元件；6—底座支架

JFY 型矿井通风综合参数检测仪的仪器面板布置如图 2－13 所示。测量前先将电源开关拨到“通”的位置，电源电压指示灯亮，若指示灯发暗，说明电源电压不足，应先充电。其操作方法如下。

1. 测量绝对压力

仪器通电后，整机进入自检状态，显示传感器的周期数，按“总清”键，则显示测点的绝对压力，单位为 hPa。

2. 测量相对压力

仪器通电后，按下“差压”键，并将压力记忆开关拨向“记忆”位置，进入相对压力测定状态。此时，仪器将按键时测点的绝对压力 p_0 值记入内存中，并将此值作为后续的测压基准，当仪器发生位移或测点的绝对压力变化后，面板上液晶窗口显示的总是压差值（$\Delta p = p - p_0$），单位为 mmH_2O。只要不断电且压力记忆开关处于“记忆”位置不变，则测压基准也不变。

3. 测量温度和相对湿度

仪器通电后，不论处于何种状态，按下“温度”键，即可显示当前测点的温度值；按下“湿度”键，即可显示当前测点的相对湿度值。因温度和湿度传感器都有滞后现象，因此，从前一测点转到另一测点后，应等待 2～5 min 后再读数。

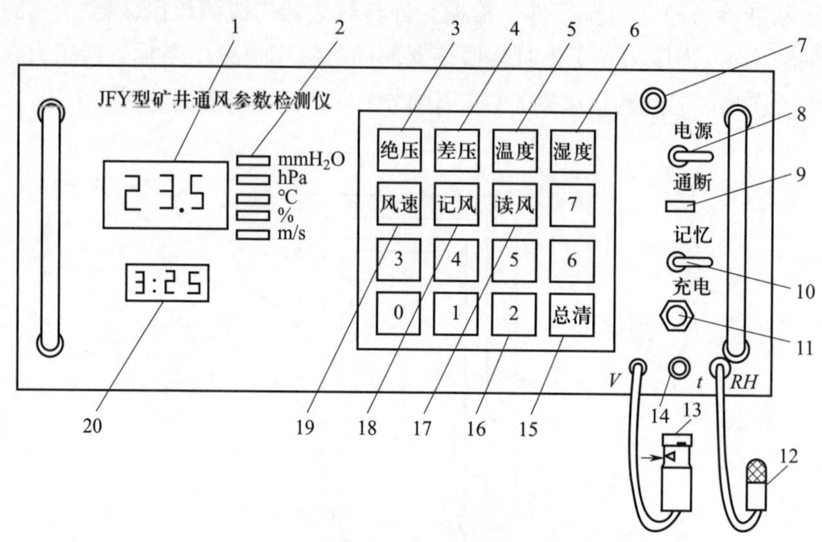

图 2-13　JFY 型矿井通风参数检测仪面板

1—液晶窗口；2—单位显示；3—绝对压力键；4—压差键；5—温度键；6—相对湿度键；7—气孔；8—电源开关；9—电源电压指示灯；10—压力记忆开关；11—充电插座；12—湿度传感器；13—风速传感器；14—温度传感器；15—总清键；16—备用键；17—读平均风速键；18—记风速键；19—风速键；20—电子表

4. 测量风速

仪器可以测量点风速，也可以测量断面的平均风速。测量点风速时，只要把风速传感器上的箭头方向朝向风流，按下“风速”键读数即可，单位为 m/s。测量断面的平均风速时，可利用机械风表测风时的定点法（详见本书第七章第一节），先测第 1 个测点的风速，按下“风速”键，显示该点风速值；再按下“记风”键，显示该点风速后，又显示一下“1”，表示第 1 个测点的风速已存入内存中；将传感器移到第 2 个测点，按下“记风”键，显示该点的风速值后又显示一下“2”，表示第 2 个测点的风速已存入内存；如此进行，直到将所有测点测完，最后按“读风”键，读出该巷道断面的平均风速值。

矿井通风综合参数检测仪广泛应用于矿井通风阻力测定、通风压能图测定等工作中。除了 JFY 型矿井通风综合参数检测仪，常用的仪器还有 BJ-1 型数字式气压计、WFQ-2 型数字式气压计等，既能测绝对压力又能测相对压力。

第四节 伯努利方程及其在矿井通风中的应用

一、矿井通风中实际应用的伯努利方程

空气在井巷流动的过程中，受到阻力的作用，会消耗能量。为满足安全生产的需要，必须保证空气按照既定的方向和流速流动，因此，必须有通风动力来克服空气流动的阻力。伯努利方程是用能量守恒定律描述风流沿井巷流动过程中能量转换的数学表达式，表达了空气的静压、动压和位压在井巷流动过程中的变化规律，是能量守恒定律在矿井通风中的具体应用，是矿井通风阻力测定计算和通风网络解算的基本原理式。

如前文所述，井巷风流中任一断面单位体积空气对基准面而言具有 3 种能量，即静压能 $E_{静}$、动能 $E_{动}$ 和位能 $E_{位}$，而这 3 种能量又分别以静压 $p_{静}$、动压 $h_{动}$ 和位压 $p_{位}$ 3 种压力来体现，这 3 种压力和总压力 $p_{总}$ 的关系见式（2－17）。

如图 2－14 所示，根据能量守恒定律，断面 1 和断面 2 的总压力相等，即 $p_{总1}=p_{总2}$，单位质量不可压缩的实际流体从断面 1 流向断面 2 的能量方程为：

$$\frac{p_1}{\rho}+\frac{v_1^{\ 2}}{2}+Z_1g=\frac{p_2}{\rho}+\frac{v_2^{\ 2}}{2}+Z_2g+h_{损} \tag{2-22}$$

式中，p_1/ρ、p_2/ρ——单位质量流体在断面 1、断面 2 所具有的静压能，J/kg；

$v_1^2/2$、$v_2^2/2$——单位质量流体在断面 1、断面 2 所具有的动能，J/kg；

Z_1g、Z_2g——单位质量流体在断面 1、断面 2 上相对于基准面所具有的位能，J/kg；

$h_{损}$——单位质量流体流经断面 1、断面 2 之间克服阻力所损失的能量，J/kg。

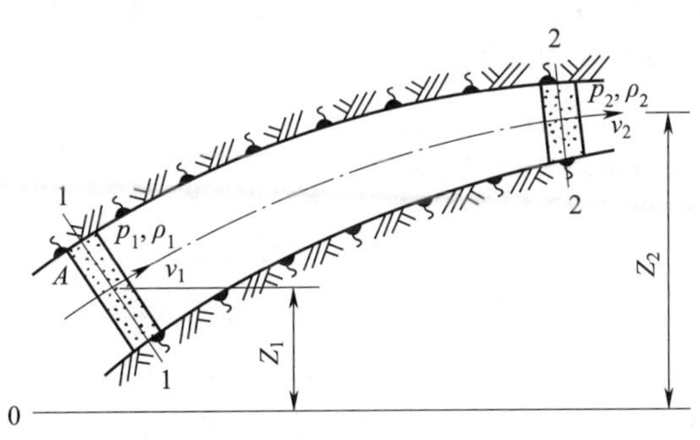

图 2－14 通风井巷内能量分析

式（2－22）表明，单位质量的实际流体从断面 1 流到断面 2 时，断面 1 所具有的总机械能（静压能、动能、位能之和）等于断面 2 所具有的总机械能与流体克服断面 1、断面 2 之间阻力所损失的能量之和。

对于矿井通风中的风流，尽管空气的密度有变化，但变化一般不超过 6%～8%，因此它的比容变化也不大。除特殊情况（如矿井深度超过 1 000 m）外，一般认为矿井风流近似于不可压缩的稳流状态，所以上述能量方程也可应用于矿井通风中。具体应用时，常用单位体积的能量来代替方程中单位质量的能量，即将式（2-22）中的各项乘以 ρ，得到如下单位体积实际流体的能量方程：

$$p_1+\frac{\rho {v_1}^2}{2}+Z_1\rho g=p_2+\frac{\rho {v_2}^2}{2}+Z_2\rho g+h_{阻12} \tag{2-23}$$

式中，p_1、p_2——单位体积风流在断面 1、断面 2 所具有的绝对静压，J/m³ 或 Pa；

$\rho v_1^2/2$、$\rho v_2^2/2$——单位体积风流在断面 1、断面 2 所具有的动压，J/m³ 或 Pa；

$Z_1\rho g$ 、$Z_2\rho g$——单位体积风流在断面 1、断面 2 上相对于基准面所具有的位压，J/m³ 或 Pa；

$h_{阻12}$——单位体积风流克服断面 1、断面 2 之间的阻力所消耗的压力，J/m³ 或 Pa。

考虑到实际情况下井下空气密度是有一定变化的，为了能正确反映能量守恒定律，用风流在断面 1、断面 2 的空气密度 ρ_1、ρ_2 代替式（2-23）动能中的 ρ，用断面 1、断面 2 与基准面之间的平均空气密度 ρ_1'、ρ_2' 代替式（2-23）位能中的 ρ：

$$p_1+\frac{\rho_1 {v_1}^2}{2}+Z_1\rho_1' g=p_2+\frac{\rho_2 {v_2}^2}{2}+Z_2\rho_2' g+h_{阻12} \tag{2-24}$$

或

$$h_{阻12}=\left(p_1+\frac{\rho_1 {v_1}^2}{2}+Z_1\rho_1' g\right)-\left(p_2+\frac{\rho_2 {v_2}^2}{2}+Z_2\rho_2' g\right) \tag{2-25}$$

或

$$h_{阻12}=(p_1-p_2)+\left(\frac{\rho_1 {v_1}^2}{2}-\frac{\rho_2 {v_2}^2}{2}\right)+(Z_1\rho_1'\mathrm{g}-Z_2\rho_2'\mathrm{g}) \tag{2-26}$$

式（2-25）、式（2-26）就是矿井通风中常用的能量方程。从能量的角度来说，它表示单位体积风流流经井巷时的能量损失等于断面 1 上的总机械能（静压能、动能和位能）与断面 2 上的总机械能之差。从压力的角度上来说，它表示风流流经井巷的通风阻力等于风流在断面 1 上的总压力与断面 2 上的总压力之差。

利用公式计算时，应特别注意 ρ_1、ρ_2 与 ρ_1'、ρ_2' 的选取方法。ρ_1、ρ_2 分别取断面 1、断面 2 风流的空气密度，ρ_1'、ρ_2' 视基准面的选取情况按下述方法计算：

（1）当断面 1、断面 2 位于矿井最低水平的同一侧时，如图 2-15（a）所示，可将位压的基准面选在较低的断面 2，此时，断面 2 的位压为 0（$Z_2=0$），断面 1 相对于基准面（断面 2）的高差为 Z_{12}，空气密度 ρ_1' 取其平均密度，即 ρ_{12}，如精度不高时可取 $\rho_{12}=(\rho_1+\rho_2)/2$（$\rho_1$、$\rho_2$ 为断面 1、断面 2 风流的空气密度）。

（2）当断面 1、断面 2 分别位于矿井最低水平的两侧时，如图 2-15（b）所示，应将位压的基准面（0—0）选在最低水平，此时，断面 1、断面 2 相对于基准面的高差分别为 Z_{10}、Z_{20}，空气密度 ρ_1' 与 ρ_2' 则分别为两侧断面距基准面的平均密度，即 ρ_{10} 与 ρ_{20}，当高差不大或精度不高时，可取 $\rho_{10}=(\rho_1+\rho_0)/2$，$\rho_{20}=(\rho_2+\rho_0)/2$。

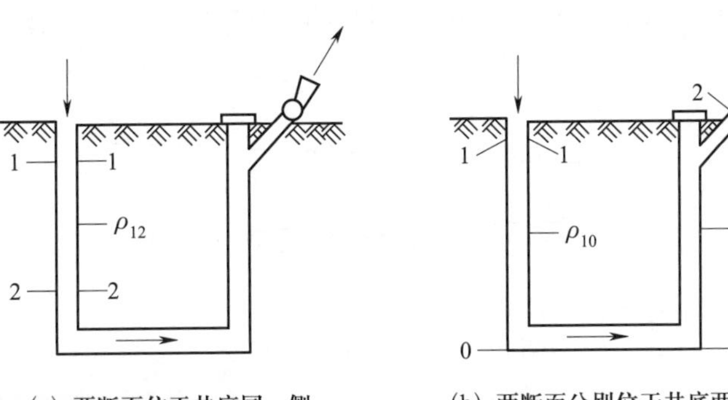

图 2-15　能量方程中位压基准面的确定及 ρ 的取法

二、伯努利方程在矿井通风中的应用

1. 计算井巷通风阻力并判断风流方向

【例 2-3】某倾斜巷道如图 2-16 所示，已知断面 1 和断面 2 的基本参数为：$p_{静1}$= 100 421 Pa，$p_{静2}$=100 782 Pa；v_1=4 m/s，v_2=3 m/s；ρ_1=1.21 kg/m^3，ρ_2=1.20 kg/m^3；断面 1 和断面 2 的高差为 Z=60 m。试求两断面间的通风阻力，并判断风流方向（结果保留 1 位小数）。

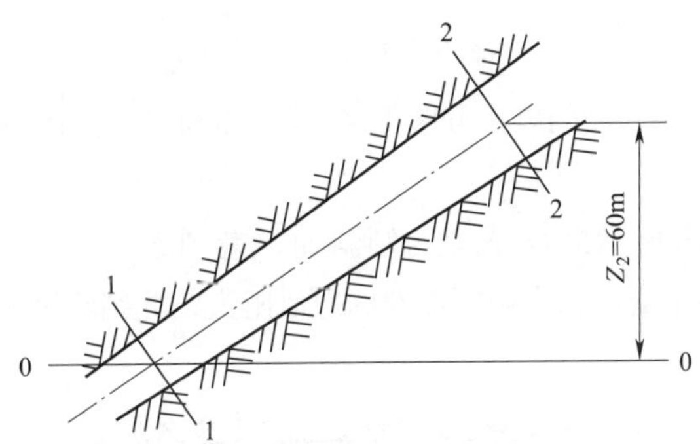

图 2-16　断面不等的倾斜通风巷道

【解】设风流方向为由断面 1 流向断面 2，基准面选定为通过断面 1 中心的水平面。根据通风能量方程，两断面之间的通风阻力为两断面的总压力之差：

$$h_{阻12}=\left(p_{静1}+\frac{\rho_1 v_1^2}{2}+Z_1\rho_1' g\right)-\left(p_{静2}+\frac{\rho_2 v_2^2}{2}+Z_2\rho_2' g\right)$$

$$=\left[\left(100\,421+\frac{1.21\times4^2}{2}+0\right)-\left(100\,782+\frac{1.20\times3^2}{2}+60\times\frac{1.20+1.21}{2}\times9.8\right)\right]$$

$$=-1\,065.3\ (\mathrm{Pa})$$

因为通风阻力为负值，说明断面 1 的总压力小于断面 2 的总压力，原假设的风流方向是错误的，实际风流方向应从断面 2 流向断面 1，其通风阻力为 1 065.3 Pa。

【例 2－4】将图 2－16 所示的断面不等的倾斜通风巷道改为水平通风巷道，如图 2－17 所示，其他条件不变。试求两断面间的通风阻力，并判断风流方向（结果保留 1 位小数）。

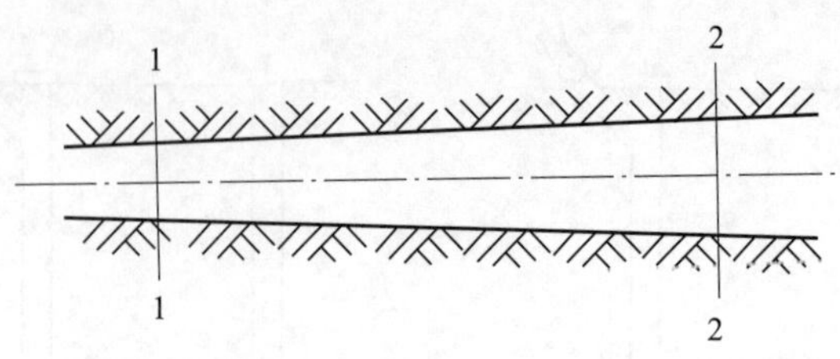

图 2－17　水平通风巷道

【解】设风流方向由断面 2 流向断面 1，基准面选定为通过巷道轴线的水平面。

因为是水平巷道，且两断面之间的空气密度近似相等，故两断面的位压差可视为零，此时两断面间的通风阻力就是两断面的绝对全压差：

$$\begin{aligned} h_{阻21} &= p_{全2} - p_{全1} \\ &= \left(p_{静2} + \frac{\rho_2 v_2^2}{2}\right) - \left(p_{静1} + \frac{\rho_1 v_1^2}{2}\right) \\ &= \left[\left(100\,782 + \frac{1.20 \times 3^2}{2}\right) - \left(100\,421 + \frac{1.21 \times 4^2}{2}\right)\right] \\ &= 356.7\ (\text{Pa}) \end{aligned}$$

计算结果为正，说明原假设的风流方向正确，即由断面 2 流向断面 1，两断面间的通风阻力为 356.7 Pa。

【例 2－5】将图 2－16 所示断面不等的倾斜通风巷道改为等断面的水平通风巷道，如图 2－18 所示，其他条件不变。试求两断面间的通风阻力，并判断风流方向。

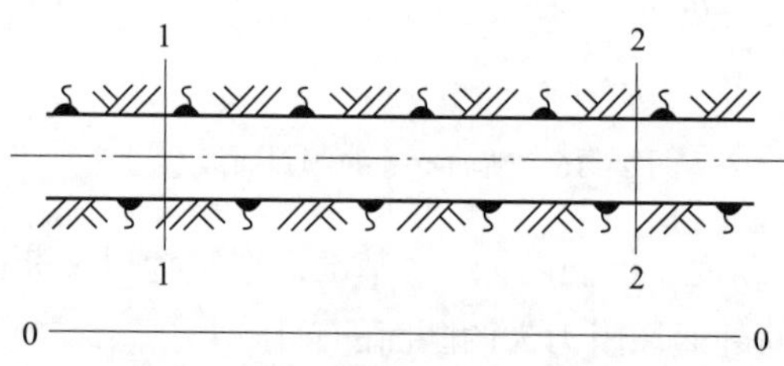

图 2－18　等断面的水平通风巷道

【解】设风流方向由断面 1 流向断面 2，基准面选定为通过巷道轴线的水平面，则依题意和假设可得出如下关系：

因为 $S_1 = S_2$，所以 $v_1 = v_2$；又因为两断面的密度近似相等，所以 $h_{动1} = h_{动2}$。

同时，因 $Z_1 = Z_2 = 0$，所以 $Z_1 \rho_1 g = Z_2 \rho_2 g = 0$。

综合上述分析可知，对于断面相等的水平巷道，两断面间的通风阻力就等于两断面的绝对静压差：

$$
\begin{aligned}
h_{阻12} &= p_{静1} - p_{静2} \\
&= 100\,421 - 100\,782 \\
&= -361\ (\mathrm{Pa})
\end{aligned}
$$

计算结果为负值，说明原假设风流方向不正确，即实际风流方向应该是从断面 2 流向断面 1。两断面间的通风阻力为 361 Pa。

通过分析上述 3 道例题，可得出如下结论：

（1）不论在任何条件下，风流总是从总压力大的断面流向总压力小的断面。

（2）在水平巷道中，因为位压差等于零，风流将由绝对全压大的断面流向绝对全压小的断面。

（3）在等断面的水平巷道中，因为位压差、动压差均等于零，风流将从绝对静压大的断面流向绝对静压小的断面。

2. 计算矿井通风阻力

（1）抽出式通风矿井

简化后的抽出式通风矿井示意图如图 2－19 所示。风流自进风井口地面进入井下，沿立井 1—2、井下巷道 2—3、回风立井 3—4 到达主要通风机风硐断面 4。在风流流动的整个线路中，所遇到的通风阻力 $h_{阻}$ 包括进风井口的局部阻力 $h_{局1}$（空气由地面大气突然收缩到井筒断面的阻力）与井筒、井下巷道的通风阻力之和 $h_{阻14}$：

$$h_{阻} = h_{局1} + h_{阻14} \tag{2-27}$$

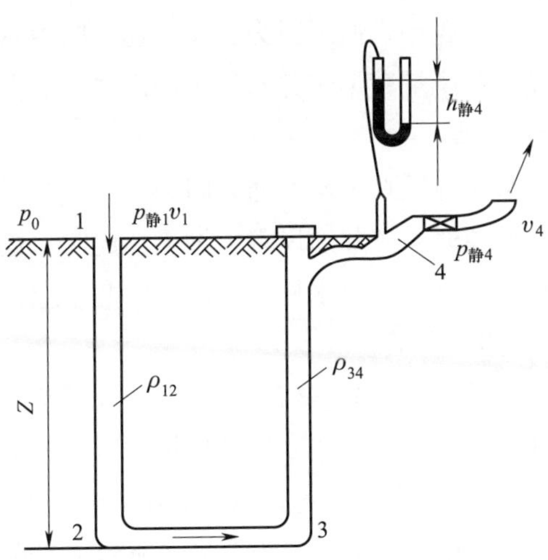

图 2－19　简化后的抽出式通风矿井示意图

根据能量方程，进风井口的局部阻力 $h_{局1}$ 就是地面大气与进风进口断面 1 之间的总压力差（两个断面高差近似为零，地面大气为静止状态）；井筒及巷道的通风阻力 $h_{阻14}$ 为进风井口断面 1 与主要通风机风硐断面 4 的总压力差：

$$h_{局1} = p_0 - (p_{静1} + h_{动1}) \tag{2-28}$$

$$h_{阻14} = (p_{静1} + h_{动1} + Z\rho_{12}g) - (p_{静4} + h_{动4} + Z\rho_{34}g) \tag{2-29}$$

将式（2-28）、式（2-29）代入式（2-27）并整理得

$$\begin{aligned} h_{阻} &= (p_0 - p_{静4}) - h_{动4} + (Z\rho_{12}g - Z\rho_{34}g) \\ &= h_{静4} - h_{动4} + (Z\rho_{12}g - Z\rho_{34}g) \end{aligned} \tag{2-30}$$

式（2-30）中 $h_{静4}$ 为 4 断面的相对静压，$h_{动4}$ 为 4 断面的动压，（$Z\rho_{12}g - Z\rho_{34}g$）为矿井的自然风压（可用 $h_{自}$ 表示）。当 $Z\rho_{12}g > Z\rho_{34}g$ 时，$h_{自}$ 为正值，说明它帮助主要通风机通风；当 $Z\rho_{12}g < Z\rho_{34}g$ 时，$h_{自}$ 为负值，说明它阻碍主要通风机通风（矿井的自然风压详见本教材第四章）。故式（2-30）又可表示为：

$$h_{阻} = h_{静4} - h_{动4} \pm h_{自} = h_{全4} \pm h_{自} \tag{2-31}$$

式（2-31）为抽出式通风矿井的通风总阻力测算式，反映了矿井的通风阻力与主要通风机风硐断面相对压力之间的关系。也就是说，要计算矿井通风的阻力，除应知道风硐的相对静压外，还必须计算出风硐的动压和自然风压的大小及方向，然后代入式（2-31）进行计算。在实际中，由于风速在风硐断面上是不均匀分布的，通风机房一般只设置相对静压水柱计。

由于矿井风硐断面动压值不大，且变化较小；而自然风压一般随季节变化，且变化也不大，因此，矿井通风机房相对静压水柱计可以反映矿井通风阻力，即水柱计压力差越大，说明矿井通风的阻力越大；压力差越小，通风阻力越小。通风阻力越大，通风能耗也越大。矿井通风需要的是风量，因此，在风量满足矿井安全生产需要的前提下，仅从通风能耗的角度来说，通风阻力越小越好。

由于通风机房相对静压水柱计反映了矿井通风阻力，当矿井风路发生变化时，水柱计也发生相应变化。如主要风路冒顶时，矿井通风阻力增大，此时水柱计上升。当主要风门被打开风流短路时，矿井通风阻力减小，此时水柱计下降。因此，应经常观察通风机房相对静压水柱计，发现突然变化时，应及时报告。

同时，矿井发生某些灾害时，通风机房相对静压水柱计可帮助人们判断井下灾情。如井下发生爆炸事故时，若水柱计上升，说明主要巷道破坏严重；若下降说明风流短路。透水事故发生后，若水柱计不断缓慢上升，说明巷道通风断面在不断减小。

矿井通风中，按《煤矿安全规程》要求，主要通风机房内必须安装相对静压水柱计（压力表），即显示风硐断面相对压力的垂直“U”形压差计。

【例2-6】如图2-19所示，某矿井采用抽出式通风，测得风硐断面的风量 Q=50 m^3/s，风硐净断面面积 S_4=5 m^2，空气密度 ρ_4=1.14 kg/m^3，风硐外与其同标高的大气压力 p_0=101 324.5 Pa，主要通风机房内静压水柱计的读数 $h_{静4}$=2 240 Pa，矿井的自然风压 $h_{自}$=120 Pa，自然风压的方

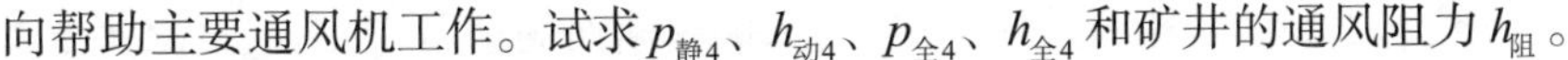

向帮助主要通风机工作。试求$p_{静4}$、$h_{动4}$、$p_{全4}$、$h_{全4}$和矿井的通风阻力$h_{阻}$。

【解】$p_{静4}=p_0-h_{静4}$ =101 324.5−2 240=99 084.5 (Pa)

$h_{动4}=\rho_4 v_4^2/2=\rho_4\left(Q/S_4\right)^2/2$ =1.14×（50/5）^{2}/2=57 (Pa)

$p_{全4}=p_{静4}+h_{动4}$ =99 084.5+57=99 141.5 (Pa)

$h_{全4}=h_{静4}-h_{动4}$ =2 240−57=2 183 (Pa)

$h_{阻}=h_{静4}-h_{动4}+h_{自}$ =2 240−57+120=2 303 (Pa)

（2）压入式通风矿井

简化后的压入式通风矿井示意图如图 2-20 所示。一般包括抽风段 1—2 和压风段 3—6，实际上属于又抽又压的混合式通风，空气被进风井口附近的主要通风机抽入井下，自风硐 3 沿进风井 3—4、井下巷道 4—5、回风井 5—6 排出地面。在风流流动的整个线路中，所遇到的通风阻力$h_{阻}$为抽风段阻力$h_{阻抽}$和压风段阻力$h_{阻压}$之和。

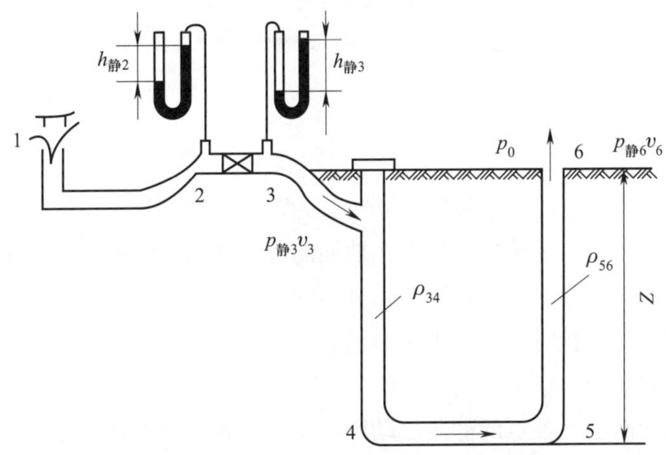

图 2-20　简化后的压入式通风矿井示意图

其中压风段的阻力$h_{阻压}$包括井筒、井下巷道的阻力$h_{阻36}$与回风井口的局部阻力$h_{局6}$（空气由井筒断面突然扩散到地面大气的阻力）之和：

$$h_{阻压}=h_{阻36}+h_{局6} \tag{2-32}$$

根据能量方程，$h_{阻36}$、$h_{局6}$可分别表示为：

$$h_{阻36}=(p_{静3}+h_{动3}+Z\rho_{34}g)-(p_{静6}+h_{动6}+Z\rho_{56}g) \tag{2-33}$$

$$h_{局6}=(p_{静6}+h_{动6})-p_0 \tag{2-34}$$

将式（2-33）、式（2-34）代入式（2-32）并整理得：

$$\begin{aligned} h_{阻压} &= (p_{静3}-p_0)+h_{动3}+(Z\rho_{34}g-Z\rho_{56}g) \\ &= h_{静3}+h_{动3}+(Z\rho_{34}g-Z\rho_{56}g) \end{aligned} \tag{2-35}$$

式（2-35）中 $h_{静3}$ 为风硐 3 断面的相对静压，$h_{动3}$ 为风硐 3 断面的动压，（$Z\rho_{34}g-Z\rho_{56}g$）为矿井的自然风压 $h_{自}$，同样 $h_{自}$ 也有正有负，因此式（2-35）可写成：

$$h_{阻压}=h_{静3}+h_{动3}\pm h_{自}=h_{全3}\pm h_{自} \tag{2-36}$$

考虑到抽风段的通风阻力（因标高差很小，抽风段的位压差可忽略不计），则：

$$h_{阻}=(h_{静2}-h_{动2})+(h_{静3}+h_{动3}+h_{自})-h_{全2}+h_{全3}\pm h_{自} \tag{2-37}$$

式（2-37）为压入式通风矿井的通风总阻力计算式，也反映了压入式通风矿井通风阻力与主要通风机风硐断面相对压力之间的关系。

复习思考题

一、简答题

1. 什么是空气的密度？压力和温度相同时，为什么湿空气比干空气轻？

2. 什么是空气的压力？其单位是什么？地面的大气压力与哪些因素有关？

3. 什么是空气的静压、动压、位压？各有何特点？

4. 什么是绝对压力、相对压力、正压通风、负压通风？

5. 什么是全压和总压力？

6. 在同一通风断面上，各点的静压、动压、位压是否相同？通常哪一点的总压力最大？

7. 为什么在压入式通风中某点的相对全压大于相对静压，而在抽出式通风中某点的相对全压小于相对静压？

二、计算题

1. 测得某回风巷的温度为 20 ℃，相对湿度为 90%，绝对静压为 102 500 Pa。求该回风巷空气的密度和比容。

2. 用皮托管和压差计测得通风管道内某点的相对静压 $h_{静}$ =250 Pa、相对全压 $h_{全}$ = 200 Pa。已知管道内的空气密度 $\rho=1.22$ kg/m^3，试判断管道内的通风方式并求出该点的风速。

3. 在压入式通风管道中，测得某点的相对静压 $h_{静}=550$ Pa、动压 $h_{动}=100$ Pa，管道外同标高的绝对压力 $p_0=98\,200$ Pa。求该点的相对全压和绝对全压。

4. 两个不同的管道通风系统如图 2-21（a）、（b）所示，试判断它们的通风方式，区别各压差计的压力种类并填涂液面高差和读数（压差计内液体为水，则图中单位为 mmH_2O）。

5. 已知某一进风立井井口断面的大气压 $p_{静1}$ =99 800 Pa，井深 Z=500 m，井筒内空气的平均密度 ρ=1.18 kg/m^3，井筒的通风阻力为 $h_{阻}$ = 85 Pa。求立井井底的绝对静压 $p_{静2}$。

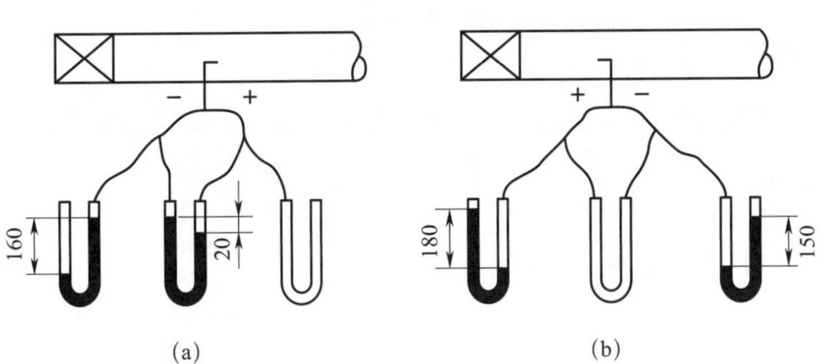

图 2-21　通风管道中相对压力的测定

6. 如图 2-22 所示断面不等的水平通风巷道中，测得断面 1 的绝对静压 $p_{静1}$ =96 170 Pa，断面面积 $S_1=4\ \mathrm{m}^2$；断面 2 的绝对静压 $p_{静2}=96\ 200\ \mathrm{Pa}$，断面面积 $S_2=8\ \mathrm{m}^2$。通过巷道的风量 Q=40 m^3/s，空气密度 $\rho_1=\rho_2=1.16\ \mathrm{kg/m^3}$。试判断巷道风流方向并求其通风阻力 $h_{阻}$。若巷道断面都是 4 m^2，其他测定参数不变，结果又如何？

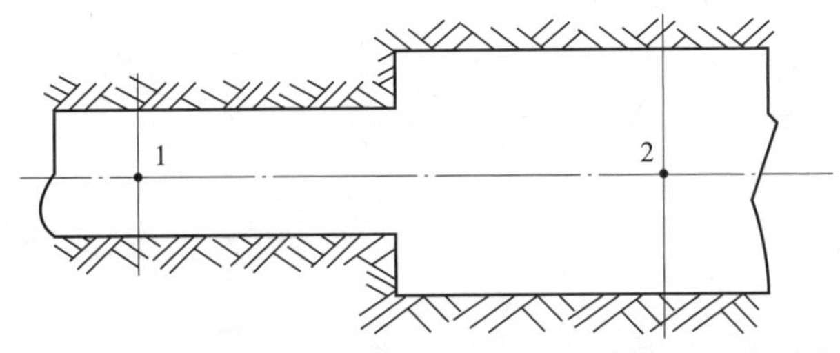

图 2-22　断面不等的水平通风巷道

7. 如图 2-19 所示的抽出式通风矿井中，已知矿井的通风总阻力为 1 840 Pa，自然风压为 80 Pa（阻碍通风机工作）；风硐的断面面积为 4 m^2，通过的总回风量为 50 m^3/s，空气密度为 1.2 kg/m^3。问主要通风机房内相对静压水柱计的读数为多大。

技能实训三　矿井空气压力测量

一、实训目标

1. 学会使用空盒气压计测量空气绝对压力的方法。
2. 学会使用压差计、皮托管测量井巷（或管道内）相对压力的方法。
3. 加深认识在不同通风方式下风流的压力状态，理解风流点压力及相互关系。

二、任务描述

在矿井通风实验室内使用空气压力测量仪器进行空气绝对压力及相对压力测量。

三、任务准备

矿井通风综合实验装置、空盒气压计、“U”形压差计、单管倾斜压差计、皮托管等。

四、知识要点

本章第三节空气压力测量中各种测压仪器的使用方法。

五、实训过程

1. 绝对静压、动压的测量

（1）绝对静压测量

测量空气绝对静压主要采用空盒气压计，按照正确的操作步骤进行测量、读数，并根据空盒气压计说明书以及读数校正表（仪器自带）进行读数校正，得到真实的绝对静压。

（2）动压测量

方法一：按照图 2-4 布置仪器并读数。

方法二：用风表测出测点的平均风速（或某断面的平均风速），根据动压计算公式［式（2-11）］求得该点的动压（或该断面的动压）。

2. 相对压力测量

将皮托管和压差计按照图 2-9 所示方式连接，启动风机，分别读出抽出式通风和压入式通风的相对静压值和相对全压值。

3. 静压差与全压差测量

将皮托管和压差计按照图 2-10 和图 2-11 所示方式连接，连接无误后，启动风机。压差计两侧管内液面高低差即为两点间的静压差和全压差。

六、注意事项

1. 仪器使用时注意轻拿轻放，尤其是压差计，要避免碎裂。
2. 严格按照要求连接压差计和皮托管。
3. 必须等风机稳定后才可读数记录。

七、总结与思考

1. 如何通过“U”形压差计判断通风机的工作方式？
2. 如何理解抽出式通风相对全压小于相对静压？

第三章

矿井通风阻力

本章学习目标

1. 了解空气流动状态的基本概念。
2. 熟悉矿井摩擦阻力和局部阻力的概念及计算方法。
3. 掌握查表得出摩擦阻力和局部阻力系数的方法。
4. 掌握降低巷道摩擦阻力和局部阻力的措施。
5. 掌握根据矿井风阻和等积孔判断矿井通风难易程度的方法。
6. 掌握矿井通风阻力的测定方法。

学习导引

本章重点从通风阻力产生的根本原因入手，阐明矿井通风阻力的计算方法、测定方法以及降低通风阻力的具体措施。本章是进行矿井通风系统设计、矿井风量调节、矿井通风系统管理和安全评价的理论基础。

第一节　空气流动状态

通风阻力产生的根本原因是风流流动过程的黏性和惯性（内因），以及井巷壁面对风流的阻滞作用和扰动作用（外因）。井巷风流在流动过程中，因克服相对运动而造成的机械能损失就叫矿井通风阻力。通风阻力包括摩擦阻力和局部阻力两大类，其中摩擦阻力是矿井通风阻力的主要组成部分（占 80% 左右）。

一、稳定流与非稳定流

矿井风流是连续介质，其运动要素（压力、速度、密度等）都是连续分布的，而且矿井风流主要沿着井巷的轴线方向运动，可视为一维运动。流场中，流体介质通过空间点的所有运动要素都不随时间改变，仅随空间位置改变，这种流动称为稳定流（或称定常流）；如果其中一个要素随时间变化，就为非稳定流。在矿井中，由于井巷特征、岩壁温度、通风机风压和矿井供风量等在某一时期内变化不大；矿井正常通风期间，风门的启闭、设备的升降对局部风流产生的瞬时扰动影响也不大。空气虽可压缩，但对井深不超过 1 000 m 的矿井，在正常生产情况下，空气的密度变化不大，其比容也变化不大，可以认为是近似不可压缩的。因此，可把矿井风流近似地视为稳定流。

二、层流和紊流

流体在运动中有两种不同的状态，即层流和紊流。流体以不同的流动状态运动时，其速度在断面上的分布和阻力形式也完全不同。

层流指流体各层的质点相互不混合，呈流束状，为有秩序地流动，各流束的质点没有能量交换。质点的流动轨迹为直线或有规则的平滑曲线，并与管道轴线方向基本平行。因此层流流动过程中能量消耗少，通风阻力小。

紊流和层流相反，流体质点在流动过程中有强烈混合和相互碰撞，质点之间有能量交换，质点的流动轨迹极不规则，除了沿总流方向的流动外，还有垂直或斜交总流方向的流动，流体内部存在着时而产生、时而消失的涡流。因此风流紊流过程中的能量消耗多，通风阻力大。

1883 年英国物理学家雷诺通过实验证明：流体的流动状态取决于管道的平均流速、管道的直径和流体的运动黏性系数。这三个因素的综合影响可用一个无因次参数来表示，这个无因次参数叫雷诺数，用 Re 来表示。对于圆形管道，雷诺数 Re 为：

$$Re = \frac{vd}{\gamma} \tag{3-1}$$

式中，v——管道中流体的平均流速，m/s；

d——圆形管道的直径，m；

γ——流体的运动黏性系数，矿井通风中一般取 $\gamma = 1.501 \times 10^{-5}\ \text{m}^2/\text{s}$。

当流速很小、管径很细、流体的运动黏度较大时，流体呈层流运动；反之，为紊流流动。在实际工程计算中，通常以 Re=2 300 作为管道流动流态的判别系数，即 $Re \leqslant 2\ 300$ 为层流；$Re > 2\ 300$ 为紊流。

对于非圆形断面的管道，雷诺数计算公式为：

$$Re = \frac{4vS}{\gamma U} \tag{3-2}$$

式中，S——非圆形管道面积，m^2；

U——非圆形管道断面周长，m；

其他符号意义同前。

对于不同形状的断面，其周长 U 与断面 S 的关系可表示为：

$$U \approx C\sqrt{S} \tag{3-3}$$

式中，C——断面形状系数（梯形 C=4.16；三心拱 C=3.85；半圆拱 C=3.90）。

井巷中空气的流动，近似于水在管道中的流动，井下除了竖井以外，大部分巷道都为非圆形巷道，而且矿井空气充满整个井巷，故湿润周界就是断面的周长。可用式（3-2）计算雷诺数近似判别井巷中风流的流动状态。

【例 3-1】某梯形巷道的断面面积 S=9 m^2，巷道中的风量为 360 m^3/min。试判别风流流动状态（结果保留整数）。

【解】$Re=\dfrac{4vS}{\gamma U}=\dfrac{4Q}{\gamma C\sqrt{S}}=\dfrac{4\times 360\div 60}{1.501\times 10^{-5}\times 4.16\times\sqrt{9}}=128\,120>2\,300$

故巷道中的风流流动状态为紊流。

【例 3-2】巷道条件同例 3-1。求 $Re=2\,300$ 时的层流临界风速 v（结果保留 4 位小数）。

【解】$v=\dfrac{ReU\gamma}{4S}=\dfrac{2\,300\times 4.16\times\sqrt{9}\times 1.501\times 10^{-5}}{4\times 9}=0.011\,97\ \text{(m/s)}$

因为《煤矿安全规程》规定，井巷中最低允许风速为 0.15 m/s，而井下巷道的实际风速都远远大于该数值，所以井巷风流的流动状态基本都是紊流，只有风速很小的漏风风流，才有可能出现层流。

第二节　摩擦阻力

一、摩擦阻力概念

井下风流沿井巷或管道流动时，受到空气的黏性和井巷壁面的限制，空气分子之间相互摩擦（内摩擦），空气与井巷或管道内壁间也发生摩擦，从而产生阻力，这种阻力称为摩擦阻力。

根据水力学中圆形管道沿程水头损失的达西公式，可推导完全紊流状态下井巷摩擦阻力的计算式：

$$h_{摩}=\alpha\frac{LU}{S^3}Q^2 \tag{3-4}$$

式中，$h_{摩}$——井巷摩擦阻力，Pa；

α——井巷的摩擦阻力系数，kg/m^3；

L——井巷的长度，m；

U——井巷的断面周长，m；

S——井巷的净断面面积，m^2；

Q——井巷中流过的风量，m^3/s。

二、摩擦阻力系数

计算矿井通风紊流摩擦阻力的关键在于确定摩擦阻力系数 α 值。具体方法如下：

1. 查表确定 α 值

在新矿井通风设计时，需要计算完全紊流状态下井巷的摩擦阻力，即按照所设计的井巷长度、周长、净断面、支护形式和通过的风量，选定该井巷的摩擦阻力系数 α 值，然后用式（3-4）来计算该井巷的摩擦阻力。查表确定 α 值，就是根据所设计的井巷特征（指支护形式、净断面面积、有无提升设备和其他设施等），通过附录一查出适合该井巷的 α 标准值。附录一所列的 α 值，是在标准状态（$\rho_0 = 1.2\ kg/m^3$）下，通过大量实验和实测得到的。

2. 实测确定 α 值

在生产矿井中，摩擦阻力系数 α 值可实测得出，即用压差计测出某类巷道两断面之间的阻力 $h_摩$，并测出巷道参数 L、U、S 和风量 Q，代入式（3-5）即可算出 α 值：

$$\alpha = \frac{h_摩 S^3}{ULQ^2} \tag{3-5}$$

如果井巷空气密度不是标准状态条件下的密度，在实际应用时，应该对其进行修正：

$$\alpha_0 = \alpha \frac{1.2}{\rho} \tag{3-6}$$

式中，α_0——标准摩擦阻力系数，kg/m^3；

α——实测摩擦阻力系数，kg/m^3；

1.2——标准状态下矿井空气的密度，kg/m^3；

ρ——井下实测的空气密度，kg/m^3。

α 值的大小主要取决于井巷壁面的粗糙程度，井巷壁面越粗糙，α 值越大。

三、摩擦风阻

对于已经确定的井巷，巷道的长度 L、断面周长 U、净断面面积 S 以及巷道的支护形式（摩擦阻力系数 α）都是确定的，故把式（3-4）中的 α、L、U、S 用一个参数 $R_摩$ 来表示，得到式（3-7）：

$$R_摩 = \frac{\alpha LU}{S^3} \tag{3-7}$$

$R_摩$ 称为摩擦风阻，其国际单位是 kg/m^7。$R_摩$ 是井巷壁面的粗糙程度、净断面面积、断面周长、井巷长度等参数的函数。当这些参数确定时，摩擦风阻 $R_摩$ 值是固定不变的。所以，可

将 $R_{摩}$ 看作反映井巷几何特征的参数，它反映的是井巷通风的难易程度。

将式（3–7）代入式（3–5），可得：

$$h_{摩} = R_{摩}Q^2 \tag{3-8}$$

式（3–8）就是完全紊流时的摩擦阻力定律，它说明了当摩擦风阻一定时，摩擦阻力与风量的平方成正比。

四、降低摩擦阻力的措施

井巷通风阻力是造成风压降低的根本原因。降低井巷的通风阻力，就能消耗较小的风压而通过较多的风量，达到提高通风能力的目的，对改善矿井通风状况，确保安全生产，节省通风动力成本等都有重要意义。

摩擦阻力是矿井通风阻力的主要组成部分，因此降低井巷摩擦阻力是通风技术管理的重要工作。根据式（3–4）可知，降低摩擦阻力的措施如下：

1. 减小摩擦阻力系数 α

矿井通风设计时尽量选用 α 值小的支护方式，如锚喷、砌碹、锚杆等，尤其是服务年限长的主要井巷，一定要选用 α 值较小的支护方式，如砌碹巷道的 α 值仅有支架巷道的30%～40%。施工时一定要保证施工质量，应尽量采用光面爆破技术，尽可能使井巷壁面平整光滑，使井巷壁面的凸凹度不大于 50 mm。对于支架巷道，要注意支架的质量，支架不仅要整齐一致，有时还要“刹帮背顶”，并且要注意支架的密度。及时修复被破坏的支架，失修率不应大于 7%。在不设支架的巷道，一定注意把顶板、两帮和底板修整好，以减小摩擦阻力。

2. 合理控制井巷风量

因为摩擦阻力与风量的平方成正比，所以在通风设计和技术管理过程中，不能随意增大风量，各用风地点的风量在保证安全生产要求的前提下，应尽量小。掘进初期用局部通风机通风时，要对风量加以控制。及时调节主要通风机的工况，减小矿井富余总风量。避免巷道内风量过于集中，要尽可能使矿井的总进风早分开、总回风晚汇合。

3. 保证井巷通风断面面积

因为摩擦阻力与净断面面积的三次方成反比，所以扩大井巷断面面积能大大降低通风阻力，当井巷通过的风量一定时，井巷断面扩大 33%，通风阻力可减小一半，故可以通过扩大断面来减小主要通风路线上高阻力段的阻力。当受到技术和经济条件的限制，难以扩大井巷断面时，可以采用双巷并联通风的方法。在日常通风管理工作中，要经常修整巷道，减少巷道堵塞物，使巷道清洁、完整、畅通，保持足够的净断面面积。

4. 缩短巷道长度

因为巷道的摩擦阻力和巷道长度成正比，所以在矿井通风设计和技术管理过程中，在满足开拓开采的条件下，要尽量缩短风路长度，及时封闭废弃的旧巷，避开经过采空区且通风路线很长的巷道，及时对生产矿井通风系统进行改造，选择合理的通风方式。

5. 选用周长较小的井巷断面

在井巷断面其他条件相同时，圆形断面的周长最小，拱形次之，矩形和梯形的周长较大。因此，在矿井通风设计时，一般要求立井井筒采用圆形断面，斜井、石门、大巷等主要井巷采用拱形断面，次要巷道及采区内服务年限不长的巷道可以考虑矩形和梯形断面。

【例 3-3】某光面爆破锚喷支护的水平半圆拱巷道，长度为 1 200 m，断面面积为 10 m^2，风量为 40 m^3/s，摩擦阻力系数 α 取 0.006 35。其摩擦阻力 $h_{摩1}$ 是多少？若其他条件不变，通过的风量增大 1 倍时，摩擦阻力 $h_{摩2}$ 是多少？若其他条件不变（风量为 40 m^3/s），巷道断面扩大到 15 m^2 时，摩擦阻力 $h_{摩3}$ 是多少（结果均保留整数）？

【解】巷道为半圆拱形，$U=3.9\sqrt{S}$。

$$h_{摩1}=\alpha\frac{LU}{S^3}Q^2=0.006\,35\times\frac{1\,200\times3.9\sqrt{10}}{10^3}\times40^2=150\ (\mathrm{Pa})$$

$$h_{摩2}=\alpha\frac{LU}{S^3}Q^2=0.006\,35\times\frac{1\,200\times3.9\sqrt{10}}{10^3}\times80^2=600\ (\mathrm{Pa})$$

$$h_{摩3}=\alpha\frac{LU}{S^3}Q^2=0.006\,35\times\frac{1\,200\times3.9\sqrt{15}}{15^3}\times40^2=55\ (\mathrm{Pa})$$

由例 3-3 可以看出，当风量由 40 m^3/s 提高到 80 m^3/s（增大 1 倍）时，通风阻力由 150 Pa 升高为 600 Pa，变为原先的 4 倍，通风能耗大幅增加。

巷道断面由 10 m^2 扩大到 15 m^2（增大 50%）时，通风阻力由 150 Pa 降低为 55 Pa，通风能耗仅为原来的 37%。

第三节　局部阻力

一、局部阻力的概念

在风流运动过程中，由于井巷边壁条件的变化，风流在局部地区受到局部阻力物（如巷道断面突然变化、风流分岔与交汇、断面堵塞等）的影响和破坏，引起风流流速大小、方向和分布的突然变化，造成风流能量损失。引起这种能量损失的阻力称为局部阻力。

井下巷道千变万化，产生局部阻力的地点很多，包括巷道断面的突然扩大与缩小（如采区车场、井口、调节风窗、风桥、风硐等），巷道的各种拐弯（如各类车场、大巷、采区巷道、工作面巷道等），各类巷道的交叉、交会（如井底车场、中部车场），巷道中的堆积物，停放和行走的矿车等，如图 3-1 所示。

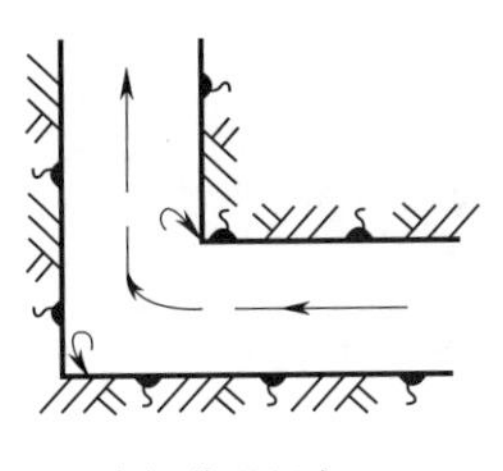
(a) 巷道拐弯

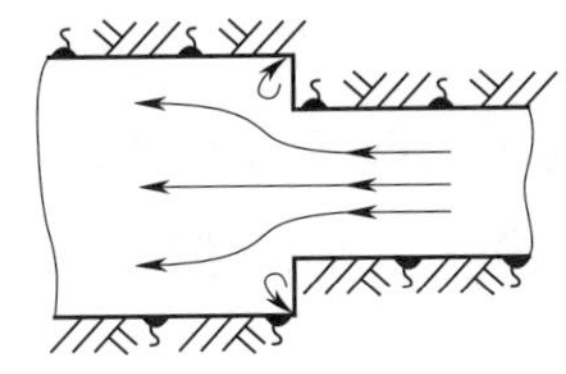
(b) 巷道断面扩大或缩小

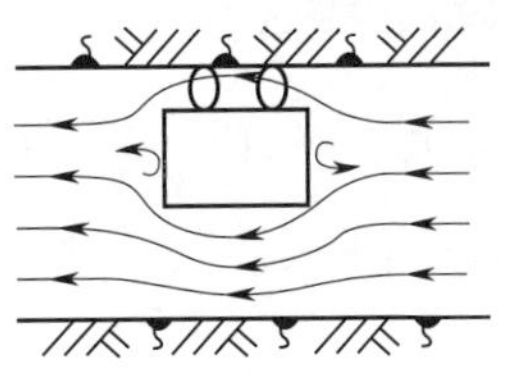
(c) 巷道的堆积物

图 3-1 局部阻力形成示意图

局部阻力主要与涡流区的存在有关，完全紊流状态下局部阻力计算公式为：

$$h_{局}=\xi\frac{\rho}{2S^2}Q^2 \tag{3-9}$$

式中，$h_{局}$——局部阻力，Pa；

ξ——局部阻力系数，无因次数；

S——产生局部阻力地点较小断面巷道的断面面积，m^2；

ρ——空气的密度，kg/m^3；

Q——通过产生局部阻力地点的风量，m^3/s。

产生局部阻力的过程非常复杂，所以局部阻力系数 ξ 的值一般通过实验得到，仅在个别情况下由理论求得。计算局部阻力时，ξ 值可从表 3-1 和表 3-2 中查出。

表 3-1　各种巷道突然扩大与突然缩小的 ξ 值（光滑管道）

S_1/S_2	1	0.9	0.8	0.7	0.6	0.5	0.3	0.2	0.1	0.01	0
突然扩大	0	0.01	0.04	0.09	0.16	0.25	0.49	0.64	0.81	0.93	1
突然缩小	0	0.05	0.10	0.15	0.20	0.25	0.35	0.40	0.45	0.50	—

表 3-2　其他局部阻力 ξ 值

巷道形式	v_1	v_1, D, R=0.1D	v_1	b, v_1, b	b, R_1, v_1, b	b, R_1, R_2, v, b
ξ	0.6	0.1	0.2	有导风板时为 0.2 无导风板时为 1.4	$R_1=\frac{1}{3}b$ 时为 0.75 $R_1=\frac{2}{3}b$ 时为 0.52	$R_1=\frac{1}{3}b$，$R_2=\frac{2}{3}b$ 时为 0.6 $R_1=\frac{2}{3}b$，$R_2=\frac{17}{10}b$ 时为 0.3
巷道形式	S_1, S_3, v_1, v_3, S_2, v_2	v_1, v_3, v_2	v_1, v_2, v_3	v_3, v_1, v_2	v_1, v_3, v_2	v
ξ	$S_1=S_2$，$v_1=v_2$ 时为 3.6	风速为 v_2 时为 2	$v_1=v_3$ 时为 1	风速为 v_2 时为 1.5	风速为 v_2 时为 1.5	风速为 v 时为 1.5

二、局部风阻

同摩擦阻力一样，当产生局部阻力的区段形成后，ξ、S、ρ都可视为确定值，故将$h_{局}=\xi\frac{\rho}{2S^2}Q^2$中的$\xi$、$S$、$\rho$用一个常量——局部风阻$R_{局}$来表示：

$$R_{局}=\xi\frac{\rho}{2S^2} \tag{3-10}$$

将式（3－10）代入式（3－9）得到局部阻力定律：

$$h_{局}=R_{局}Q^2 \tag{3-11}$$

式（3－11）为完全紊流状态下的局部阻力定律，$R_{局}$与$R_{摩}$一样，也可看作是局部阻力物的特征参数，它反映的是风流通过局部阻力物时通风的难易程度。$R_{局}$一定时，$h_{局}$与Q的平方成正比。

一般情况下，由于井巷内的风流动压较小，所产生的局部阻力也较小，井下所有的局部阻力之和只占矿井总阻力的10%～20%。因此在通风设计中，一般只对摩擦阻力进行计算，不对局部阻力进行详细计算，而按经验估算。

三、降低局部阻力的措施

巷道断面的变化，引起了井巷风流速度的大小、方向、分布的变化，是产生局部阻力的直接原因。因此，降低局部阻力就是改善断面的变化形态，减小风流流经局部阻力物时产生的剧烈冲击和巨大涡流，减少风流能量损失，主要措施如下：

（1）最大限度地减少出现局部阻力地点的数量；井下尽量少使用直径很小的铁风桥，减少调节风窗的数量；尽量避免井巷断面突然扩大或突然缩小；断面比值要小。

（2）巷道拐弯时，转角越小越好，如图3－2所示，拐弯处内侧应为斜线形和圆弧形，要尽量避免出现直角弯；巷道尽可能避免突然分岔和突然汇合，分岔和汇合处的内侧也应为斜线形或圆弧形。

（3）当连接不同断面的巷道时，连接处应为斜线形或圆弧形，如图3－3所示。

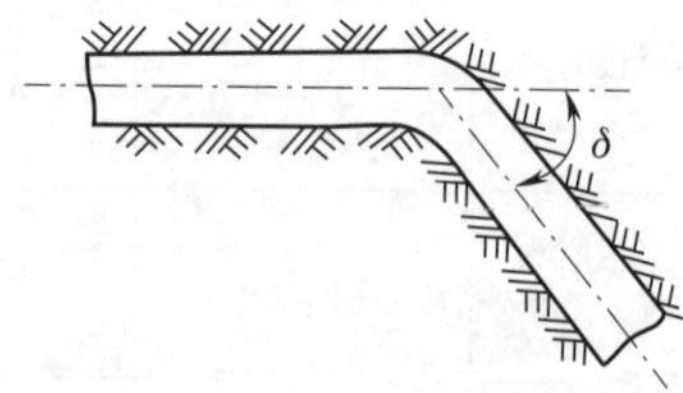

图3－2　拐弯处为圆弧形的巷道

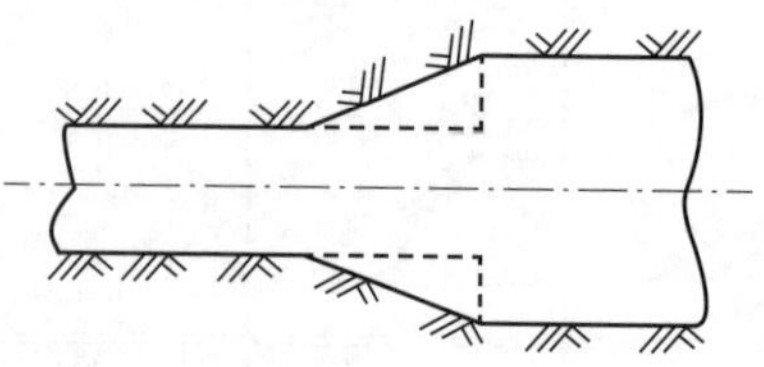

图3－3　巷道连接处为斜线形的巷道

（4）减小出现局部阻力的地点的风流速度及巷道的粗糙程度。

（5）在风筒或通风机的入风口安装集风器，在出风口安装扩散器。

（6）减少井巷正面阻力物，及时清理巷道中的堆积物，采掘工作面所用材料要按需使用，不能集中堆放在井下巷道中。巷道管理要做到无杂物、无淤泥、无片帮，保证有效通风断面。在可能的条件下尽量减少停留在主要通风巷道内的矿车的数量和停留时间，以免阻挡风流，使通风状况恶化。

【例 3－4】如图 3－4 所示，风流从断面面积为 7 m^2 的巷道流向断面为 3.5 m^2 的巷道。若已知巷道中通过的风量为 17.5 m^3/s，空气密度为 1.15 kg/m^3，求巷道突然缩小处的局部风阻（结果保留 4 位小数）和局部阻力（结果保留 2 位小数）。

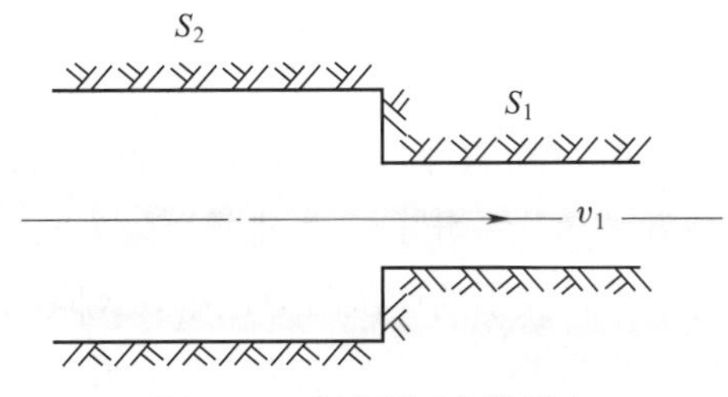

图 3－4　巷道断面突然缩小

【解】根据已知条件，查表 3－1 得巷道突然缩小处的局部阻力系数 ξ 为 0.25。

（1）局部风阻为：$R_{局}=\xi\dfrac{\rho}{2S^2}=0.25\times\dfrac{1.15}{2\times3.5^2}=0.0117\ (\mathrm{kg/m^7})$

（2）局部阻力为：$h_{局}=R_{局}Q^2=0.0117\times17.5^2=3.58\ (\mathrm{Pa})$

第四节　通风阻力定律及井巷通风特性

一、矿井通风阻力定律

矿井通风阻力由摩擦阻力与局部阻力组成。虽然两种阻力产生的原因不同，但其性质相同，且在实际测量中，局部阻力总是包含在测量段摩擦阻力之中，即摩擦阻力与局部阻力构成井巷的总阻力，摩擦风阻与局部风阻构成井巷的总风阻。因此，井巷风流完全紊流下的总阻力可用式（3－12）表示：

$$h_{阻}=RQ^2 \tag{3-12}$$

式中，$h_{阻}$——井巷通风阻力，包括摩擦阻力和局部阻力，Pa；

R——井巷风阻，包括摩擦风阻和局部风阻，kg/m^7；

Q——井巷通过的风量，m^3/s。

式（3－12）为风流完全紊流状态下的通风阻力定律，是矿井通风学中最重要的定律之一。由式（3－12）可知，井巷的通风阻力与井巷中通过风量的平方成正比，即井巷中通过的风量越大，通风阻力越大。对于风阻一定的特定井巷，要增大风量时，必须提高井巷两端的压力差；当井巷两端的压力差一定时，井巷通过的风量取决于井巷条件，即风阻越大，风量越小；否则相反。

当风流处于完全层流状态时，$h_{阻}=RQ$；风流处于层流与紊流的过渡状态时，$h_{阻}=RQ^{1\sim2}$。由于矿井通风中除极少数漏风外均为紊流，因此，关于风流完全层流状态或过渡状态的通风阻力，这里不再赘述。

二、井巷通风特性

1. 矿井风阻

矿井风阻 R 是由井巷中通风阻力物的种类、几何尺寸和壁面粗糙程度等因素决定的，反映井巷的固有特性。当通过井巷的风量一定时，井巷通风阻力与风阻成正比，因此，风阻值大的井巷通风阻力也大；反之，风阻值小的通风阻力也小。风阻的大小标志着通风难易程度，风阻大时通风困难，风阻小时通风容易。所以，在矿井通风中把风阻的大小作为判别矿井通风难易程度的一个重要指标。

将紊流通风阻力定律 $h_{阻}=RQ^2$ 绘制成曲线，即当 R 值一定时，用横坐标表示井巷通过的风量 Q，用纵坐标表示通风阻力 h，将风量与对应的阻力（Q_i，h_i）绘制于平面坐标系中即可得到二次抛物线，如图 3－5 所示，该曲线就叫作风阻特性曲线。曲线越陡、曲率越大，风阻越大，通风越困难；反之，曲线越缓，通风越容易。

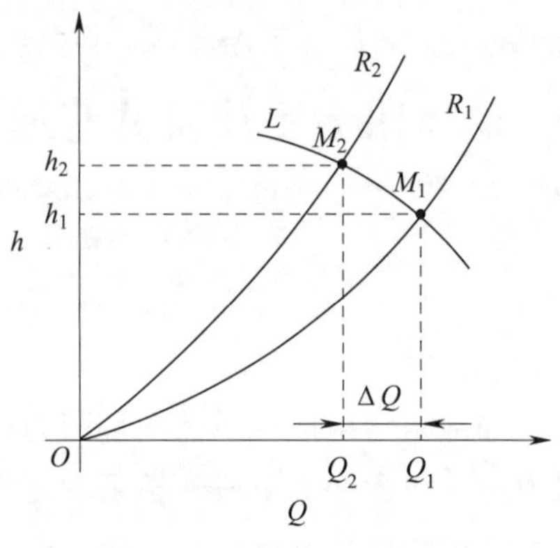

图 3－5　风阻特性曲线

2. 矿井等积孔

为了更形象、更具体、更直观地衡量矿井通风难易程度，矿井通风学上用一个假想的、与矿井风阻值相当的孔的面积来评价矿井通风难易程度，这个假想孔的面积就叫作矿井等积孔。

假定在无限空间有一薄壁，在薄壁上开一面积为 A 的孔，如图 3－6 所示。当孔口通过的风量等于矿井总风量 Q，且孔口两侧的风压差等于矿井通风总阻力（$p_1-p_2=h_{阻}$）时，则孔口的面积 A 就是该矿井的矿井等积孔。

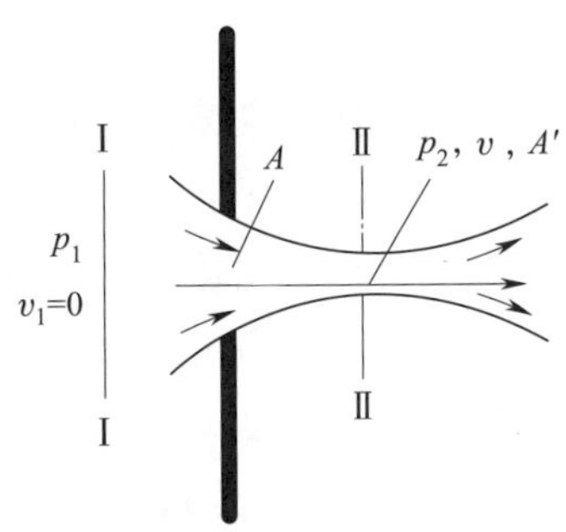

图 3－6　矿井等积孔

若矿井空气密度为标准空气密度，即 $\rho=1.2\ \text{kg/m}^3$ 时，则矿井等积孔 A 为：

$$A=1.19\frac{Q}{\sqrt{h_{阻}}} \tag{3-13}$$

或

$$A=\frac{1.19}{\sqrt{R}} \tag{3-14}$$

式（3－13）和式（3－14）就是矿井等积孔的计算公式，适用于任何井巷。公式表明，如果矿井的通风阻力 $h_{阻}$ 相同，矿井等积孔 A 大的矿井，风量 Q 必然大，表示通风容易；矿井等积孔 A 小的矿井，风量 Q 必然小，表示通风困难。所以，矿井等积孔能够反映不同矿井或同一矿井不同时期通风技术管理水平。同时，也可以评判矿井通风设计是否经济。式（3－14）表明矿井等积孔 A 与风阻 R 的平方根成反比，即井巷或矿井的风阻越小，矿井等积孔 A 越大，通风越容易；反之，越困难。所以，根据矿井总风阻和矿井等积孔，通常把矿井通风难易程度分为三级，见表 3－3。

表 3－3　　矿井通风难易程度的分级标准

通风阻力等级	通风难易程度	风阻 R/（kg/m^7）	矿井等积孔 A/m^2
大阻力矿	困难	＞1.42	＜1
中阻力矿	中等	1.42～0.35	1～2
小阻力矿	容易	＜0.35	＞2

【例 3－5】已知某矿井的通风阻力为 3 000 Pa，通过的风量为 100 m^3/s，试求该矿井的风阻和矿井等积孔（结果保留 2 位小数），并判断矿井的通风难易程度。

【解】矿井的风阻和矿井等积孔分别为：

$$R=\frac{h}{Q^2}=\frac{3\,000}{100^2}=0.3\ (\text{kg/m}^7)$$

$$A=\frac{1.19}{\sqrt{R}}=\frac{1.19}{\sqrt{0.3}}=2.17\ (\text{m}^2)$$

参考表 3－3，该矿井通风难易程度为容易。

3. 应注意的问题

（1）矿井等积孔和矿井风阻表示矿井通风难易程度的实质是一样的，只是矿井等积孔更直观、更形象，人们更容易接受。

（2）矿井等积孔是实际中不存在的、形象化替代风阻的等效表达值。风阻是反映井巷长度、断面面积、断面形状和支护方式以及施工质量和管理水平的综合指标，集中反映了井巷的固有特性，完全可以反映矿井通风的难易程度。为了便于人们的理解，将其换算为实际中不存在的近似于“窗口”的孔，孔口面积越大，通过的风量越多，通风就越容易；否则相反。这个孔口就是矿井等积孔。

（3）矿井等积孔可反映矿井通风的难易程度，但不能反映矿井通风的状况。矿井风阻集中反映了井巷的条件，即只要井巷存在，无论通风与否，均有等效的矿井等积孔存在。因此，矿井等积孔与通风效果无关。如当主要风路短路时，矿井风阻减小，矿井等积孔增大，但此时正是矿井通风状况差的时候。

（4）多风井矿井的矿井等积孔应分别计算。

（5）当矿井瓦斯等级不同时，其需风量是不同的。同时，现代煤矿开采条件与生产规模发生了巨大的变化，通风距离长，瓦斯涌出量和地热影响大，需要提高风量。由于矿井通风阻力的限制，只能依靠降低矿井风阻，即增大矿井等积孔来提高风量。因此，仅用矿井等积孔衡量通风的难易程度是不科学的。瓦斯等级和井型不同的矿井的矿井等积孔建议值见表 3-4。

表 3-4　矿井等积孔的建议值

瓦斯等级	小型矿井	中型矿井	大型矿井	特大型矿井
高瓦斯矿	1.5～2.0	2.0～3.5	3.0～4.5	4.5～6.0
低瓦斯矿	1.0～1.5	1.5～2.0	2.0～3.0	3.0～4.0

（6）矿井通风难易程度的评价不能只看矿井等积孔或风阻值的大小，应从矿井通风的根本目的入手综合考量：①矿井总进风量是否能满足生产的要求；②矿井有效风量率是否符合规定；③井下各用风区域间风量调节是否容易；④瓦斯涌出量的大小；⑤矿井开采强度；⑥采煤方法等。

三、矿井通风阻力应满足的要求

由通风阻力定律可知，矿井的风量取决于井巷条件和通过的风量。当通风距离长、井巷断面较小时，为了提高风量，只能提高通风的风压，但这样导致了通风能耗的上升和矿井漏风量增大，造成通风管理困难，尤其是自然发火严重的矿井，漏风容易引起煤炭的自燃。为此，有关标准对矿井通风系统风量与通风阻力进行了规定，见表 3-5。

表 3－5　系统风量与通风阻力

矿井通风系统风量 /（m^3/min）	系统通风阻力 / Pa
＜3 000	＜1 500
3 000（含）～5 000（不含）	＜2 000
5 000（含）～10 000（不含）	＜2 500
10 000（含）～20 000（不含）	＜2 940
＞20 000	＜3 920

根据矿井通风阻力定律，当矿井的需风量确定以后，限定矿井通风阻力的允许最大值，就是限定了矿井等积孔，进而限定了矿井的风阻，为了满足要求，在通风设计时，要充分考虑井巷的通风条件。

第五节　矿井通风阻力测定

矿井通风阻力大小及分布是否合理，直接影响矿井主要通风机的状况和井下风量的分配，同时也是评价矿井通风系统和矿井通风管理的主要指标之一。通风阻力测定工作是矿井通风技术管理的重要内容之一，通过测定可掌握矿井通风阻力分布情况，为改善矿井通风系统，减小通风阻力，降低矿井通风机的能耗并为风量调节和均压提供依据，同时为灾害时控制风流提供参考。此外，阻力参数的测定可为矿井通风设计提供参考资料。因此，《煤矿安全规程》规定，新矿井投产前必须进行 1 次通风阻力测定，以后每 3 年至少测定 1 次。生产矿井转入新水平生产、改变一翼或者全矿井通风系统后，必须重新进行矿井通风阻力测定。

矿井通风阻力测定是指测量矿井井巷中风流的摩擦阻力和局部阻力的工作。测定的内容主要有井巷风阻、摩擦阻力系数、通风阻力及分布情况、局部阻力等。测定的方法有压差计法和气压计法。压差计法测量值受气压变化的影响小，精度高，但步骤烦琐，对生产有一定的影响；气压计法便捷、简单，对生产影响小，但测量值受气压变化的影响大（尤其是测点高程误差较大时）。

有关标准对矿井通风阻力测定方法中测定仪器、测定步骤、测定结果的计算和测定结果处理作出了明确的规定。下面以气压计法为例进行简要介绍。

一、仪器和工具准备与人员组织

气压计法测定矿井通风阻力使用的仪器主要有以下几种：

（1）精密气压计或矿井通风综合参数检测仪，主要用于测定测点的绝对压力和相对压力等。

（2）干湿温度计，主要用于测定空气的温度、湿度等（进而计算空气的密度）。

（3）高速、中速、低速风表和秒表，主要用于测定井巷中的风速等。

（4）皮尺、卷尺，用于测定线路长度和测点巷道几何参数等。

（5）记录表格，用于记录数据和测定路线情况等。

测定人员应经过培训，熟悉仪器、仪表的使用和注意事项，掌握测定方法，明确任务和注意事项。根据测定任务情况，一般将测定人员分成若干小组。

二、测定步骤

1. 测定路线的选择

全矿井测定时，应根据通风系统图选择通风路线最长、风量最大的干线为主要测定路线，然后确定次要路线以及必须测定的局部区段；若为局部区段的阻力测定，则根据需要在该区段内选择测定路线。选择测定路线时，要考虑在一个工作班内将该路线测完；当测定路线较长时，可分段、分组测定。

2. 测点的选择

测定路线确定后，要根据需要在测定路线上布置测点，并按顺序编号。测点的选择应满足下列要求：

（1）风流的分岔与汇合处必须设测点。为了避开涡流的影响，测点选在交叉点前方时不得小于巷道宽度 B 的 3 倍；选在后方时不得小于巷道宽度 B 的 8 倍，如图 3－7 所示。

（2）需要在巷道转弯处、断面变化大的地方选点时，选在前方时不得小于巷道宽度 B 的 3 倍；选在后方时不得小于巷道宽度 B 的 8 倍。

（3）并联风路中只沿一条路线测量风压，其他各风路只布置测点，以便根据风量计算各巷道的风阻。

（4）若巷道长且漏风大时，测点的间距宜缩短，以便调查漏风情况。

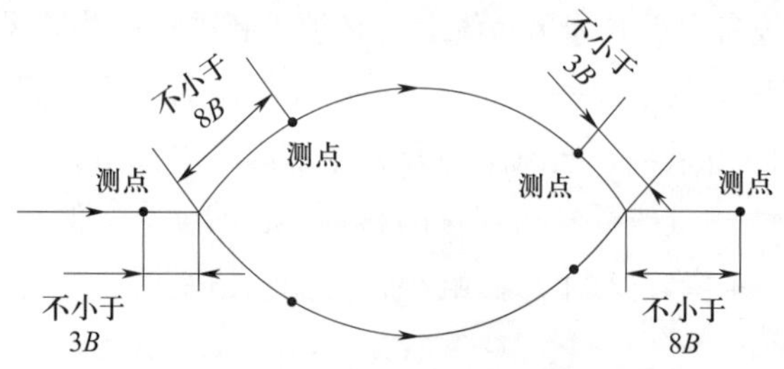

图 3－7　通风阻力测定测点布置示意图

（5）测点前后 3 m 内巷道应支护良好，巷道内无堆积物。

（6）两测点间的压差应不小于 20 Pa。

3. 通风阻力的测定

测定通风阻力的原理是能量方程，即用气压计测出两测点间的绝对静压差，再根据静压、温度和风速测算两点间的位压差和动压差，两测点间的总压力差即为该测量段的通风阻力。如此重复进行，直至测出路线中所有测量段的阻力。

（1）静压差测定方法

静压差测定多采用气压计法，它可分为逐点测量法和双测点同时测量法。逐点测量法是指在井口调整好两台精密气压计，并记录初始读数，其中一台留在原地监测大气压力变化，每隔 10～15 min 记录 1 次读数，作为校正大气压力变化的依据；另一台沿规定的测定路线，按顺序分别测出各测点风流的绝对静压。在大气压和通风状况没有变化的情况下，仪器在两测点的读数差就是该测量段的静压差。该方法是使用气压计测定阻力的主要方法。

双测点同时测量法就是将两台精密气压计Ⅰ、Ⅱ在测点 1 调整好并记录初始读数后，将仪器Ⅱ移至测点 2，在约定时间内两台仪器同时读数。然后将测点 1 的仪器Ⅰ移至测点 2，读数记录后，把仪器Ⅱ移至测点 3，再在约定时间内两台仪器同时读数。如此重复前进直至测完整个路线。

双测点同时测量法两个测点的静压值是同时读取的，因此不需要进行大气压变化的校正，但该方法比较烦琐。

（2）风速的测定

在测定测点静压的同时，用风表测定测点的风速，且每个测点不少于 3 次，误差不大于 5%，取其平均值。同时测出巷道断面参数，以便计算测点断面面积和通过的风量。

（3）大气物理参数测量

用空盒气压计测量大气压力，用干湿温度计测量空气的干球温度和湿球温度，以便计算测点空气的密度、动压、位压和沿程湿度分布规律等。

（4）测点间距、标高的测量

两测点间的间距直接用皮尺测量，测点的标高一般由矿井地测部门提供。在阻力测定前，地测部门应对受地压影响较大地段的测点标高进行 1 次校正测定。

三、测定结果计算

1. 空气密度计算

将各测点绝对静压、温度值代入式（2-2），计算空气的密度。

2. 测点风速、风量的计算

各测点取 3 次测定风速值的算术平均值，然后经风表校正、测风方法校正即为测点的实际风速，将实际风速乘以通风断面面积即为测点的风量。

3. 测点动压的计算

测点的动压按式（2-11）计算。

4. 测点间通风阻力计算

根据能量方程，两个断面之间的总压力差即为该段井巷的通风阻力。例如，测点 1 到测点 2 测段的通风阻力 $h_{阻12}$ 可参照式（2-25）进行计算。

若测量路线上共有 i 个测段，则总阻力 $h_{总}$ 为：$h_{总}=\sum h_i$。其中，h_i 为一条通路上两测点间的阻力，单位为 Pa。

5. 巷道风阻的计算

任意风段的风阻值按式（3－15）计算：

$$R_i = \frac{h_i}{Q_i^2} \tag{3-15}$$

式中，h_i——任意测段的阻力，Pa；

Q_i——测段两测点的风量算术平均值，m^3/s。

两点间的标准风阻按式（3－16）计算：

$$R_{标i} = 1.2\frac{R_i}{\rho_i} \tag{3-16}$$

式中，$R_{标i}$——标准空气密度下任意测段的标准风阻，kg/m^7；

ρ_i——任意测段的空气密度，kg/m^3。

巷道百米标准风阻按式（3－17）计算：

$$R_{100} = 100\frac{R_{标i}}{L_i} \tag{3-17}$$

式中，R_{100}——巷道百米标准风阻，kg/m^7；

L_i——任意测段长度，m。

四、测定结果处理

对选定的测定路线进行通风阻力测定时，还需同时作必要的补充测定，以便对通风网络的风量平衡和阻力平衡校核。同时，根据不同风量下的相对静压实测值与自然风压值校验全矿阻力测定值的可靠性。

测定结果计算完成后，应编制矿井通风阻力测定报告，报告内容主要包括：测定时间、目的和要求；测定时的矿井通风和生产情况；测定路线选择、人员组织、使用仪器型号与精度；测定原理与方法；测定结果计算与误差分析、矿井通风阻力分布。同时，还要绘制阻力分布曲线并对存在的问题进行分析，提出改善矿井通风状况的建议等。

复习思考题

一、简答题

1. 井巷摩擦阻力产生的原因是什么？
2. 摩擦阻力系数与哪些因素有关？
3. 局部阻力形式主要有哪些？造成能量损失的原因是什么？

4. 如何降低井巷的摩擦阻力？
5. 如何降低井巷的局部阻力？
6. 矿井等积孔的含义是什么？如何衡量矿井通风难易程度？

二、计算题

1. 某巷道有三种支护形式，断面面积均为 8 m^2，第一段为三心拱混凝土砌碹巷道，巷道不抹灰浆，巷道长 400 m；第二段为工字梁梯形巷道，工字梁高 d_0=10 cm，支架间距为 0.5 m，巷道长 500 m；第三段为木支架梯形巷道，支架直径 d_0=20 cm，支架间距为 0.8 m，巷道长 300 m，该巷道的风量为 20 m^3/s。试分别求出各段巷道的风阻和摩擦阻力。

2. 某巷道通过的风量 Q=40 m^3/s，空气的密度 $\rho=1.25$ kg/m^3，在突然扩大段，巷道断面面积由 $S_1=6$ m^2 变为 $S_2=10$ m^2。

（1）求突然扩大段的局部阻力；

（2）其他条件不变，若风流由大断面流向小断面，求突然缩小段的局部阻力。

3. 某矿井的风量为 100 m^3/s，摩擦阻力为 2 158 Pa，试求其风阻和矿井等积孔，并绘制风阻特性曲线。

技能实训四　通风管道中摩擦阻力与摩擦阻力系数的测定

一、实训目标

1. 掌握测定通风阻力、摩擦阻力，计算风阻、矿井等积孔和绘制风阻特性曲线的方法。
2. 掌握在通风管道中测定摩擦阻力系数的方法。

二、任务描述

在矿井通风综合实验装置中，用皮托管、压差计等仪器在管道中连接进行阻力测算。

三、任务准备

实验所用的仪器和设备：皮托管、单管倾斜压差计、补偿式微压计（使用方法见第二章）等。

四、知识要点

根据能量方程可知，当管道水平放置时，两测点之间管道断面相等，没有局部阻力且空气密度近似相等时，则两点之间的摩擦阻力就是通风阻力，它等于两点之间的绝对静压差（$h_{摩}=h_{阻12}=p_1-p_2$）。

根据本章前文内容，可得出管道的摩擦阻力［按式（3–4 计算）］、风阻［按式（3–8 计算）］、矿井等积孔［按式（3–14 计算）］、实测的摩擦阻力系数［按式（3–5 计算）］、标准状态的摩擦阻力系数［按式（3–6 计算）］。

测出管道两测点的最大动压 $h_{动大1}$ 和 $h_{动大2}$，即可得出管道最大平均动压值 $h_{动大均}=\frac{h_{动大1}+h_{动大2}}{2}$，根据式（2-11）可算出平均最大风速 $v_{大}=\sqrt{\frac{2h_{动大均}}{\rho}}$，进而算出管道平均风速和管道风量（详见第七章第一节）。

五、实训过程

1. 摩擦阻力测定

在通风管道中选取 1、2 两测点，将皮托管固定于两断面上，如图 3-8 所示，将压差计与皮托管连接并调平，检查无误后即可开始测定。分别测出两断面的静压、动压，并用皮尺量出两测点之间的距离和管道直径，计算出管道断面面积和周长，记入测定记录表（见表 3-6）中。根据上述数据计算风阻、矿井等积孔、摩擦阻力系数，记入计算结果记录表中（见表 3-7）。

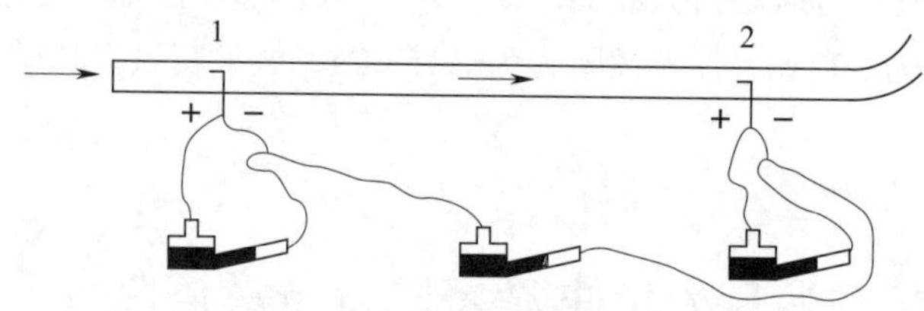

图 3-8　摩擦阻力的测定

2. 局部阻力测定

在管道直角转弯前后断面布置 3、4 测点，两断面之间压力差即为该段巷道的总阻力。该段阻力包括摩擦阻力和局部阻力，若将该阻力与断面形状、断面面积、长度、通过风量以及实验大气条件相等的直线巷道的摩擦阻力比较，即可得到其局部阻力。

表 3-6　　测定记录表

测量次数	$h_{动大1}$/Pa	$h_{动大2}$/Pa	$h_{阻12}$/Pa	测点间距离/m	管道直径/m	周长/m	断面面积/m^2	空气密度/（kg/m^3）
1								
2								
3								
平均								

表 3-7　　计算结果记录表

平均风速/（m^3/s）	风量/（m^3/s）	管道风阻值/（kg/m^7）	矿井等积孔/m^2	摩擦阻力系数/（kg/m^3）	摩擦阻力系数标准值/（kg/m^3）

六、注意事项

1. 按要求连接皮托管和压差计。
2. 摩擦阻力系数应按标准矿井空气条件下的密度进行计算。

七、总结与思考

1. 如果改变实训管道的断面、长度、风量，对实训结果有无影响？
2. 通风阻力测定时，可否直接测定起末断面之间的全压差？

技能实训五 气压计法测定矿井通风阻力

一、实训目标

1. 掌握矿井通风阻力分布情况，为改善矿井通风系统，减小通风阻力，降低矿井通风机的能耗以及风量调节和均压提供依据，同时为灾害时控制风流提供参考。

2. 为矿井通风设计提供参考资料。

二、任务描述

矿井通风阻力测定是指测量矿井井巷中风流的摩擦阻力和局部阻力的工作。测定的内容主要有井巷风阻、摩擦阻力系数、通风阻力及其分布情况、局部阻力等，测定的方法有压差计法和气压计法。本次实训将应用矿井通风综合实验装置和相关仪器进行测定。

三、任务准备

实验仪器：矿井通风综合实验装置、皮托管、“U”形压差计、气压计、干湿温度计、皮尺等。

测定人员应熟悉仪器、仪表使用和注意事项，掌握测定方法，明确任务和注意事项。根据测定任务情况，一般将测定人员分成若干小组。

四、知识要点

1. 矿井通风阻力定律及其应用。
2. 矿井摩擦阻力系数计算。
3. 矿井通风参数计算。

五、实训过程

1. 测定路线的选择

根据实际需要选择测定路线。

2. 测点的选择

测定路线确定后，要根据需要在测定路线上布置测点，并按顺序编号。

3. 阻力的测定

测定通风阻力的原理是能量方程，即用气压计测出两测点间的绝对静压差，再根据静压、温度和风速测算两点间的位压差和动压差，两测点间的总压力差即为该测量段的通风阻力。如此重复进行，直至测出线路中所有测量段的阻力。

（1）静压差测定方法

（2）风速的测定

（3）大气物理参数测量

（4）测点间距、标高的测量

具体测定（量）方法详见矿井通风阻力测定方法。

4. 测定结果计算

根据测定结果计算总通风阻力。

六、注意事项

1. 测点布置在风流稳定、缓变流的地点。

2. 在风流分岔、汇合及局部阻力大的地点，应设测点，测点与风流变化点之间应有一定的距离。

3. 测定前必须认真检查仪器，保证电量充足，精度符合要求，并准备好记录表格及相应的图纸。

4. 必须等风机运行稳定后才能进行正式测定。

5. 测定期间尽量减少各种干扰。

七、总结与思考

矿井通风阻力测定的路线和测点的选择应满足哪些要求？

第四章

矿井通风动力

本章学习目标

1. 掌握自然风压的产生及特性。
2. 了解自然风压的测算方法。
3. 掌握常用通风机类型及其结构和附属装置。
4. 掌握矿井的反风方法。
5. 掌握矿井通风机性能测定的方法。

学习导引

空气在井巷中流动会受到通风阻力，因此，必须提供通风动力以克服阻力，才能促使空气在井巷中流动，实现矿井通风。矿井通风动力有自然形成的自然风压和通风机提供的机械风压两种。利用自然风压对矿井和井巷进行通风的方法叫自然通风，利用通风机产生的风压对矿井和井巷进行通风的方法叫机械通风。本章将研究这两种通风动力的影响因素和特性及其对矿井通风的作用。

第一节　自然风压

一、自然风压的产生

如图 4-1 所示的自然通风矿井中，平硐与立井井口标高差（矿井深度）为 Z，A、D 在同一水平面上，所受的大气压力相等。对于空气柱 AB 和 DC，当井筒内外空气温度、湿度等自然参数不相同时，空气密度也不相同，因而两空气柱的重量不等，造成两空气柱底部 B、C 两点所承受的压力不一样，产生压力差，从而促使空气流动。

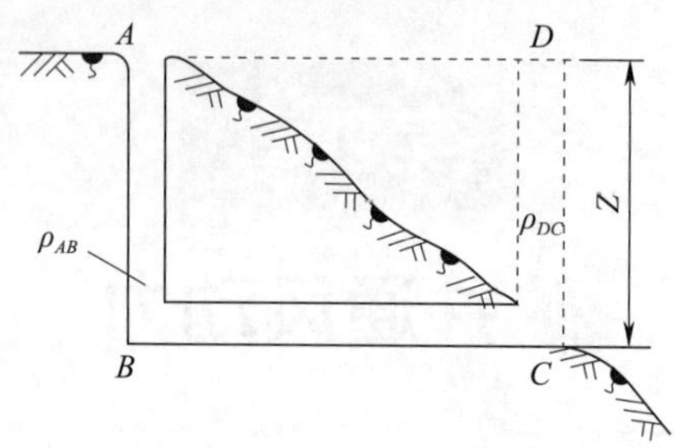

图 4－1　自然通风矿井

这种由自然因素产生的风压，称为自然风压。用 $h_{自}$ 表示：

$$h_{自}=Z\rho_{AB}g-Z\rho_{DC}g=Z(\rho_{AB}-\rho_{DC})g \tag{4-1}$$

式中，$h_{自}$——自然风压，Pa；

Z——矿井深度，m；

g——重力加速度，m/s^2；

ρ_{AB}、ρ_{DC}——空气柱 AB、DC 的平均密度，kg/m^3。

当 $\rho_{AB}>\rho_{DC}$ 时，B 点的压力大于 C 点，风流由 B 流向 C；反之，则由 C 流向 B。当 ρ_{AB} 与 ρ_{DC} 相等时，B 点的压力等于 C 点的压力，风流不流动。

进风侧与出风侧的空气密度不等，导致空气柱存在重力差，是自然风压产生的原因，而密度不等的主要原因是进风侧与出风侧的温度不同。两侧空气密度差越大，井筒越深，则两侧空气柱的重力差越大，矿井自然风压也就越大。也就是说，不仅进风、回风井口标高不同的立井与平硐开拓系统存在自然风压，进风、回风井口标高相同的立井开拓系统由于进风、回风井空气温度、湿度和空气成分不同，同样存在着自然风压。

二、自然风压的特性

1. 随季节变化

自然风压的大小和方向随季节气候变化而变化，风量不稳定，风向也会发生改变。对图 4－1 所示的自然通风矿井：冬季地面空气温度低，空气密度较大，则空气柱 DC 比空气柱 AB 重，此时空气由平硐口 C 流向立井井底 B，经立井井筒 AB 排至地面。夏季与冬季相反，风流自立井井口 A 流向井底 B，经由平硐排至地面。春季和秋季地面空气温度与立井井筒内空气柱的平均气温相差不大，造成风量很少，甚至出现井下风流停滞现象。

在一些山区里，因昼夜的气温相差很大，自然风流的方向昼夜之内都可能发生变化。

因为自然风压的大小主要取决于进风、出风侧空气的温度差，所以，自然风压的大小和方向随季节气温变化而变化，风量不稳定，风向也会发生改变。例如，某矿全年自然风压变化曲线如图 4-2 所示，它说明了自然风压随季节变化的特性。如矿井风阻为 R，矿井需风量为 Q，则矿井所需的风压 $h=RQ^2$。当自然风压 $h_{自}>h$ 时，自然通风能满足生产所需的风量；当 $h_{自}<h$ 时，风量则不能满足安全的需要；自然风压为负值时，风流将反向。因此，自然通风是不稳定的。利用自然通风的矿井，在风向变化的季节要注意防止发生瓦斯事故。

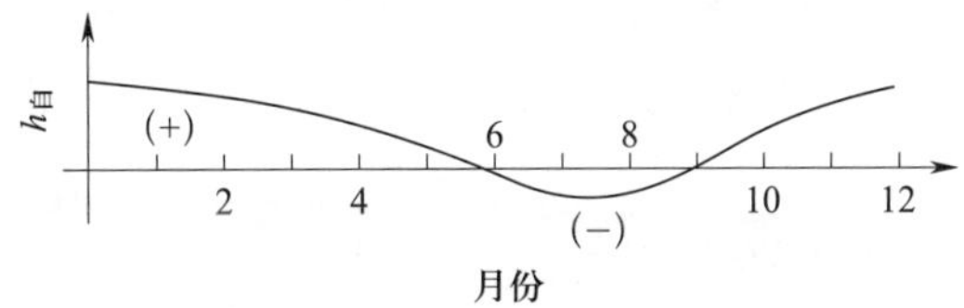

图 4-2　某矿全年自然风压变化

2. 随进风量变化

机械通风矿井，自然风压仍然存在，其大小受进风量的影响而略有变化，即随进风量的增加而增大。

如图 4-1 所示，若在立井井口安设通风机抽风，出风流的温度一般保持常年不变，而进风流的温度受地表温度的影响随季节变化而变化。在冬季，通风机吸入的风量越多，进风流温度就越低（低于立井井筒中的空气温度），则进风、回风井的温度差越大，自然风压值也越大，即自然风压随风量的增加而增大。此时，因为自然风压的作用方向与通风机风压作用方向相同，即自然风压帮助通风机通风，故自然风压为正。在夏季，地表空气温度高（高于立井井筒中的空气温度），吸入的风量越多，则进风、出风侧的温度差越大，自然风压也越大，即自然风压同样是随风量的增加而增大，但此时自然风压的作用方向与通风机风压的作用方向相反，自然风压削弱通风机的通风能力，故自然风压为负；此时，随着风量的增加，通风机的风压与自然风压之和是减小的。

对自然通风矿井，自然风压的正负是相对的，即它是人为区分的。对机械通风矿井，一般规定当自然风压与通风机的风压作用方向相同时，自然风压为正；两者作用方向相反时，自然风压为负。

3. 随深度变化

自然风压的大小随矿井开采深度的加深而增大。矿井回风流气温常年变化不大，但进风流随季节变化的规律明显，尤其是浅井。当进风、回风井空气密度差一定时，矿井越深，其自然风压也越大。

值得注意的是，当矿井发生火灾时，由于温度、空气成分的变化，空气密度也随之发生变化，即自然风压出现增量，称为火风压。火势越大，温度越高，火风压越大。当火灾发生在风流的上山区段巷道时，火风压与主要通风机风压方向一致，即火风压帮助通风机工作，此时矿井风量增大，主要通风机房水柱计压差减小；当火灾发生在风流的下山区段巷道时，火风压与主要通风机风压方向相反，即火风压成为通风机工作的阻力，此时矿井风量减小，主要通风机房水柱计压差增大。火风压可引起矿井风流的紊乱，使灾害面积扩大，给灭火救灾工作带来困难。因此，矿井发生火灾时，对风流的控制是救灾的关键。当矿井发生火灾时，应密切关注主要通风机房水柱计的变化，以帮助判断火灾发生的具体地点以及火势，为救灾决策提供依据。

三、自然风压的测算

在矿井通风设计、日常通风管理和通风系统调整中，为了确切地考虑自然风压的影响，必须对自然风压进行定量分析。自然风压的测算方法有间接测定法和直接测定法两种。

1. 间接测定法

间接测定法有多种，主要有平均密度法、开停风机测算法、热力学法等。现场多采用平均密度法，即在进风和回风两侧同时逐段尽快地测出各点空气温度、绝对静压和相对湿度，求出各点的空气密度，按式（4－1）计算矿井自然风压的大小。

平均密度法可在主要通风机正常工作的条件下进行测定，不仅可测算出最深水平的自然风压，而且可测算不同水平、不同系统及局部地区的自然风压，便于分析全矿各处自然风压的作用情况。测定时，测点间垂距不宜超过 100 m，进风井筒内布点应更密。

自然风压也可以根据主要通风机房水柱计与矿井通风阻力的关系间接计算。以抽出式矿井为例，由式（2－31）和式（3－11）可知，风硐中通风机入口风流的相对全压与自然风压的代数和等于矿井的通风阻力：

$$h_{全}+h_{自}=RQ^2 \tag{4-2}$$

当通风机停止运转时，打开防爆门。由于自然风压的存在，此时矿井仍有风流通过。该风流完全是由自然风压造成的，并符合下列规律：

$$h_{自}=RQ_{自}^2 \tag{4-3}$$

式中，$Q_{自}$——自然通风风量，m^3/s。

因此，在通风机正常运转时，测出矿井总风量 Q 及风硐处的相对全压 $h_{全}$；在通风机停止运转仅剩自然通风时，测出自然风流的风速 $v_{自}$，计算出自然通风的风量 $Q_{自}$，代入式（4－1）和式（4－2）即可求得矿井风阻和矿井自然风压。

【例 4－1】某矿简化后的自然通风系统如图 4－3 所示，现测得空气密度 $\rho_0=1.23\ kg/m^3$，井巷中各测点的空气密度分别为 $\rho_1=1.22\ kg/m^3$、$\rho_2=1.19\ kg/m^3$、$\rho_3=1.15\ kg/m^3$、$\rho_4=1.13\ kg/m^3$。求自然风压的大小，并确定仅自然风压作用时的风流方向。

【解】设测点 1、测点 2 方向空气柱的密度为 $\rho_{均1}$，测点 3、测点 4 方向空气柱的密度为 $\rho_{均4}$；测点 1、测点 2 之间平均空气密度为 ρ_{12}，高差为 Z_{12}，测点 3、测点 4 之间平均空气密度为 ρ_{34}，高差为 Z_{34}；测点 1、测点 4 高差为 Z_{41}，则自然风压的大小为：

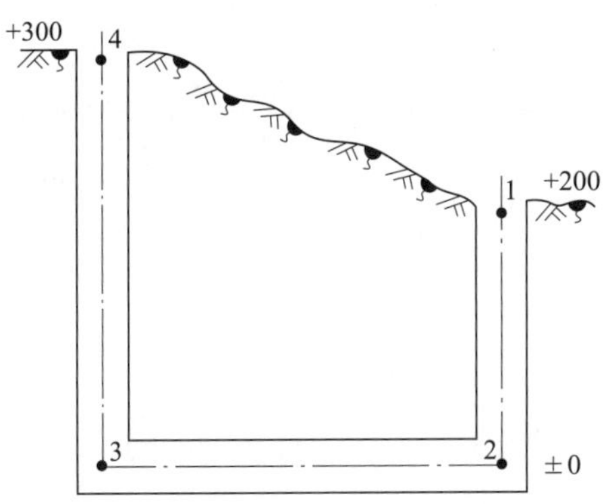

图 4-3 某矿简化后的自然通风系统

$$h_{自}=Z(\rho_{均1}-\rho_{均4})g$$
$$=(Z_{41}\rho_0+Z_{12}\rho_{12}-Z_{34}\rho_{34})g$$
$$=[100\times1.23+200\times(1.22+1.19)/2-300\times(1.15+1.13)/2]\times9.8$$
$$=215.6\,(\mathrm{Pa})$$

计算结果为正值，说明仅自然风压作用时的风流方向为 1 → 2 → 3 → 4。

2. 直接测定法

在生产矿井中，常用断流法直接测定自然风压，即在主要通风机停转后，在总风流通过的巷道中任选一适当地点建立隔断风流的临时风墙测定自然风压。此时自然风压的大小就等于风墙两侧的静压差，一般用压差计测量。自然通风矿井建立风墙直接测定自然风压的方法如图 4-4 所示。

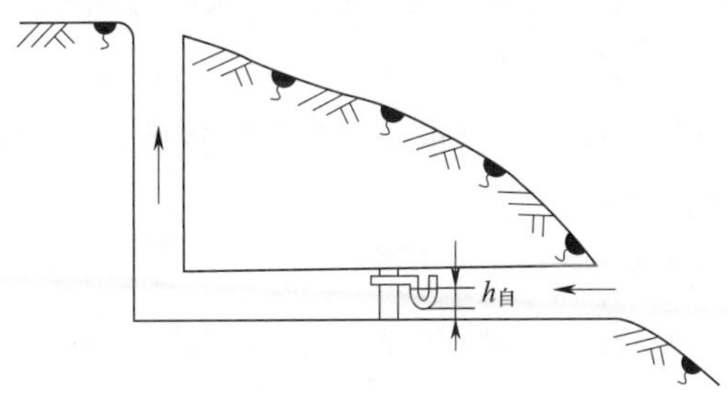

图 4-4 建立风墙直接测定自然风压

断流法不受风墙位置的影响，但建立风墙的工作量较大，且要求风墙严密不漏风。为了简化工序，可在主要通风机停转后立即将风硐内的调节闸门关闭，隔断自然风流，用压差计测出闸门两侧的静压差，即为矿井自然风压，如图 4-5 所示。为了保证测值准确，要求闸门四周严密不漏风。断流法在风墙（闸门）严密的情况下，测定结果准确；但需关停风机，在高瓦斯矿井使用时容易引起瓦斯积聚。

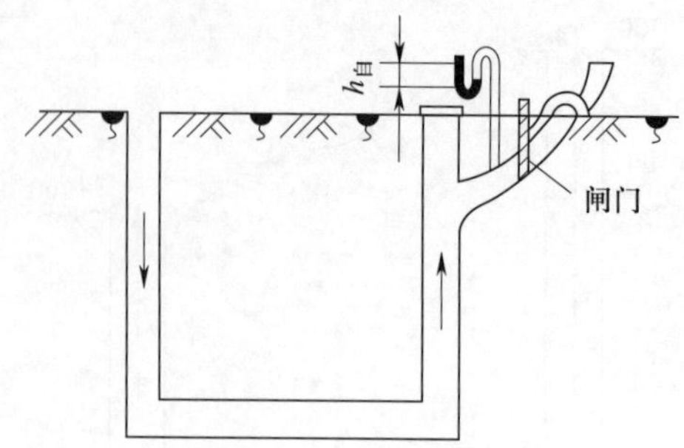

图 4－5　利用闸门测定自然风压

四、自然风压对机械通风矿井的影响

采用机械通风的矿井，自然风压始终存在。对自然风压较大的深井，自然风压对矿井通风起着重要作用，部分深井的自然风压在全年内可能均为正值。但是对于某些深度不大的矿井，夏季的自然风压可能变为负值，甚至会出现风流反向，这在通风管理工作中应给予高度重视，特别是高瓦斯矿井，否则，可能造成严重的后果。

五、自然风压的利用与控制

在矿井通风中，自然风压的作用是普遍存在的，并在一定程度上影响矿井主要通风机的工作。因此，应采取有效措施最大限度地对自然风压加以利用，使其长期成为矿井通风的动力，以降低通风能耗。当自然风压是矿井通风的阻力时，更应加以控制，以降低其对矿井通风的影响。

1. 建立合理的通风系统

充分利用地形、气候，使自然风压常年与通风机风压方向一致。如山区多井筒开拓时，将回风井布置在气温较高的向阳侧，进风井布置在气温较低的背阳侧；山区和丘陵地带，应尽可能利用进风、回风井口的标高差，将进风井布置在较低处，回风井布置在较高处；采用平硐开拓时，应将平硐作为进风井等。

2. 及时调整通风机工况点

自然风压对某些深度不大的矿井影响明显，对深度较大的矿井，一般情况下自然风压均为正值，因而影响不显著。因此，冬季自然风压为矿井通风动力时，可适当降低通风机的工况点，以降低通风能耗；夏季自然风压为矿井通风阻力时，应及时提高通风机的工况点或采取其他风流控制措施，以防局部地点风量不足。山区多井筒开采，尤其是进风、回风井高差较大的矿井，应特别注意自然风压变化的影响，以防某些巷道减风、停风甚至反风。

某矿井的平硐立井开拓系统如图 4－6 所示，风机正常工作时，由于自然风压的影响，冬季平硐进风量达 2 000 m^3/min，但夏季出现了风流反向，反风量达 300 m^3/min。反风将喷出的瓦斯带到给煤机附近，引起了瓦斯爆炸事故。

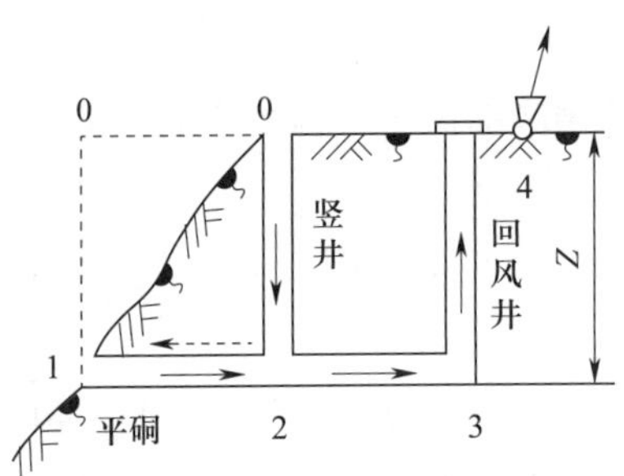

图 4－6　某矿井的平硐立井开拓系统

3. 人工调节进风、回风侧的气温差

在条件允许时，可在进风井巷内设置水幕或通过井巷淋水冷却空气，以提高空气的密度，同时起到净化风流的作用。在回风井底利用地面锅炉余热等提高回风流气温，减小回风井空气密度。

4. 利用自然风压做好建井时期的通风

矿井至少有两个井筒，以构成进风、回风流回路。在建井时期若条件或时间受限出现“独眼井”通风现象时，可利用钻孔或用风筒导风构成通风回路，形成自然风压。

5. 做好特殊时期的通风

当矿井主要通风机因停电、故障或其他突发事件停止运转时，自然风压是矿井通风的唯一动力。此时应及时打开防爆门和有关风门，充分利用自然通风，来保证矿井井底主要硐室的通风需要。

第二节　机械通风

矿井通风动力中自然风压较小，且不稳定，很难满足矿井通风的要求。因此，《煤矿安全规程》规定，矿井必须采用机械通风。

一、矿用通风机的构造及附属装置

矿用通风机按照作用和工作原理不同，可分为不同类型。

1. 按作用分类

矿用通风机按照其服务范围和所起的作用分为三种：

（1）主要通风机

担负整个矿井或矿井的一翼，或一个较大区域通风的通风机，称为矿井的主要通风机。

（2）辅助通风机

用来帮助矿井主要通风机克服某一翼或某个较大区域的通风阻力，增加风量的通风机，称为主要通风机的辅助通风机。

（3）局部通风机

供井下某一局部地点通风使用的通风机，称为局部通风机。一般服务于井巷掘进通风。

2. 按工作原理分类

矿用通风机按照构造和工作原理不同，又可分为离心式通风机和轴流式通风机。

（1）离心式通风机的构造和原理

离心式通风机的构造如图 4-7 所示。离心式通风机主要由进风口、传动轴、叶轮、螺形外壳、扩散器等组成。它是靠叶轮转动时产生的离心力促使空气流动的。当电动机传动装置带动叶轮在机壳中旋转时，叶片流道间的空气随叶片的旋转而旋转，获得离心力，经叶端被抛出叶轮，流到螺形机壳里。机壳内的空气流速逐渐减小，压力升高，然后经扩散器排出。与此同时，叶片的入口（即叶根处）的压力较低，因此，进风口处的空气会自叶根流入叶片流道，经过上述步骤从叶端流出，如此源源不断形成连续流动。

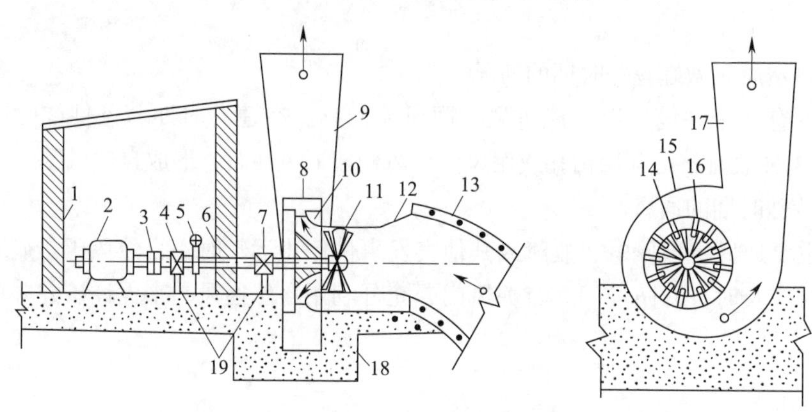

图 4-7　离心式通风机的构造

1—通风机房；2—电动机；3—联轴器；4—止推轴承；5—制动器；
6—传动轴；7—径向轴承；8，15—螺形机壳；9，17—扩散器；10，14—叶轮；
11，16—前导器；12—进风口；13—风硐；18—机座；19—机架

（2）轴流式通风机的构造和原理

轴流式通风机的构造如图 4-8 所示，它主要由进风口、叶轮、整流器、主体风筒、扩散器和传动轴等部件组成。通风机运转时，风流由进风口经集风器、流线体进入叶轮，获取能量后经后整流器进入扩散器排入大气。由于风流方向与通风机传动轴平行，所以称为轴流式通风机。

进风口是由集风器和疏流罩构成的断面逐渐缩小的环形巷道，使进入叶轮的风流均匀，以减少阻力，提高效率。

叶轮由固定在轴上的轮毂和以一定角度安装在轮毂上的叶片构成，其作用是增加空气的全压。叶轮有一级和二级两种，二级叶轮产生的风压是一级叶轮的 2 倍。整流器（导叶）则安装在叶轮之后，为固定轮。

扩散器能使整流器流出的环状气流逐渐扩张，过渡到全断面。随着断面的扩大，空气的一部分动压转换为静压。

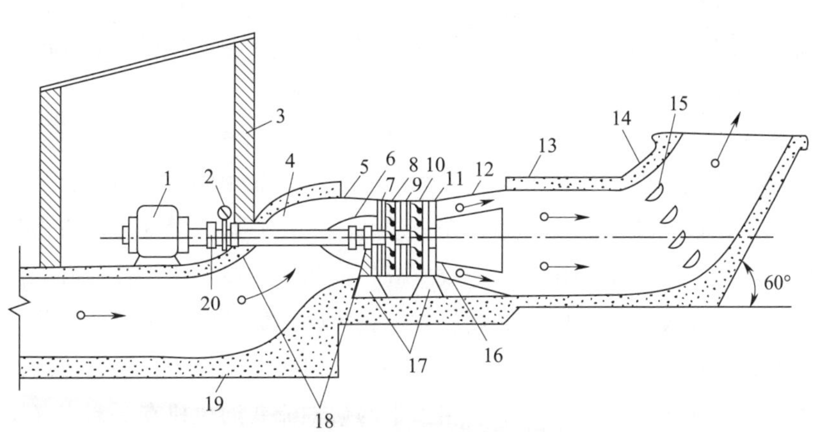

图 4－8　轴流式通风机的构造

1—电动机；2—制动器；3—通风机房；4—风硐；5—集风器；6—流线体；7—前导器；8—一级叶轮；9—中间整流器；10—二级叶轮；11—后整流器；12，13—扩散器与水泥扩散器；14—扩散塔；15—导风板；16—止推轴承；17—机架；18—径向轴承；19—基础；20—齿轮联轴节

传动轴是连接风机叶轮和电动机的重要部件，其主要功能是将电动机产生的动力传递给叶轮，驱动叶轮旋转，从而产生风流。

轴流式通风机结构紧凑、体积小、质量轻，叶片安装角度可根据矿井需风量调整，适应性强，可用风机反转实现矿井反风。目前我国生产的轴流式通风机主要有 2K60 系列、GAF 系列、2K56 系列以及 ANN（豪顿）系列等，其型号参数的含义以 2K60－1－No.24 型为例进行说明，如图 4－9 所示。

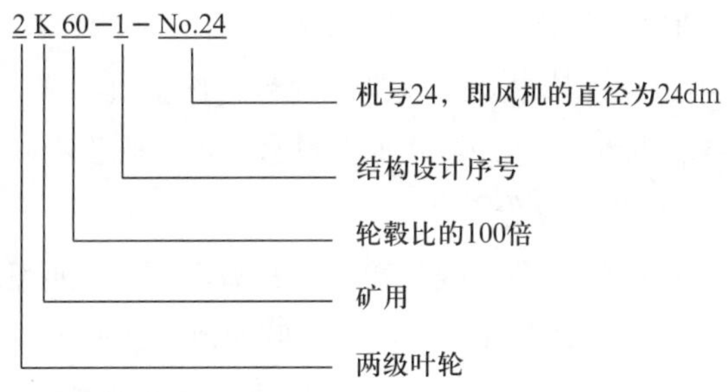

图 4－9　轴流式通风机型号参数的含义

部分轴流式通风机的特性曲线见附录二。

GAF 系列和 ANN（豪顿）系列为轴流式通风机的两个特例，特专门介绍。

GAF 系列通风机是在引进国外技术的基础上，结合我国实际情况改型改造的轴流式通风机。其风量、风压调节范围宽，静压效率高，叶片角度可通过一套涡轮蜗杆装置实现同步调节，自动化程度高。GAF 系列通风机最大的特点是可通过直接调整叶片安装角度实现反风，既不需要反风道，也不需要风机反转装置。

ANN（豪顿）系列通风机主要用于大型矿井。其可根据矿井实际情况，通过调整转速、轮毂比等参数，使通风机的工况点落在高效区内。叶片有液压和手动两种调节方式，调整方便，可反转反风。风门采用百叶窗设计，与推拉式、起吊式相比具有控制性能好，运转灵活可靠，反应与控制时间短等优点。

（3）对旋式通风机

1994 年 9 月，煤炭工业部公布了《关于推广使用四项通风安全装备的决定》，对旋式局部通风机被列为在全国推广使用的四项通风安全装备之一。对旋式局部通风机也是一种轴流式通风机，和传统轴流式通风机相比，具有效率高、风压高、风量大、性能好、高效区宽、噪声低、运行方式多、安装检修方便等优点。现在我国已经成功研制出了新一代高效节能矿用防爆对旋式主要通风机。对旋式通风机主要由一级通风机、二级通风机、扩散筒和扩散塔等组成。该通风机采用对旋式结构，其结构相当于两台轴流式通风机在一起串联工作，两级叶片相对并反向旋转，没有导流叶片，因此称为对旋式通风机，FBCDZ 系列对旋式通风机的构造如图 4–10 所示。

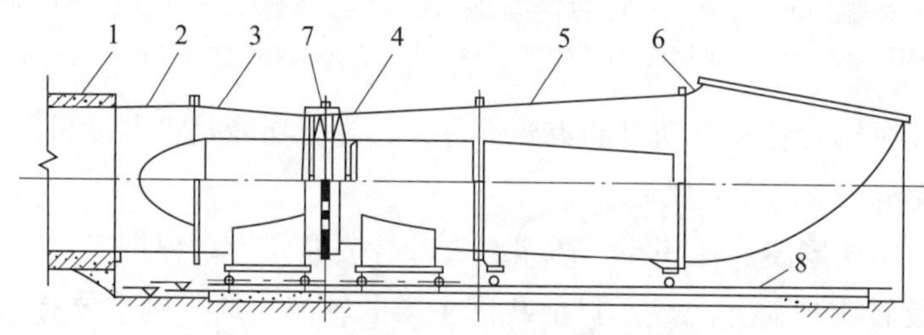

图 4–10　FBCDZ 系列对旋式通风机的构造

1—风道；2—连接风筒；3—一级通风机；4—二级通风机；5—扩散筒；6—扩散塔；7—稳流环；8—钢轨

对旋式通风机与传统通风机相比，具有以下特点：

1）采用了风电一体化的设计技术。通风机由两台工作主机组成，每一级叶轮均采用悬臂结构，各安装在隔爆型电动机上，形成两台独立的通风机，既没有传统的长轴传动，也没有联轴器，不但结构简单，还可提高工作效率。

2）两级叶轮按相对方向旋转，即一级叶轮顺时针旋转，二级叶轮逆时针旋转，空气由一级叶轮获得能量后再经二级叶轮增压后送出。两级叶轮既是工作轮又互为导流叶片，既避免了电动机和叶轮之间通过传动装置传动造成的能量损失，又避免了普通轴流式通风机的中、后导流叶片造成的能量损失。因此，提高了效率，降低了噪声，具有明显的节能效果。

3）叶片运用了国内先进的三元流理论和 CAD 设计技术，采用仿机翼型圆弧板扭曲型叶片，优化了叶轮叶片和风机流道等参数，减少了损失，提高了效率，且高效区更宽。

4）在主风筒中设置有稳流环，使得通风机性能曲线中无驼峰区，无喘振，在任何阻力情况下均可稳定运行，提高了通风机运行的安全性。

5）可单级运行，也可双级运行，如在矿井投产初期可只单级运行；且通风机叶轮叶片安装角度可以调整，因而适用范围极广。

6）通风机反转反风不需要施工反风道，且反风风压高、反风量大，为正常通风的 70% 以上。

7）专用防爆电动机具有效率高、温升低、振动小、噪声低、过载能力强等特点，从根本上解决了传统通风机的缺陷。通风机可在运行中进行注排油，保证了电动机在恶劣环境下长期安全可靠运转的需要。

8）电动机的隔爆性能和散热性能良好。电动机安装在主风筒的密封隔流腔中，与通风机流道中含瓦斯的气体隔离，提高了防爆安全性。特殊设计的中空机翼型电动机冷却循环风道减小了通风阻力。

9）通风机和扩散器均安装在轮式平板车上，下设轨道，安装维修方便。

10）通风机仅需简单的基础和轨道，也可以不设主要通风机房，只建造电控值班室，可节约大量工程建筑费用。

对旋式通风机具有的较多优点，使其成为了目前应用最广泛的机型，其他类型的通风机被逐渐淘汰。

目前，作为煤矿主要通风机使用的主要有 BD 系列、FBCZ（原 BK）系列和 FBCDZ（原 BDK）系列矿用防爆对旋式主要通风机。局部通风机主要有 FBDY 系列矿用隔爆压入式局部通风机、FBCD 矿用防爆抽出式局部通风机、FBD 矿用隔爆压入式局部通风机等。以 FBCDZ－6－No 18/2 × 90 型通风机为例，其型号参数的含义如图 4－11 所示。

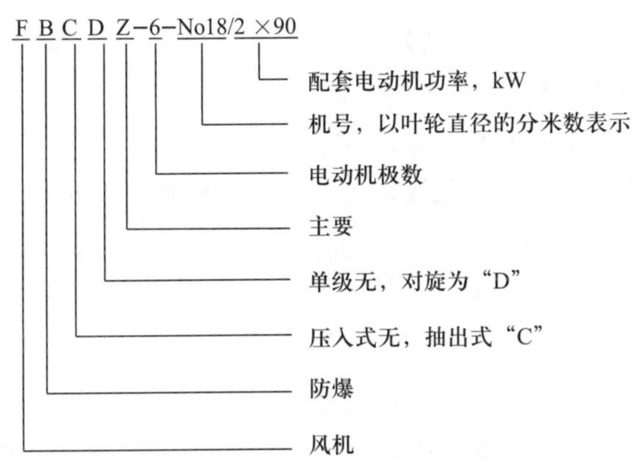

图 4－11　对旋式通风机型号参数的含义

BD 系列对旋式风机特性曲线见附录三。

3. 主要通风机的附属装置

矿井使用的主要通风机，除了通风机主体之外，还有一系列附属装置，主要包括风硐、防爆门、反风装置、扩散器、消声器、闸门等。主要通风机和附属装置总称为通风机装置。

（1）风硐

风硐是连接通风机和风井的一段巷道，如图 4－12 所示。

因为通过风硐的风量很大，风硐内外压力差也较大，加上其服务年限一般较长，所以风硐多用混凝土、砖石等材料建筑，对设计和施工的质量要求较高。

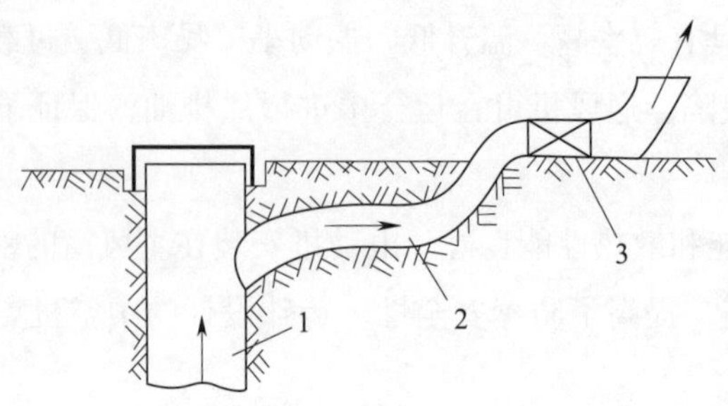

图 4-12　风硐

1—回风井；2—风硐；3—通风机

良好的风硐应满足以下要求：

1）应有足够大的断面，风速不宜超过 15 m/s。

2）风硐的风阻不应大于 0.019 6 kg/m^7，通风阻力不应大于 200 Pa。风硐不宜过长，与井筒连接处要平缓，转弯部分应为圆弧形，内壁要光滑，并保持无堆积物，拐弯处应安设导流叶片，以减少阻力。

3）风硐及闸门等装置，结构要严密，以防止漏风。

4）风硐和主要通风机相连段的长度不应小于 12D（D 为通风机叶轮的直径）。

5）风硐与倾角大于 30° 的斜井或立井的连接口距风井 1～2 m 处应安设保护栅栏，防止检查人员和工具等坠落到井筒中；在距主要通风机入风口 1～2 m 处也应安设保护栅栏，防止风硐中的污物、杂物被吸入通风机。

6）风硐直线部分要有流水坡度，以防积水。

7）风硐内应设风速、风压测量装置，装置应设在距通风机进风口 3B～4B（B 为风硐宽度）以外的风流稳定处。

（2）防爆门

防爆门是安装在配有通风机的井口上的安全装置，其作用是保护通风机在发生瓦斯或煤尘爆炸时不被损坏。防爆门应满足下列基本要求：

1）无论是立井还是斜井，防爆门应正对回风方向，面积不得小于回风井口的面积。

2）防爆门必须有足够的强度，并有防腐和防抛出的措施。

3）防爆门应封闭严密，以防漏风。

4）防爆门应每 6 个月检查维修 1 次。

立井防爆门多采用钟形、盖形结构。钟形防爆门的结构如图 4-13 所示，防爆门由铁板焊成，放入井口圈的凹槽中，槽中注水（寒冷地区应注油或防冻液）密封以防漏风，且深度（液体所产生的静压力）应大于内外压力差。

为了起到保护通风机的作用，必须保证发生爆炸时，爆炸冲击波能冲开防爆门。为此，根据防爆门的自重和冲开需要的力量设置配重的平衡锤，平衡锤与防爆门用钢丝绳连接，钢丝绳绕过滑轮。为防止反风时将防爆门顶起，井口壁四周还应安装一定数量的压脚，在反风时压住防爆门，以防造成风流短路。盖形防爆门与钟形防爆门近似，其形状近似锅盖，防爆

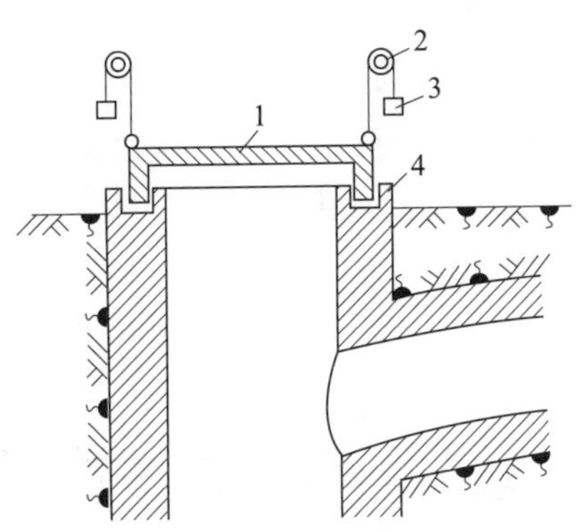

图 4－13　立井钟形防爆门

1—防爆门；2—滑轮；3—平衡锤；4—井口圈

门与井口圈以面接触，结构和安装简单，但密封性不如钟形防爆门。

防爆门应布置在回风井轴线上，其面积不得小于回风井口的断面面积。回风井与风硐的交叉点到防爆门的距离应至少比该交叉点到主要通风机进风口的距离小 10 m。

（3）反风装置

1）反风方法。当进风井口、井筒或井底车场及其附近的进风巷中发生火灾、瓦斯和煤尘爆炸时，为了防止事故蔓延，缩小灾情，并为灾害处理和救护工作提供有利条件，有时需要改变矿井的风流方向，称为反风。反风是通过矿井反风装置实现的。反风方法可分为风机反转反风、专用反风道反风和调节叶片安装角度反风。离心式通风机只能用反风装置即反风门与旁侧反风道反风，如图 4－14 所示。

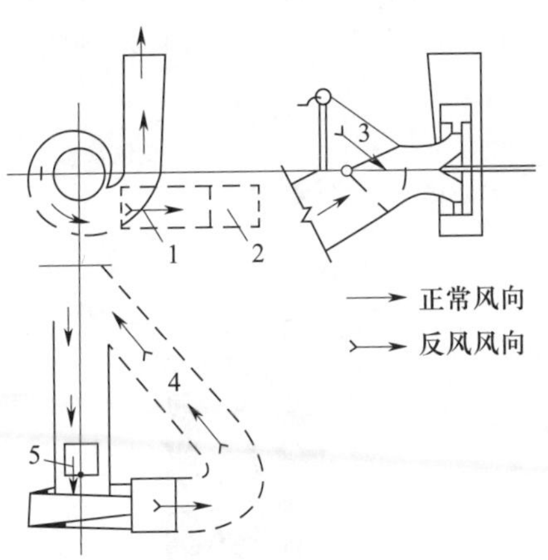

图 4－14　离心式通风机的反风装置

1—反风控制风门；2，4—旁侧反风道；
3，5—反风进风风门

通风机正常工作时，两个反风门（反风控制风门和反风进风风门）处于实线位置，反风时将反风控制风门提起，把反风进风风门放下，地表空气自反风进风风门进入通风机，从反风控制风门进入旁侧反风道，再进入风井流入井下，达到反风的目的。

轴流式通风机的反风方法有如下三种：

①利用反风门与旁侧反风道反风，如图 4-15 所示。通风机正常工作时反风门 a、b 位于实线位置（风流方向如实线箭头所示），反风时，可提起反风门 a，放下反风门 b（如虚线位置），地表空气经反风门 b 进入通风机，再由反风门 a 进入旁侧反风道，进入风井流入井下（如虚线箭头所示），达到反风的目的。

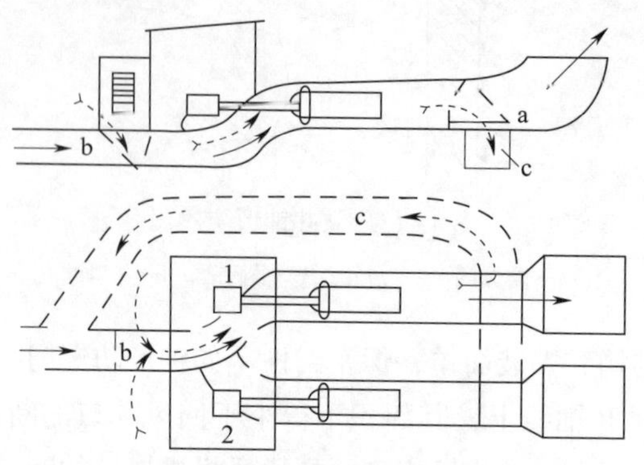

图 4-15　轴流式通风机的反风装置

a，b—反风门；c—旁侧反风道

1，2—电动机

②调节通风机叶片角度反风。GAF 型轴流式通风机有两种调整叶片安装角度的方法：一是运行中采用液压调节，常在电厂的通风机调节中采用；二是采用机械式调节，如图 4-16 所示。当通风机停转后，从机壳外将手轮调节杆伸入叶轮毂，手轮转动，使蜗杆、蜗轮转动，蜗轮转动时，与其相连的小齿轮、大伞齿轮、小伞齿轮会跟随转动，从而达到改变叶片安装角度的目的。反风时，叶轮旋转方向不变，只需将叶片转到图 4-16 中虚线位置即可。

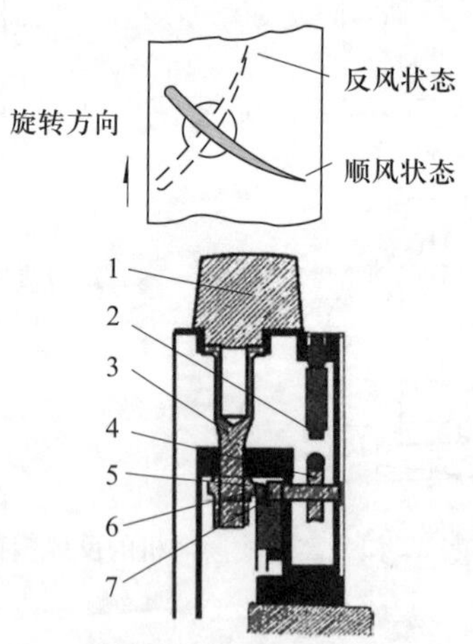

图 4-16　机械式叶轮调节系统

1—叶片；2—蜗杆；3 叶柄；4—蜗轮；

5—小伞齿轮；6—大伞齿轮；7—小齿轮

③反转通风机叶轮旋转方向反风。这种方法是调换电动机电源的任意两相接线，使电动机改变转向，从而改变通风机叶轮的旋转方向，使井下风流反向。这种方法成本较低，反风

方便，但是一些老型号的轴流式通风机反风后风量达不到《煤矿安全规程》的要求。一些新型号轴流式通风机，则将后导流叶片设计成可调节角度的，反风时，同时改变后导流叶片的角度，以确保反风后的风量满足要求。

2）反风装置的基本规定如下。

①矿井必须明确反风方法。

②生产矿井主要通风机必须装有反风装置，并满足以下要求：

a. 结构简单，坚固可靠；

b. 所有操作开关集中安设，动作灵活可靠，便于值班司机一人独立操作；

c. 能在 10 min 内改变巷道中的风流方向；

d. 当风流方向改变后，主要通风机的供风量不应小于正常供风量的 40%；

e. 反风风门的起重量大于 1 t 时，应采用电动、手摇两用风门绞车，并集中操作。

③每季度应至少检查 1 次反风装置，检查项目包括主要通风机和电气设备、进风井口房、反风道、所有地面闸门和风门、电控设备绞车和钢丝绳、防爆门、反风装置的防冻设施以及进风井、回风井之间和主要进风巷、回风巷之间的正向、反向风门等。

3）矿井反风演习

①矿井每年至少进行 1 次反风演习，北方的矿井应在冬季结冰期进行。当矿井通风系统有较大变化时（如矿井有新的井翼、水平投产或更换主要通风机等），应进行 1 次反风演习。对有多台主要通风机的矿井，应分别进行多台主要通风机同时反风和单台主要通风机各自反风的演习，以分别观测其反风效果。

②反风演习持续时间不应少于从矿井最远地点将人员撤离至地面所需的时间，且不得少于 2 h。

③反风演习前必须制订反风演习计划，其内容包括：按照矿井灾害预防和处理计划的要求，规定火灾发生的假设地点；确定反风演习开始时间和持续时间；明确反风装置的操作顺序；确定反风演习的观测项目及观测方法；预计反风后的通风网络、风量和瓦斯情况；制定反风演习的安全检查措施；明确恢复正常通风的操作顺序；制定排除瓦斯的安全措施；规定参加反风演习的人员及分工和培训工作；反风时遇到特殊情况的抢险、救护措施等。反风演习计划一般由矿总工程师负责组织编制，报主管部门批准后组织实施。

④反风演习时必须严格管理火源，并遵守下列规定：

a. 反风演习前应切断井下电源；

b. 反风演习结束，在风流恢复正常且风流中瓦斯浓度不超过 1% 时，方可恢复送电；

c. 反风演习持续时间内，在反风后回风井井口附近 20 m 的范围内以及与反风后回风井井口相连通的井口房等建筑物内，都必须切断电源，禁止一切火源存在，并禁止交通；

d. 反风演习前，井下火区必须进行封闭或消除，并加强反风时和反风前后的观测。

⑤反风演习的观测项目，应满足下列要求：

a. 观测主要通风机运转状况，如电动机负荷、轴承温升、风量和风压等，电动机不得超负荷运转；

b. 测定全矿井、矿井各翼、各水平、各采区的进、回风流中瓦斯和二氧化碳的浓度和量；

c. 选择瓦斯和二氧化碳涌出量最大或涌出不正常的采掘工作面，测定瓦斯和二氧化碳的浓度和涌出量，并记录其浓度达到 2% 的时间和持续时间。

⑥反风演习后，必须撰写反风演习的总结，并填写反风演习报告书，认真总结反风演习的经验和存在的问题，并上报有关部门审查备案。对反风演习中发现的设备、操作以及其他问题，必须限期解决。

（4）扩散器

在通风机出口处外接的具有一定长度、断面逐渐扩大的风道，称为扩散器。其作用是降低出口动压以提高通风机的静压。小型离心式通风机的扩散器由金属板焊接而成，大型离心式通风机的扩散器用砖或混凝土砌筑，其纵断面为长方形。扩散器的敞角不宜过大，一般为 8°～10°，以防脱流。出口断面与入口断面面积之比应为 3～4。轴流式通风机的扩散器由环形扩散器与水泥扩散器组成。环形扩散器由圆锥形内筒和外筒构成，外圆锥体的敞角一般为 7°～12°，内圆锥体的敞角一般为 3°～4°。水泥扩散器为一段向上弯曲的风道，与水平线所成的夹角为 60°，其高为叶轮直径的 2 倍，长为叶轮直径的 2.8 倍，出风口断面为长方形（长为叶轮直径的 2.1 倍，宽为叶轮直径的 1.4 倍）。扩散器的拐弯处为双曲线形，并安设一组导流叶片，以降低阻力。

（5）消声器

噪声是一种污染，不但影响人们工作、学习的效率，还会影响人们身体健康，甚至引起工伤事故，长期在高噪声环境中工作还会引起职业性噪声聋等职业病。《煤矿安全规程》规定，作业人员每天连续接触噪声时间达到或者超过 8 h 的，噪声声级限值为 85 dB（A）。通风机在运转中的噪声主要是空气动力噪声和机械振动噪声。为了降低噪声，通风机必须设置降低噪声的装置。大型通风机往往在风道中安设片阻式消声装置，对旋式通风机把降噪装置作为其组件之一与通风机固定为一体。

（6）闸门

闸门是主要通风机的重要附属装置之一。离心式通风机利用闸门控制、调节矿井总风量，轴流式通风机利用闸门隔断备用通风机与风硐的联系以防漏风。闸门应坚固可靠，不漏风，便于操作等。

（7）其他附属装置

通风机的附属装置还有各种监测监控仪表（如水柱计、轴承温度计、电气仪表等）、北方寒流地区还应有暖风道、压入式通风的风硐等。

4. 主要通风机的使用及安全要求

为保证矿井主要通风机安全可靠运转，通风机应满足下列基本要求。

（1）新建矿井选择通风设备，应符合下列规定：

1）应满足首采水平各个时期的工况变化，并使通风机长期高效率运行。当工况变化较大时，应根据矿井分期时间及节能情况，分期选择电动机。

2）风机能力应留有 10% 的余量。

3）轴流式通风机应校验电动机正常启动容量，还应校验反风时的容量。

（2）矿井必须采用机械通风；主要通风机必须安装在地面；装有通风机的井口必须封闭严密，其外部漏风率在无提升设备时不得超过 5%，有提升设备时不得超过 15%。

（3）必须保证主要通风机连续运转。主要通风机应有两回路直接由变（配）电所馈出的供电线路；主要通风机的控制回路和辅助设备，必须有与主要通风机同等可靠的备用电源。

（4）必须安装 2 套同等能力的主要通风机装置，其中 1 套作备用，备用通风机必须能在 10 min 内开动。

（5）生产矿井严禁采用局部通风机或风机群作为主要通风机使用。

（6）矿井应建立主要通风机定期检修制度，至少每月检查 1 次主要通风机。主要通风机月检的结果必须记入专门的记录本，月检的主要内容有：

1）运转是否正常，有无异响、异味和异常振动。

2）电动机和传动系统温度是否正常，是否符合产品说明书的规定。

3）水柱计和测压管有无损坏、堵塞和变形。

4）各种仪表（如电流表、电压表、功率表、功率因数表、温度计等）是否准确。

5）设备各注油（润滑）部位的油质、油量是否适当，有无渗漏现象，滑动轴承油圈是否转动灵活。

6）齿形联轴器的磨损及工作状况。

7）电气部分的接地保护情况。

8）防爆门的情况。

9）作业人员有无证件，运转记录是否齐全，填写是否认真、准确、及时，有无漏项，是否按操作规程作业，是否坚守岗位、遵守劳动纪律。

10）设备及室内环境情况。

11）规定的图、表是否完整齐全。

12）安全装置以及防火设备和器材是否齐全等。

（7）改变通风机转数或叶片角度时，必须经矿技术负责人批准。

（8）新安装的主要通风机投入使用前，必须进行通风机性能测定和试运转，以后每 5 年至少进行 1 次性能测定。

（9）矿井通风机房应按同类型矿井井口防洪标准采取防洪措施。

（10）通风机房周围 20 m 以内不得布置有烟火作业的建筑物及设施，并应考虑噪声及排出的污风对周围的影响。通风机房与提升机房、变电所、办公楼的距离不宜小于 30 m；与进风井、压缩空气站的距离为：瓦斯矿井不应小于 30 m，高瓦斯矿井不应小于 50 m。

（11）通风机房附近 20 m 内，不得有烟火或用火取暖。通风机房位于工业广场以外时，除开采有瓦斯喷出区域的矿井和突出矿井外，可用隔焰式火炉或防爆式电热器取暖。

（12）严禁主要通风机房兼作他用。主要通风机房内必须安装水柱计、电流表、电压表、轴承温度计等仪表，还必须有直通矿调度室的电话，并有反风操作系统图、司机岗位责任制度和操作规程。

（13）主要通风机的运转应由专职司机负责，司机应经过专门培训考试合格持证上岗，每小时应将通风机运转情况记入运转记录；发现异常，立即报告。

（14）矿井主要通风机应有监测系统，风硐应设置风压传感器，主要通风机必须设置开停传感器，以监测主要通风机及电机的运转情况。

（15）主要通风机停止运转时，受停风影响的地点必须立即停止工作、切断电源、撤出人员。因检修、停电或其他原因停止主要通风机运转时，必须制定停风措施。对由多台主要通风机联合通风的矿井，必须正确控制风流，防止风流紊乱。

值得注意的是，全矿井突然停电并不一定造成事故，但停电后若不能采取正确的应急措施，往往会酿成重大灾害。如某地对45起重大、特大瓦斯事故进行了统计分析，结果显示有16起是矿井突然停电导致主要通风机停止运转造成的。全矿井突然停电后应采取的应急措施应包括：

1）受停风影响地点必须立即停止工作，切断电源，将采掘工作面人员撤至进风巷，必要时撤至地面。

2）打开井口防爆门（盖）和有关风门，充分利用自然风压通风。

3）各作业点安全员检查人员撤退，以及瓦斯、爆破、电气设备情况，井下正在检修的电气设备必须断开电源。

4）救护队加强瓦斯涌出异常地区、采空区、封闭火区有害气体和瓦斯检查。

5）井上来电后，及时启动主要通风机，关闭回风井防爆门（盖），恢复矿井通风。

6）制定安全措施，正确排放积存的瓦斯。

7）当确认井下有害气体不超限，处于安全状态后，方可向井下采区、采掘工作面等逐级送电恢复生产。

二、通风机风压及其实际特性

1. 通风机的工作参数

反映通风机工作特性的基本参数有5个，即通风机的转速、风量、风压、功率和效率。

（1）通风机的转速

通风机的转速n是指通风机工作轮（叶轮）单位时间内的转数，单位为r/min。通风机的风量、风压等是在一定转速下的参数，即转速不同，风量、风压也不同。但风机只能在额定转速及其以下运行，不能超过额定转速。

（2）通风机的风量

通风机的风量$Q_{通}$表示单位时间内通过通风机的风量，单位为m^3/s或m^3/min。抽出式通风时，通风机的风量等于矿井总回风量与井口漏风量之和，即通风机的排风量；压入式通风时，通风机的风量等于矿井总进风量与井口漏风量之和，即通风机的吸风量。所以通风机的风量要用风表或皮托管与压差计在风硐或通风机扩散器处实测。

（3）通风机的风压

通风机的风压$h_{通}$有全压$h_{通全}$、静压$h_{通静}$和动压$h_{通动}$之分。通风机的全压表示单位体积的空气通过通风机后所获得的能量，单位为 Pa，其值为通风机出口断面与入口断面上的总能量之差。因为出口断面与入口断面高差较小，其位压差可忽略不计，所以通风机的全压为通风机出口断面与入口断面上的绝对全压之差：

$$h_{通全} = p_{全出} - p_{全入} \tag{4-4}$$

式中，$p_{全出}$——通风机出口断面上的全压，Pa；

$p_{全入}$——通风机入口断面上的全压，Pa。

通风机的全压包括通风机的静压与动压两个部分：

$$h_{通全} = h_{通静} + h_{通动} \tag{4-5}$$

由于通风机的动压是用来克服风流自扩散器出口断面至地表大气（抽出式）或风硐（压入式）的局部阻力，所以扩散器出口断面的动压等于通风机的动压：

$$h_{扩动} = h_{通动} \tag{4-6}$$

式中，$h_{扩动}$——扩散器出口断面的动压，Pa。

（4）通风机的功率

通风机的功率 $N_{通}$包括其输入功率 $N_{通入}$和输出功率 $N_{通出}$。通风机的输入功率 $N_{通入}$表示通风机轴从电动机得到的功率，单位为 kW，通风机的输入功率为：

$$N_{通入} = \frac{\sqrt{3}UI\cos\phi}{1\,000}\eta_{电}\eta_{传} \tag{4-7}$$

式中，U——线电压，V；

I——线电流，A；

$\cos\phi$——功率因数；

$\eta_{电}$——电动机效率，%；

$\eta_{传}$——传动效率，%。

通风机的输出功率 $N_{通出}$也叫有效功率，单位为 kW，是指单位时间内通风机对通过的风量为 Q 的空气所做的功：

$$N_{通出} = \frac{h_{通}Q}{1\,000} \tag{4-8}$$

通风机的风压有全压和静压之分，因此式中 $h_{通}$可表示通风机全压 $h_{通全}$，也可表示静压 $h_{通静}$；当 $h_{通}$为全压时，$N_{通出}$即为全压输出功率 $N_{通全出}$，当 $h_{通}$ 为静压时，$N_{通出}$即为静压输出功率 $N_{通静出}$。

（5）通风机的效率

通风机的效率 η 是指通风机输出功率与输入功率之比。因为通风机的输出功率有全压输出功率与静压输出功率之分，所以通风机的效率分为全压效率 $\eta_{通全}$ 与静压效率 $\eta_{通静}$：

$$\eta_{通全}=\frac{N_{通全出}}{N_{通入}}=\frac{h_{通全}Q}{1\,000N_{通入}} \tag{4-9}$$

$$\eta_{通静}=\frac{N_{通静出}}{N_{通入}}=\frac{h_{通静}Q}{1\,000N_{通入}} \tag{4-10}$$

通风机的效率越高，说明通风机的内部阻力损失越小，性能也越好。由于抽出式通风是风机的静压对矿井工作，所以应用其静压效率衡量其性能；压入式通风是通风机的全压对矿井工作，应用其全压效率衡量其性能。

2. 通风机的个体特性及合理工作范围

通风机的风量、风压、功率和效率可以反映出通风机的工作性能。每台通风机，在额定转速下，对应于一定的风量，就有一定的风压、功率和效率，风量如果变动，其他三者也随之改变。表示通风机的风压、功率和效率随风量变化而变化的关系曲线，称为通风机特性曲线，也称为个体特性曲线。个体特性曲线不能用理论计算方法来绘制，必须通过实测数据来绘制。

（1）特性曲线离心式通风机的风压特性曲线（静压）和功率、效率曲线（统称特性曲线）如图 4－17 所示，轴流式通风机的风压（全压、静压）特性曲线和功率、效率（全压、静压）曲线如图 4－18 所示。在煤矿中，因主要通风机多采用抽出式通风，因此要绘制静压特性曲线；当采用压入式通风时，则绘制全压特性曲线。

从图 4－17 与图 4－18 中可以看出，离心式与轴流式通风机的风压特性曲线各有其特点：离心式通风机的风压特性曲线比较平缓，当风量变化时，风压变化不太大；轴流式通风机的风压特性曲线较陡，并有一个“马鞍形”的“驼峰”区，当风量变化时，风压变化较大。

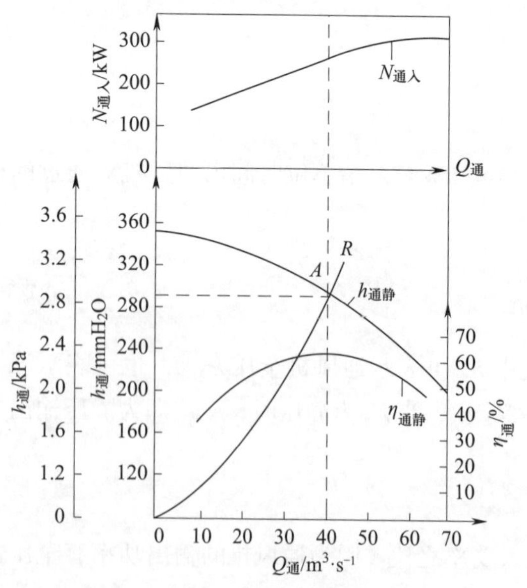

图 4－17　离心式通风机特性曲线

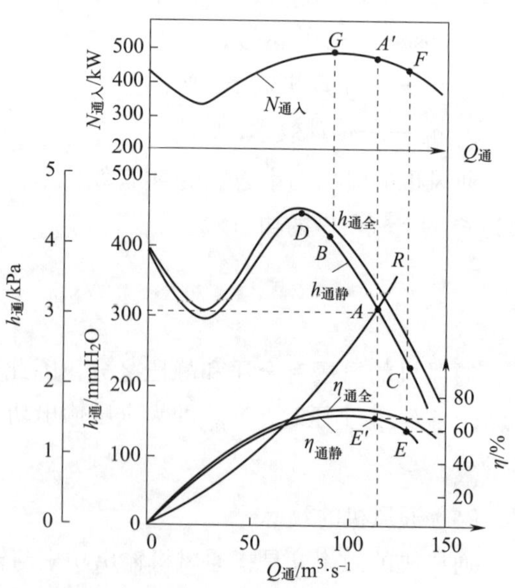

图 4－18　轴流式通风机特性曲线

1）功率曲线。图 4－17、图 4－18 中 $N_{通入}$ 为通风机的输入功率曲线。从两个图中可看出：离心式通风机风量增加时，功率也随之增大，所以启动时，为了避免因启动负荷过大而烧毁电动机，应先关闭闸门，待通风机达到正常工作转速后再逐步打开。当供风量远超需风量时，矿井常常利用闸门加阻来减少工作风量，以节省电能。轴流式通风机在 G 点的右下侧功率是随着风量的增加而减小，所以启动时应先全敞开或半敞开闸门，待运转稳定后再逐渐将闸门关至合适位置，以防止启动时电流过大，引起电动机过负荷。

2）效率曲线。图 4－17、图 4－18 中 η 为通风机的效率曲线。当风量逐渐增加时，效率也逐渐增大，当增大到最大值后便逐渐下降。因为轴流式通风机叶片的安装角度是可调控的，因此叶片的每个安装角度 θ 都相应地有一条风压特性曲线和功率曲线。为了使图清晰，轴流式通风机的效率一般用等效率曲线来表示。

等效率曲线是把各条风压特性曲线上的效率相同的点连接起来绘制成的。等效率曲线的绘制方法如图 4－19 所示，轴流式通风机两个不同的叶片安装角度 θ_1 与 θ_2 的风压特性曲线分别为曲线 1 与 2，效率曲线分别为曲线 3 与 4。自各个效率值（如 20%、40%、60%、80%）画水平虚线，分别和曲线 3 与 4 曲线相交，可得到 4 组交点，从这 4 组交点作垂直虚线分别与相应的个体风压曲线 1 与 2 相交，又在曲线 1 与 2 上得出 4 组交点，然后把曲线 1 与 2 上的 4 组交点分别连起来，即得出图中 4 条等效率曲线（ η =20%、40%、60%、80%）。

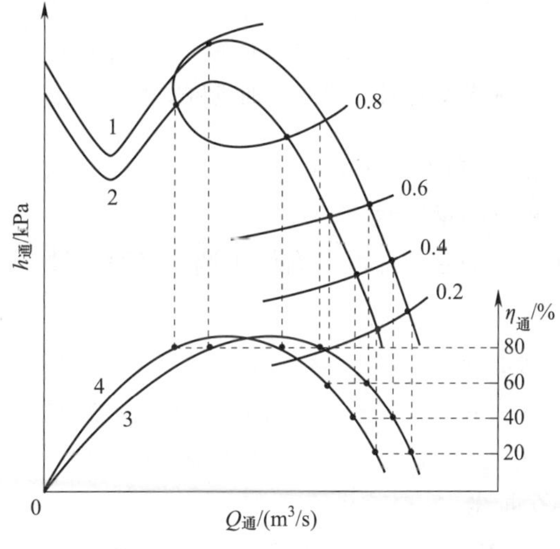

图 4－19　等效率曲线的绘制

（2）通风机的工况点及合理工作范围

当以同样的比例把矿井总风阻曲线绘制于通风机个体特性曲线图中时，则风阻曲线与风压曲线的交点就是通风机的工况点，如图 4－17、图 4－18 中 A 点所示。图 4－18 中工况点（A 点）对应的通风机的静压为 3 kPa，风量为 115 m^3/s，功率为 450 kW（ A' 点决定），静压效率为 68%（ E' 点决定）。试验证明，轴流式通风机的工况点位于风压曲线"驼峰"的左侧（D 点左侧）时，通风机的运转就可能产生不稳定状况，即工况点发生跳动，风量忽大忽小，声音极不正常，所以通风机的工作风压不应大于最大风压的 90%，即工况点应在 B 点以下；为了经济，主要通风机的效率不应低于 60%（E 点），即工况点应在 C 点以上，BC 段就是通风机合理的工作范围。轴流式通风机的等效率曲线和合理工作范围如图 4－20 所示，其合理工作范围为图中阴影部分。

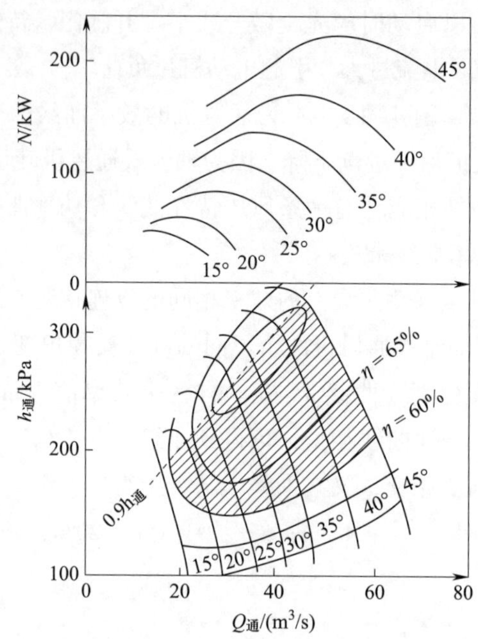

图 4－20　轴流式通风机的等效率曲线和合理工作范围

通风机工况点的合理范围应满足下列要求：

1）通风机的转速不得超过额定转速。

2）轴流式通风机的工况点应在“驼峰”右侧单调下降段，且工作风压不大于最大风压值的 90%。

3）通风机的效率不应低于 60%。

4）轴流式通风机的叶片安装角度，一级为 10°～40°，二级为 15°～45°，在实际应用中一级不大于 35°，二级不大于 40°。

3. 比例定律和类型特性曲线

同类型（或同系列）通风机是指通风机的几何尺寸、运动和动力相似的一组通风机。两个通风机相似是指气体在通风机内流动过程相似，或者说它们之间在任一对应点的同名物理量之比为恒定的常数。同一系列风机在相似工况点的流动是相似的。对同类型的通风机，当转速 n、叶轮直径 D 和空气密度 ρ 发生变化时，通风机的性能也发生变化。这种变化可应用通风机的比例定律说明其性能变化规律。根据通风机的相似条件，可得出通风机的比例定律为：

$$\frac{h_{通1}}{h_{通2}}=\frac{\rho_1}{\rho_2}\left(\frac{n_1}{n_2}\right)^2\left(\frac{D_1}{D_2}\right)^2 \tag{4-11}$$

$$\frac{Q_{通1}}{Q_{通2}}=\frac{n_1}{n_2}\left(\frac{D_1}{D_2}\right)^3 \tag{4-12}$$

$$\frac{N_1}{N_2}=\frac{\rho_1}{\rho_2}\left(\frac{n_1}{n_2}\right)^3\left(\frac{D_1}{D_2}\right)^5 \tag{4-13}$$

$$\eta_1=\eta_2 \tag{4-14}$$

式（4－11）至式（4－14）说明：通风机的风压与空气密度、转数的二次方、叶轮直径的二次方成正比；通风机的风量与转速、叶轮直径的三次方成正比；通风机的功率与空气密度、转速的三次方、叶轮直径的五次方成正比；通风机对应工况点的效率相等。

【例 4－2】某矿井的主要通风机在转速 n=1 000 r/min 时，矿井的风量 $Q=40\ \text{m}^3/\text{s}$，风压 h=1 500 Pa，由于风量过剩，拟通过改变其转速调节风量。求将风量降到 $Q=30\ \text{m}^3/\text{s}$ 时的转速、风压，并分析其能耗变化。

【解】由于是同一台通风机，且在原矿井安装，通风机的叶轮直径和空气的密度前后相同；设改变后状态为“1”，改变前状态为“2”，则有：

$$n_1=\frac{Q_1}{Q_2}n_2=\frac{30}{40}\times 1\,000=750\ \text{(r/min)}$$

$$h_1=\left(\frac{n_1}{n_2}\right)^2 h_2=\left(\frac{750}{1\,000}\right)^2\times 1\,500=844\ \text{(Pa)}$$

通风机在调整前后输出的功率为：

$$N_1=\frac{h_1Q_1}{1\,000}=\frac{30\times 844}{1\,000}=25.32\ \text{(kW)}$$

$$N_2=\frac{h_2Q_2}{1\,000}=\frac{40\times 1\,500}{1\,000}=60\ \text{(kW)}$$

通风机的工况调整后，风量降低了 25%，但能耗却降低了 57.8%。

通风机的比例定律在实际工作中有重要的用途。应用比例定律，可以根据一台通风机的个体特性曲线，推算和绘制转速、叶轮直径或空气密度不相同的另一台同类型通风机的个体特性曲线。通风机制造厂就是根据通风机相似模型试验的个体特性曲线，应用比例定律，推算、绘制空气密度为 1.2 kg/m^3 时，各种叶轮直径、各种转速的同类型通风机的个体特性曲线，供用户选择通风机使用。

在同类型通风机中，当转数、叶轮直径不相同时，其个体特性曲线会有很多组。为了简化和便于比较，可将同类型的各种通风机的性能用一组特性曲线来表示，该组特性曲线称为通风机的类型特性曲线或无因次特性曲线。用通风机的类型特性曲线可以比较不同类型通风机的性能，并可根据类型特性曲线和通风机的转速、叶轮直径推算得到个体特性曲线，或由个体特性曲线推算得到类型特性曲线。

三、通风机风压与通风阻力的关系

1. 抽出式通风矿井

某抽出式通风矿井如图 4－21 所示。

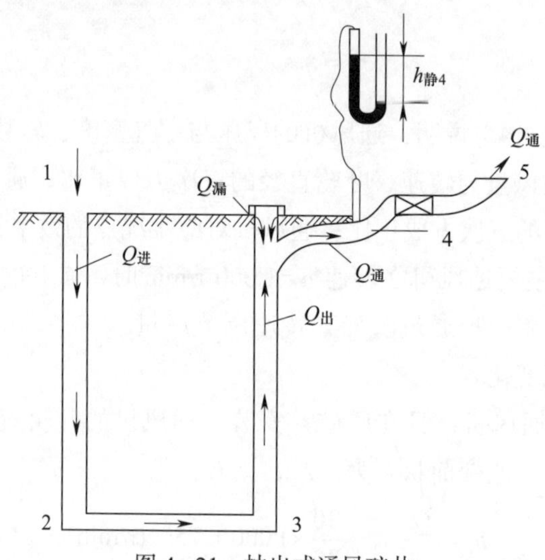

图 4－21　抽出式通风矿井

该矿井通风机的全压 $h_{通全}$为通风机扩散器出口断面 5 与进口断面 4 的绝对全压之差：

$$h_{通全}=p_{全5}-p_{全4}=(p_{静5}+h_{动5})-(p_{静4}+h_{动4})=(p_{静5}-p_{静4})+(h_{动5}-h_{动4}) \tag{4-15}$$

式中，$p_{全5}$、$p_{全4}$——断面 5、断面 4 上的绝对全压；

$p_{静5}$、$p_{静4}$——断面 5、断面 4 上的绝对静压；

$h_{动5}$、$h_{动4}$——断面 5、断面 4 上的动压。

因为断面 5 的绝对静压就等于与该断面同标高的地表大气压力 p_0，所以 $p_{静5}-p_{静4}=p_0-p_{静4}=h_{静4}$。$h_{静4}$ 就是断面 4 的相对静压，也是通风机房静压水柱计的读数，故式（4－15）可写为：

$$h_{通全}=h_{静4}-h_{动4}+h_{动5}=h_{全4}+h_{动5} \tag{4-16}$$

式（4－16）说明，抽出式通风矿井通风机的全压等于该通风机进口断面上的相对静压减去该断面上的动压，再加上扩散器出口断面上的动压。

因为 $h_{动5}=h_{通动}$，$h_{通全}-h_{通动}=h_{通静}$，所以式（4－16）可写为：

$$h_{通静}=h_{静4}-h_{动4} \tag{4-17}$$

式（4－17）说明，抽出式矿井通风机的静压等于该通风机进口断面的相对静压减去该断面上的动压。测算抽出式通风机的静压时要应用此式。

由式（4－16）、式（4－17）可知，通风机房静压水柱计的大小反映了通风机的负荷情况，其压差越大，通风机的负荷也越大，否则相反。

因为 $h_{阻}=h_{静4}-h_{动4}\pm h_{自}$，所以式（4-16）、式（4-17）可写为：

$$h_{通全}\pm h_{自}=h_{阻}+h_{动5} \tag{4-18}$$

$$h_{通静}\pm h_{自}=h_{阻} \tag{4-19}$$

式（4-18）、式（4-19）说明，对于抽出式通风矿井，通风机的全压与自然风压都用来克服矿井通风总阻力与风流从扩散器进入地表大气的局部阻力；通风机的静压与自然风压都用来克服矿井通风总阻力。也就是说，抽出式通风矿井是通风机的静压对矿井进行工作的。因此，抽出式通风矿井选择通风机或评价通风机的性能时，应以通风机的静压参数和静压效率为依据。

根据上述内容可以看出，抽出式通风机的静压是有效风压，其动压是无益的能量损失。当通风机的全压一定时，其动压越小，则静压越大。因此，通风机必须安装扩散器，以减少其出风口动压损失，增加风机的静压能。所以，扩散器是大型通风机必不可少的组成部分。

由于离心式通风机一般给出全压特性曲线，轴流式通风机一般给出静压特性曲线，所以在选择通风机时应注意其性能参数。

2. 压入式通风矿井

某压入式通风矿井如图 4-22 所示。

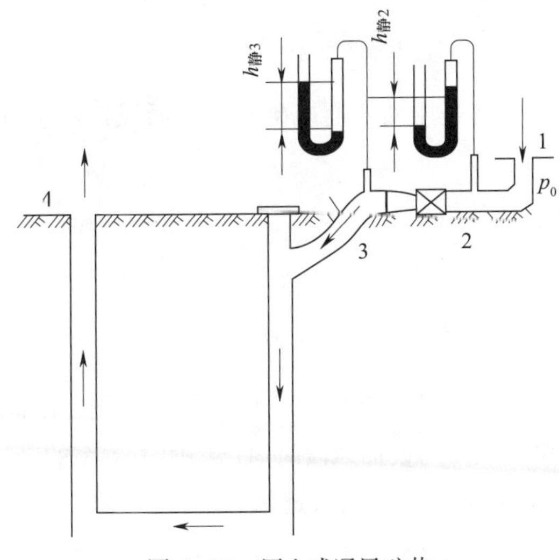

图 4-22 压入式通风矿井

通风机的全压为通风机扩散器断面 3 与通风机吸风侧断面 2 上绝对全压之差：

$$h_{通全}=p_{全3}-p_{全2}=(p_{全3}-p_0)+(p_0-p_{全2})=h_{全3}+h_{全2} \tag{4-20}$$

因为 $h_{全3}=h_{静3}+h_{动3}$，且 $h_{动3}=h_{通动}$，则由式（4-20）得：

$$h_{通静}=h_{静3}+h_{全2}=h_{静3}+h_{静2}-h_{动2} \tag{4-21}$$

当采用压入式通风时，通风机的全压为通风机进风口与出风口相对全压之和，通风机的静压为通风机进风口相对全压与出风口相对静压之和。

因为 $h_{阻}=h_{全3}+h_{全2}\pm h_{自}$，所以式（4-19）、式（4-20）可写为：

$$h_{通全}\pm h_{自}=h_{阻} \tag{4-22}$$

$$h_{通静}\pm h_{自}=h_{阻}-h_{动3} \tag{4-23}$$

式（4-22）说明，对于压入式通风矿井，通风机的全压与自然风压是用来克服矿井通风总阻力的。因此，对于压入式通风的矿井，选择通风机时，必须以通风机的全压特性曲线为依据，并使用通风机的全压效率来衡量其工作质量。所以此式也是采用压入式通风时选择离心式通风机的理论根据。

式（4-23）说明，对于压入式通风矿井，通风机的静压与自然风压的代数和等于矿井通风总阻力与通风机动压之差。也就是说，如果要使用压入式通风机的静压特性曲线，就必须用此式进行换算，即在矿井通风总阻力中减去通风机的动压，然后绘制通风机的静压特性曲线。所以此式也是采用压入式通风时选择轴流式通风机的理论根据。

压入式通风矿井，如果主要通风机不设置抽风段，即其进风口 2 直接和地表大气相通时，通风机的全压和静压为：

$$h_{通全}=p_{全3}-p_0=(p_{静3}+h_{动3})-p_0=h_{静3}+h_{动3} \tag{4-24}$$

$$h_{通静}=h_{静3} \tag{4-25}$$

式（4-24）、式（4-25）就是压入式通风矿井主要通风机不设置抽风段时通风机的全压与静压的测算式。

因为 $h_{阻}=h_{静3}+h_{动3}\pm h_{自}$，所以：

$$h_{通全}\pm h_{自}=h_{阻} \tag{4-26}$$

$$h_{通静}\pm h_{自}=h_{阻}-h_{动3} \tag{4-27}$$

式（4-26）、式（4-27）与式（4-22）、式（4-23）相同，由此可以得出：对于压入式通风矿井，主要通风机不设抽风段与设抽风段时风压与阻力关系的结论相同。

【例 4-3】某主要通风机对矿井作抽出式通风，已知矿井自然风压为 $h_{自}=+200\ \text{Pa}$、$h_{静}=1\,320\ \text{Pa}$、$Q_{通}=104\ \text{m}^3/\text{s}$、$\eta_{通静}=0.65$。试求该矿井的通风总阻力 $h_{阻}$、通风机的输入功率 $N_{通入}$。

【解】$h_{阻}=h_{通静}+h_{自}=1\,320+200=1\,520\ (\text{Pa})$

$$N_{通入}=\frac{h_{通静}Q_{通}}{1\,000\eta_{通静}}=\frac{1\,320\times104}{1\,000\times0.65}=211.2\ (\text{kW})$$

3. 通风机的联合工作

两台以上的通风机对井巷共同工作的方式，称为通风机的联合工作。通风机的联合工作可分为串联、并联和串并联。多风井的大型矿井都采用主要通风机并联工作；对于掘进中的井巷，当一台局部通风机不能满足需要时，可采用两台局部通风机串联或并联工作，以克服通风阻力，增加井巷的供风量。

（1）通风机串联

一台通风机的吸风口与另一台通风机的出风口直接或间接相连的工作方式，叫作通风机的串联工作。通风机串联工作适用于掘进距离长、风阻大而风量不足的通风；若风阻较小，则两台不同特性的通风机串联工作时，小通风机有可能成为大通风机的通风阻力而出现有害串联。

（2）通风机并联

当通风网络阻力不大，而需风量很大时，可采用通风机并联工作。两台通风机的出风口或吸风口直接或间接相连的工作方式，叫作通风机的并联。通风机并联工作分为集中并联和分区并联。通风机并联工作适用于井巷风阻小、需风量大的通风；若风阻较大，则两台不同特性的通风机并联工作时，小通风机有可能成为大通风机的漏风通道而出现有害并联。因此，选择联合工作方式前，应进行安全性和技术性分析。

4. 主要通风机的选型

主要通风机的选型是指矿井通风设计中选择符合矿井通风要求的通风机及其配套电动机的工作，是在给定的矿井开拓布局和通风系统条件下，依据矿井通风容易和困难时期的需风量和通风阻力，在通风机系列产品的特性曲线图表中进行的。合理选定主要通风机及其配套电动机是保证矿井安全生产的前提，是实现安全可靠、经济合理通风的基础。

（1）主要通风机选型要求

1）所选用的通风机应满足在其服务年限内各时期通风阻力变化的要求。

2）矿井必须安装 2 套同等能力的主要通风机装置，其中 1 套作为备用。

3）所选通风机能力应留有一定的富余量。

4）在通风机服务期限内，不论矿井处于通风容易还是困难时期，通风机工况均应在其合理工作范围内。

5）多风机联合工作的通风系统，各风机的性能应与其服务的系统相匹配。

6）地处山区的进风、回风井口标高差较大的矿井或平原地区的深井，应考虑自然风压的影响。

（2）主要通风机选型步骤

1）根据矿井所需总风量计算通风机的工作风量。

2）以矿井通风容易及困难时期的最大通风阻力为基础，在考虑自然风压的影响后计算通风机的工作风压。

3）根据工作风量、工作风压及通风机特性曲线，选择主要通风机，并确定其型号和技术参数。

4）根据选定通风机的工况，计算配套电动机的技术参数，并确定配套电动机的型号及规格。

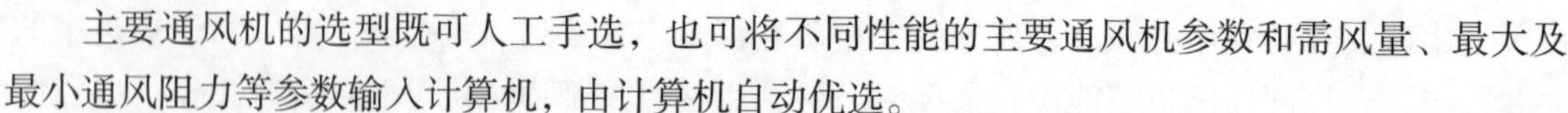

主要通风机的选型既可人工手选，也可将不同性能的主要通风机参数和需风量、最大及最小通风阻力等参数输入计算机，由计算机自动优选。

（3）主要通风机选型目标

确保所选通风机与矿井通风系统匹配合理、运转稳定、高效节能、可调性好。目前我国能满足这一目标要求的轴流式风机有 2K60 型、1K58 型、2K58 型、GAF 型和 BD 型或 BDK 型对旋式通风机等，其特点是能反转反风，调节范围广，调节方法简单，矿井风阻变化时通风机风量变化幅度小，但有不稳定工作区（驼峰区左侧）。

一个矿井从投产到结束，要经历生产递增期、达产稳定期及衰减期，且矿井地质条件、开采技术、生产计划也经常发生变化，矿井通风系统是一个随时间而变化的动态系统，生产矿井要经常对主要通风机的工况进行调节，因而在进行主要通风机选型时，应选择调节范围广，调节方法简单，且在服务期间能保持在高效工作区运转的风机。

第三节　矿井主要通风机性能测定

通风机制造厂提供的通风机特性曲线，是根据不带扩散器的模型测定获得的，而实际运行的通风机都装有扩散器，此外，由于安装质量和运转磨损等，通风机的实际运转性能往往与厂方提供的特性曲线不完全相同。因此，通风机在正式运转之前和运转几年后，必须通过测定重新绘制其个体特性曲线，以便更有效地使用通风机。

通风机性能测定的内容是测量通风机的风量、风压、输入功率和转数，并计算通风机的效率，然后绘出通风机实际运转特性曲线。

主要通风机的性能测定，一般在矿井停产检修时进行。根据矿井具体情况，可以采用回风井短路测定或井上（下）通风网络测定进行。矿井通风改造、急需了解通风机性能时，也可在矿井不停产条件下，采用备用通风机进行性能试验。

抽出式通风矿井，一般测算通风机的静压特性曲线、输入功率曲线和静压效率曲线；压入式通风矿井，一般测算通风机全压特性曲线、输入功率曲线和全压效率曲线。

一、测定前的准备

1. 制定测定方案

制定测定方案时，应对回风井、风硐、通风机设备的周围环境系统地进行周密调查，然后根据具体情况，确定合理可行的测定方案。

2. 准备仪表、工具和记录表格

通风机性能测定所需要的仪表、工具见附录四中附表 4－1，基础记录表格见附表 4－2 至附表 4－10。所用的仪表都必须经过校正，并对测量人员进行培训，确保其能正确地使用。

3. 其他准备工作

（1）记录通风机和电动机的技术数据，并检查通风机和电动机各部件的完好状况。

（2）测量测风地点和安装工况调节框架处的巷道断面尺寸。

（3）在工况调节地点安装调节框架，并准备足够的木板；在测风地点安装皮托管；将电工仪表接入电路。

（4）安装临时的通信联络设施。

（5）检查地面漏风情况，并采取堵漏措施。

（6）清除风硐内碎石等杂物和积水。

4. 组织分工

矿总工程师负责组织通风、机电和矿山救护队等部门成立通风机性能测定指挥组，设总指挥一人。同时下设工况调节组、测风组、测压组、电气测量组、通信联络组、安全组和速算组，每组的人数由工作任务而定。主要通风机操作工应全程参与测定工作，了解全部工作安排，并听从总指挥的指令。

二、测定方法与步骤

通风机性能测定的布置方式应因地制宜，总体要求是要选择风流稳定区作为测量风量和风压的地点，确保测出的数据准确可靠。对于生产矿井，一般利用通风机风硐进行试验，其布置如图 4-23 所示。

在断面Ⅰ处设框架，用木板来调节通风机的工况，在断面Ⅱ处设静压管，测该断面的相对静压，用风表在断面Ⅱ之后测风速，或者在断面Ⅲ的圆锥形扩散器的环形空间用皮托管测算风速。

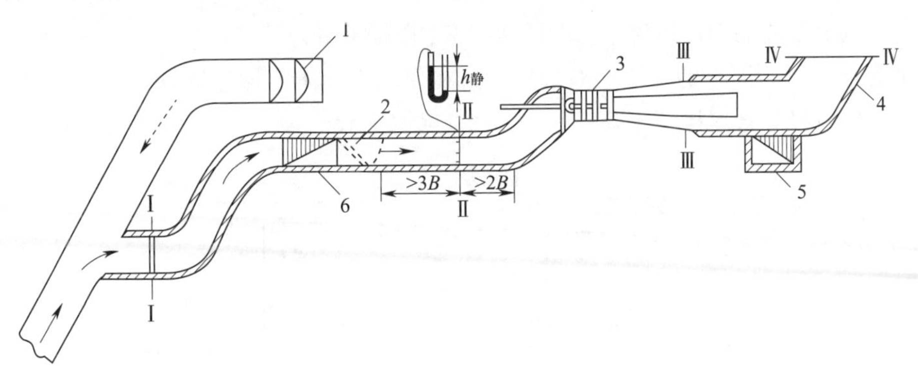

图 4-23　通风机性能测定时的布置

1—防爆门；2—风硐；3—通风机；4—扩散器；5，6—反风绕道

1. 工况调节的地点和方法

进行通风机性能测定时，工况调节地点一般设在与回风井交接处的风硐口，即图 4-23 中断面Ⅰ的位置（当条件不允许可时可设在总回风道或利用风硐闸门与井口防爆门调节）。其方法是在调节地点的巷道内安设稳固的框架（用工字钢、木料都可），如图 4-24 所示，靠通

风机风压的吸力将薄木板吸附在框架上，缩小有效断面面积以改变通风阻力。框架必须牢固、结实，安装时插入巷壁的深度应不小于 150 mm。木板也应有足够的强度，并备有多种规格，以便调整。调节工况点的数量不应少于 8 个，以保证测得的特性曲线光滑、连续。在轴流式通风机风压曲线的“驼峰”区应加密设置测点，在稳定区则可减少测点的数量。

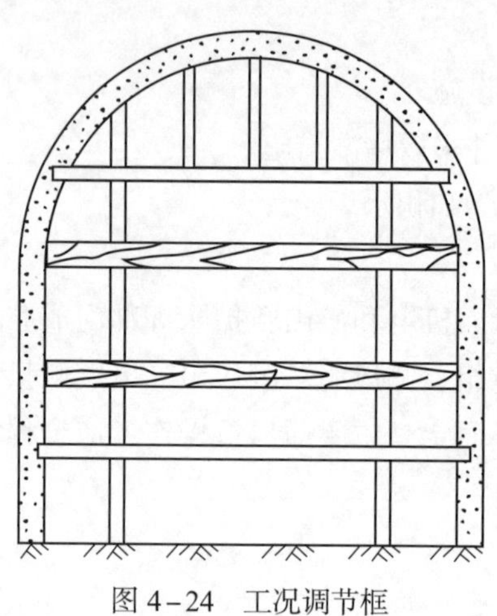

图 4-24　工况调节框

离心式通风机一般采用封闭启动，即网络风阻最大时启动（又称关闸门启动），然后逐渐提升闸门降阻调节工况。轴流式通风机一般采用开路启动，即网络风阻最小时启动（又称开闸门启动），然后逐渐放下闸门增阻调节工况。

2. 通风机性能参数的测量

（1）静压

静压测量的位置应在工况调节处与通风机入口之间的直线段上，与通风机入风口保持 2 倍叶轮直径以上距离的稳定风流中，即图 4-23 中断面Ⅱ处。

为了测出测压断面上的平均相对静压，可在风硐内设十字形连通管，在连通管上均匀设置静压管，然后将总管连接到压差计上，如图 4-25 所示。

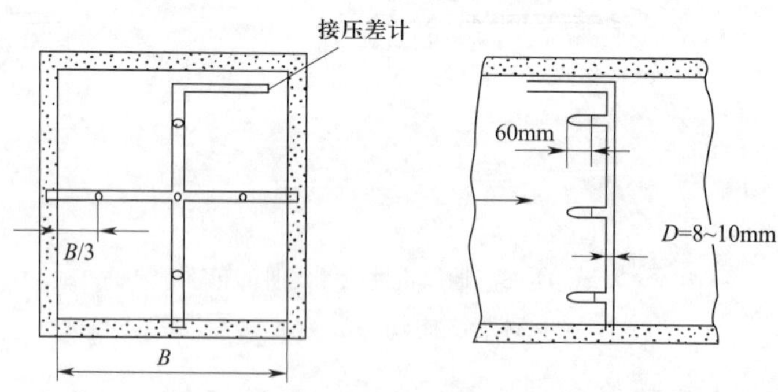

图 4-25　静压管的布置

（2）风速

1）用风表在工况调节处与通风机入口之间的稳定风流中测平均风速，并计算风量，如可

在图 4-23 中断面Ⅱ附近测风。

2）用皮托管和微压计测量风流动压，然后换算成平均风速，并计算风量。皮托管可安设在测量静压的断面Ⅱ处，也可以安设在通风机圆锥形扩散器的环形空间，即图 4-23 断面Ⅲ处，布置方法如图 4-26（a）所示。为了使测量数据准确可靠，可在测量断面上等面积布置多根（图中为 12 根）皮托管。安装时应将皮托管固定牢靠，务必使头部正对风流方向。

若微压计台数充足，每支皮托管可配一台微压计，其连接方法如图 4-26（b）所示，然后求动压的算术平均值。若微压计台数不足，可将几支皮托管并联于一台微压计上，这样读数与计算都较简便，虽会有误差，但对测量结果影响不大。

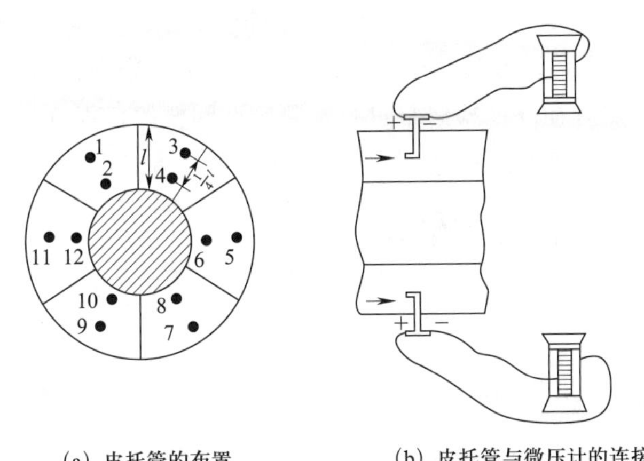

(a) 皮托管的布置　　(b) 皮托管与微压计的连接

图 4-26　测动压时皮托管的布置和连接方法

（3）电动机功率及其效率

电动机输入功率可用两个单相瓦特表或一个三相瓦特表来测量，也可以采用电压表、电流表和功率因数表测量。电动机的效率可根据制造厂家的特性曲线选取，使用时间较久的电动机可采用间接方法，即损耗法测定。

（4）通风机与电动机转速

通风机与电动机的转速，可用转速表测定。通风机与电动机直接联动时，应测定电动机的转速。如果用皮带轮传动，应分别测定通风机和电动机的转速。

（5）空气密度

用空盒气压计或数字式气压计测量风流的大气压力，用干湿温度计测量风流的干温度和湿温度，根据大气压力和干湿温度计的读数计算空气密度。

3. 操作程序及步骤

在工况调节之前，应先把防爆门打开，使矿井保持自然通风。然后由总指挥发出信号，启动通风机，待风流稳定后，即可正式开始测定。每个工况点按下述步骤操作。

第一声信号：进行工况调节，完毕后通知总指挥，5 min 后发出第二声信号。

第二声信号：各组调整仪器，其中用风表的测风组可开始测风。

第三声信号：各组同时读数，将测定结果记录于基础记录表中，并将结果通知速算组。速算组将各组测定结果进行速算、绘图，若认为工况点间隔合适，测定数据准确，此点测定工作可结束，通知总指挥，转入第二点的测定工作。如此继续进行，直到将预定的所有测点测完。

在通风机性能测定中应注意以下事项：

（1）通风机应在低负荷工况下启动，随时注意电动机的负荷和各部件的温升情况。轴流式通风机在“驼峰”点附近应特别注意，如果发现超负荷或其他异常现象，必须立即关停电动机进行处理。

（2）同一工况的各个参数尽可能同时测量，测量数据有波动时，应取其平均值。

（3）测定过程中，由于工况改变会引起井下风量变小，因此应密切注意井下瓦斯变化情况，必要时组织矿山救护队在井下巡视，以应对紧急情况。

（4）进入风硐的工作人员，务必注意安全，工作时精力要集中，不可粗心大意。

（5）通风机性能测定宜在停产检修日进行，测定期间要停止提升与运输工作，不要开闭井下巷道中的风门，以免引起压力波动，影响测定的精确程度。

三、数据的整理与特性曲线的绘制

1. 数据的整理

（1）风量的计算

1）用风表测风速时，通风机的实测风量 $Q'_{通}$ 为：

$$Q'_{通}=S\times\overline{v}_{风} \tag{4-28}$$

式中，S——测风地点风硐的断面面积，m^2；

$\overline{v}_{风}$——测风断面上的平均风速，m/s。

2）用皮托管测风时，应先换算测压断面上的平均风速 $\overline{v}_{压}$：

$$\overline{v}_{压}=\sqrt{\frac{2}{\rho}}\frac{\sum_{i=1}^{n}\sqrt{h_{动i}}}{n} \tag{4-29}$$

式中，$h_{动i}$——第 i 个测点的动压值，Pa；

n——测点数；

ρ——空气密度，kg/m^3。

然后计算风量：

$$Q'_{通}=S_0\times\overline{v}_{压} \tag{4-30}$$

式中，S_0——安设皮托管处风流通过的面积，m^2。

（2）抽出式通风机静压的计算

抽出式通风机的实测静压 $h'_{通静}$ 可参照式（4－17）计算。

风硐内测静压断面上的平均动压 $h_{动}$：

$$h_{动}=\frac{\rho}{2}\left(\frac{Q_{通}{}'}{S'}\right)^2 \tag{4-31}$$

式中，S'——风硐内测静压断面的面积，m^2。

（3）通风机输入功率和静压输出功率的计算

实测的输入功率 $N_{通入}{}'$ 和静压输出功率 $N_{通静出}{}'$ 可参照式（4－7）、式（4－8）计算。

（4）通风机静压效率的计算

为了便于比较，要将通风机的各项数据换算到额定转速和空气密度 1.2 kg/m^3 的条件下，然后再绘制通风机特性曲线。

1）通风机转数的校正系数 K_n 为：

$$K_n=\frac{n_{额}}{n_i} \tag{4-32}$$

式中，$n_{额}$——通风机的额定转数，r/min；

n_i——第 i 个工况点实测的转数，r/min。

2）空气密度的校正系数 K_ρ 为：

$$K_\rho=\frac{\rho_0}{\rho_i}=\frac{1.2}{\rho_i} \tag{4-33}$$

式中，ρ_0——井下标准空气密度，1.2 kg/m^3；

ρ_i——第 i 个工况点实测的空气密度，kg/m^3。

3）校正后的通风机风量为：

$$Q_{通}=Q_{通}{}'\times K_n \tag{4-34}$$

4）校正后的通风机静压为：

$$h_{通静}=h_{通静}{}'\times K_n^2\times K_\rho \tag{4-35}$$

5）校正后的通风机输入功率和输出静压功率为：

$$N_{通入}=N_{通入}{}'\times K_n^3\times K_\rho \tag{4-36}$$

$$N_{通静出}=N_{通静出}{}'\times K_n^3\times K_\rho \tag{4-37}$$

6）由于静压效率为通风机的输出功率与输入功率之比，故校正前后静压效率 $\eta_{通静}$ 相同，计算见式（4－10）。

2. 特性曲线的绘制

将上述计算结果，汇总到附表 4－10 中，然后以 $Q_{通}$ 值为横坐标，分别以 $h_{通静}$、$N_{通入}$、$\eta_{通静}$ 为纵坐标，将所对应的各点绘于坐标图上，即可得出若干个点，用光滑的曲线将这些点连接，便可绘出通风机的个体特性曲线。

随着计算机的应用，通风机性能测定已实现程序化，输入相应的数据即可得到需要的结果。

复习思考题

一、简答题

1. 矿井自然风压是如何产生的？两井筒深度相同时有无自然风压？机械通风矿井中有无自然风压？

2. 影响自然风压的大小和方向的因素有哪些？

3. 机械通风的矿井如何对自然风压加以控制和利用？

4. 自然风压如何测定？

5. 通风机在运转时，通风机房水柱计能否反映自然风压的大小？

6.《煤矿安全规程》中对通风机及其附属装置的安装和使用有何规定？

7. 用什么方法实现通风机的反风？在什么情况下才反风？《煤矿安全规程》中对通风机反风有何规定？

8. 反映通风机工作性能的基本参数有哪些？它们各代表什么含义？

二、计算题

1. 甲矿井通风系统如图 4-27 所示，各测点的空气物理参数见表 4-1。求该系统的自然风压。

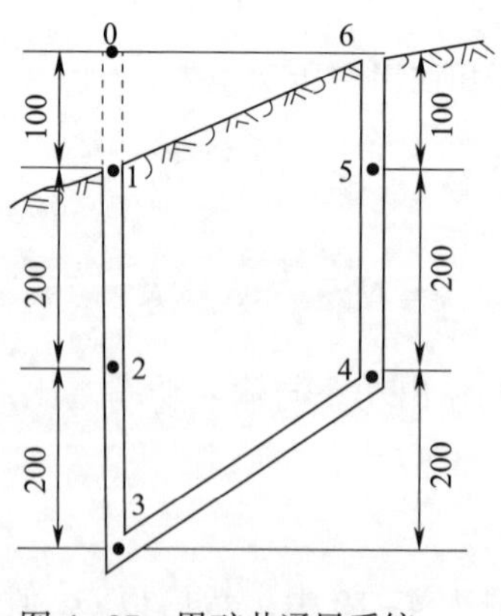

图 4-27　甲矿井通风系统

表 4-1　　甲矿井通风系统各测点的空气物理参数

测点	0	1	2	3	4	5	6
T/K	268.15	270.15	283.15	288.15	296.15	296.15	293.15
p/Pa	98 924.9	100 178.2	102 751.2	105 284.4	102 404.6	100 071.5	98 924.9
φ/%	0.5	—	—	0.95	—	—	—

2. 乙矿井通风系统如图 4-28 所示，实测结果：通风机风硐中的 $h_{静}=2\,256$ Pa，风硐 4 断面的平均风速 $v_4=14$ m/s，断面 $S_4=9$ m^2，扩散器断面 $S_5=14$ m^2，$Z_{01}=150$ m，$Z_{12}=200$ m，$\rho_{01}=1.22$ kg/m^3，$\rho_{12}=1.25$ kg/m^3，$\rho_{34}=1.2$ kg/m^3。该矿井的自然风压 $h_{自}$、矿井通风总阻力 $h_{总}$ 和通风机的静压 $h_{通静}$、动压 $h_{通动}$、全压 $h_{通全}$ 各为多少？

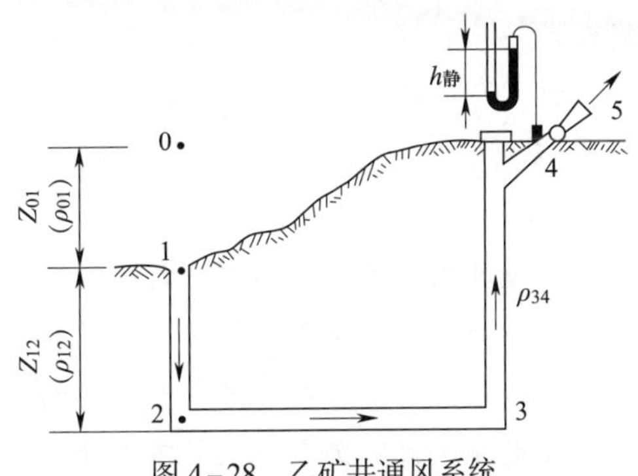

图 4-28　乙矿井通风系统

3. 某抽出式通风矿井，从通风机房的水柱计读得 $h_{静}=1\,354$ Pa，风硐中静压测量断面的实测风速为 12 m/s，空气密度 ρ=1.2 kg/m^3。当停止通风机运转关上闸门时，在通风机房水柱计上读得的读数为 215.8 Pa，此时水柱计液面移动方向与通风机运转时的移动方向相反。该矿井的通风总阻力为多少？

4. 丙矿井使用 2K60-1-No. 18 轴流式通风机做抽出式通风，通风机的个体特性曲线如图 4-29 所示，矿井的总风阻 $R=0.56$ kg/m^7。通风机的风量、静压、效率和输入功率各为多少？若矿井总风阻降为 $R=0.14$ kg/m^7，通风机运转是否经济？

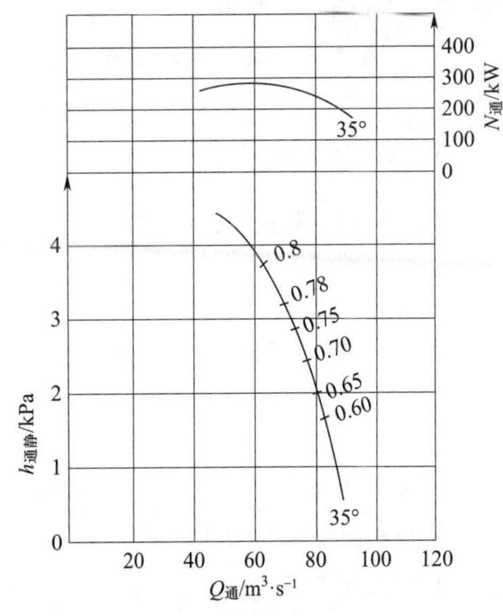

图 4-29　丙矿井通风机个体特征曲线

技能实训六　矿井主要通风机性能测定

一、实训目标

1. 掌握通风机性能测定方法。

2. 加深理解通风机的风量、风压、功率与效率的变化关系。

二、任务描述

在实际运行中，通风机由于安装质量和运转磨损以及工作风阻等原因，其实际运转性能往往与厂方提供的特性曲线存在差异。因此，矿井主要通风机满足下列条件之一的，必须进行测定工作：①新安装的通风机；②连续运转 3 年；③技术改造前后；④更换了叶片、电动机，改变了旋转叶片、导流叶片角度；⑤矿井转入新水平生产；⑥矿井改变了一翼通风系统等。

通风机的性能测定是指测定通风机的风压、功率、效率与风量之间关系的工作。常以通风机特性曲线，即通风机的风压、功率和效率与风量之间关系的曲线来表征。主要通风机的性能测定，一般在矿井停产检修时进行。当矿井满足一定条件的情况下，也可在矿井不停产时进行，如回风井短路测定、备用通风机测定或井上（下）通风网络测定等。本次实训应用矿井通风综合实验装置或在模拟矿井中进行。

三、任务准备

1. 制定测定方案。

2. 准备测定仪表工具及记录表格：矿用通风机、矿井通风综合实验装置、皮托管、压差计、电工仪表、湿度计、胶管、皮尺等。

3. 人员分组。

四、知识要点

通风机风量、风压测量方法，工况点的调节方法；通风机的转速、噪声、电气参数，以及矿井空气物理参数的测定方法等。

五、实训过程

1. 静压的测定

使用皮托管和压差计测量静压。

2. 风速的测定

风速测定可分为风表测量法、动压测量法和静压差法。实验室测定一般可采用动压测量法。模拟矿井可根据具体情况选择测定方法。

3. 电动机功率的测定

可用两个单相瓦特表或一个三相瓦特表来测量，也可采用电压表、电流表和功率因数表测量。

4. 通风机与电动机转速的测定

可用机械转速表或红外转速测量仪直接测定。

5. 矿井空气参数测定

主要包括大气压力、温度、湿度等，根据测定参数计算空气密度（具体测定方法见矿井通风阻力测定方法）。

6. 数据整理

根据实测数据，按式（4–28）至式（4–37）进行计算，并将计算结果填入表格。

六、注意事项

1. 实训前要熟悉设备规格、性能和布置情况，掌握有关仪表的使用和安装方法，明确各参数的测定目的和测定方法。

2. 实训过程中经常注意检查各种仪表，确保其在额定值内工作。调整风量后，待通风机达到正常工作状态，方可记录各种数据。各种数据测好后，方可进行下一次调风。另外，要注意设备的运转情况，如发现噪声过大或轴承温度过高，应立即停止运转。

3. 实训后将仪器、设备收拾摆放好，打扫实训场所。

七、总结与思考

1. 叶片安装角度对通风机性能测定有什么影响？

2. 转速对通风机性能测定有什么影响？

第五章

矿井通风系统

本章学习目标

1. 掌握矿井通风系统包含的内容。
2. 熟悉主要通风机通风方法的类型及其优缺点。
3. 掌握矿井通风方式的类型及其优缺点和适用条件。
4. 掌握采区通风系统中的进风、回风巷布置方式及采煤工作面的通风方式。
5. 熟悉矿井各类通风设施的设置要求。
6. 掌握矿井通风系统图的分类并能准确识读。

学习导引

矿井通风系统是矿井通风方法、通风方式、通风网络与通风设施的总称。《煤矿安全规程》规定，矿井必须有完整的独立通风系统，必须按实际供风量核定矿井产量。矿井通风系统是否合理，对整个矿井通风状况的好坏和能否保障矿井安全生产起着重要的作用，同时还应在保证安全生产的前提下，尽量减少通风工程量，降低通风费用，力求经济合理。

第一节　矿井通风方法

《煤矿安全规程》规定，矿井必须采用机械通风。矿井通风方法是指主要通风机对矿井供风的工作方法。按主要通风机的安装位置不同，矿井通风分为抽出式、压入式及混合式三种。

一、抽出式通风

抽出式通风如图 5-1（a）所示，是指将矿井主要通风机安设在回风井一侧的地面上，新风经进风井流到井下各用风地点后，污风再通过通风机排至地表的一种矿井通风方法。

抽出式通风的特点是：在矿井主要通风机的作用下，矿内空气处于低于当地大气压力的负压状态，当矿井与地面间存在漏风通道时，漏风从地面漏入井内。抽出式通风矿井在主要进风巷无须安设风门，便于运输、行人和通风管理。在瓦斯矿井采用抽出式通风，当主要通风机因故障停止运转时，井下风流压力提高，在短时间内可以防止瓦斯从采空区涌出，比较安全。因此，目前我国大部分矿井均采用抽出式通风。

二、压入式通风

压入式通风如图 5-1（b）所示，是指将矿井主要通风机安设在进风井一侧的地面上，新风经主要通风机加压后送入井下各用风地点，污风再经过回风井排至地表的一种矿井通风方法。

压入式通风的特点是：在矿井主要通风机的作用下，矿内空气处于高于当地大气压力的正压状态，当矿井与地面间存在漏风通道时，漏风从井内漏向地面。压入式通风矿井中，由于要在矿井的主要进风巷中安装风门，所以运输、行人不便，且漏风一般较大，通风管理工作较困难。同时，当矿井主要通风机因故障停止运转时，井下风流压力降低，有可能使采空区瓦斯涌出量增加，造成瓦斯积聚，对安全不利。因此，在瓦斯矿井中一般很少采用压入式通风。

矿井浅部开采时，由于地表塌陷形成的裂缝会与井下相连通，为避免用抽出式主要通风机将塌陷区内的有害气体吸入井下，矿井开采第一水平时可采用压入式通风，开采下一个水平时再改为抽出式通风。此外，当矿井煤炭自然发火比较严重时，为避免将火区内的有毒有害气体抽到巷道中，有时也采用压入式通风。

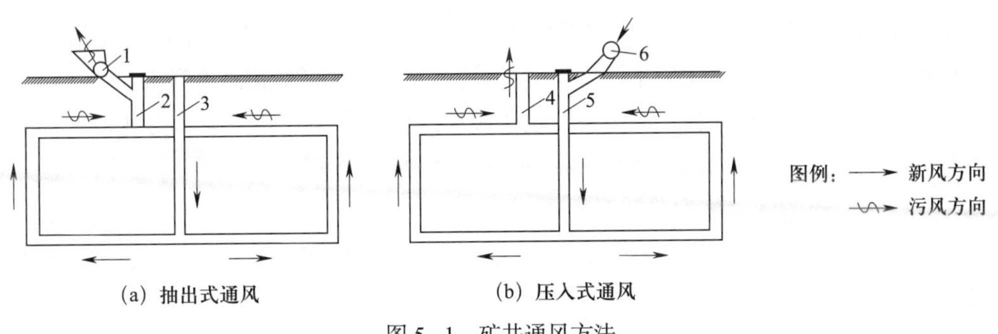

图 5-1　矿井通风方法

1，6—主要通风机；2，4—回风井；3，5—进风井

三、混合式通风

混合式通风是在进风井和回风井一侧都安设矿井主要通风机，新风经压入式主要通风机送入井下，污风经抽出式主要通风机排至井外的矿井通风方法。

混合式通风的特点是：能产生较大的通风压力，通风系统的进风部分处于正压，回风部分处于负压，工作面大致处于中间状态，其正压或负压均不大，矿井的内部漏风小。但因混合式通风使用的通风机设备多、动力消耗大、通风管理复杂，一般很少采用。

上述三种矿井通风方法，主要通风机均安装在地面。

第二节　矿井通风方式

一、矿井通风方式的种类

矿井通风方式是指矿井进风井与回风井的布置方式。按进风井、回风井的位置不同，分为中央式、对角式、区域式和混合式四种。

1. 中央式

中央式是指进风井、回风井均位于井田走向中央。按进风井、回风井沿倾斜方向相对位置的不同，又可分为中央并列式和中央边界式两种。

（1）中央并列式如图 5-2（a）所示，进风井、回风井均并列布置在井田走向和倾斜方向的中央，两井底可以开掘到第一水平；也可以将回风井开掘至回风水平，后者只适用于小型矿井。

（2）中央边界式（又名中央分列式）如图 5-2（b）所示，进风井仍布置在井田走向和倾斜方向的中央，回风井大致布置在井田上部边界沿走向的中央，回风井的井底标高高于进风井底标高。

2. 对角式

对角式是指进风井大致布置于井田的中央，回风井分别布置在井田上部边界沿走向的两翼上。根据回风井沿走向的位置不同，又分为两翼对角式和分区对角式两种。

（1）两翼对角式如图 5-2（c）所示，进风井大致位于井田走向中央，在井田上部沿走向的两翼边界附近或两翼边界采区的中央各开掘一个回风井。如果只有一个回风井，且进风井、回风井分别位于井田的两翼称为单翼对角式。

（2）分区对角式如图 5-2（d）所示，进风井位于井田走向的中央，在每个采区的上部边界各开掘一个回风井，无总回风巷。

3. 区域式

在井田的每一个生产区域开掘进风井、回风井，分别构成独立的通风系统。

4. 混合式

混合式是中央式和对角式的混合布置，因此混合式的进风井与回风井数量至少有 3 个。混合式可分为：中央并列与两翼对角混合式、中央边界与两翼对角混合式、中央并列与中央边界混合式等。混合式一般是老矿井进行深部开采时所采用的通风方式。

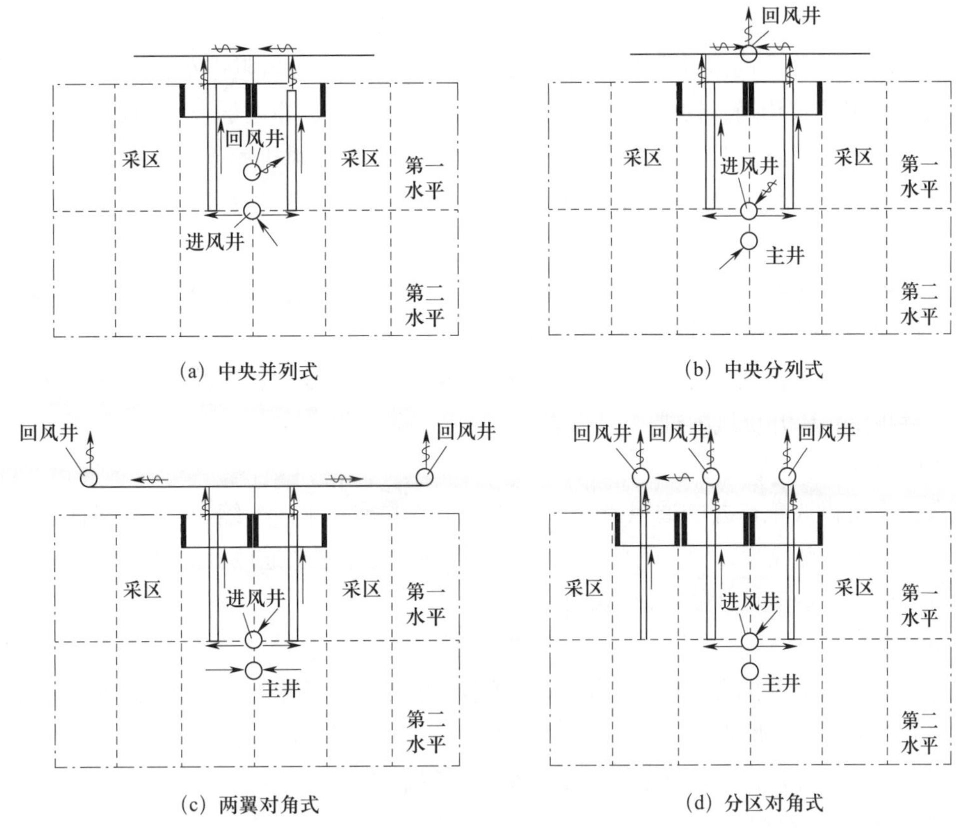

(a) 中央并列式　(b) 中央分列式

(c) 两翼对角式　(d) 分区对角式

图 5-2　矿井通风方式

二、矿井通风方式的比较与选择

1. 各通风方式的优缺点比较

（1）中央并列式

优点：初期开拓工程量小，投资少，投产快；地面建筑集中，便于管理；两个井筒集中布置，便于开掘和井筒延深；井筒安全煤柱少，易于实现矿井反风。

缺点：矿井通风路线为折返式，风路较长、阻力较大、风压不稳定，特别是当井田走向很长时，边远采区与中央采区风阻相差很大，导致边远采区可能风量不足；由于进风井、回风井距离近，井底漏风较大，容易造成风流短路；安全出口少（只有 2 个），工业广场受主要通风机噪声影响和回风流的污染。

（2）中央边界式

优点：安全性好；通风阻力比中央并列式小，矿井内部漏风小，有利于瓦斯和自然发火的管理；工业广场不受主要通风机噪声的影响和回风流的污染。

缺点：增加一个风井场地，占地和压煤较多；风流在井下的流动路线为折返式，风流路线长，通风阻力大。

（3）两翼对角式

优点：风流在井下的流动路线为直向式，风流路线短，通风阻力小；矿井内部漏风小；各采区间的风阻比较均衡，便于按需分风；矿井总风压稳定，主要通风机的负载较稳定；安全出口多，抗灾能力强；工业广场不受回风流的污染和主要通风机噪声的危害。

缺点：初期投资大，建井期长；管理分散；井筒安全煤柱压煤较多。

（4）分区对角式

优点：各采区之间互不影响，便于风量调节；建井工期短；初期投资少，出煤快；安全出口多，抗灾能力强；进回风路线短，通风阻力小。

缺点：风井多，占地压煤多；主要通风机分散，管理难度大；风井与主要通风机服务范围小，接替频繁；矿井反风困难。

（5）区域式

优点：既可以改善矿井的通风条件，又能利用风井准备采区，缩短建井工期；风流路线短，通风阻力小；漏风少，网络简单，风流易于控制，便于主要通风机的选择。

缺点：通风设备多且分散，管理难度大。

（6）混合式

优点：有利于矿井的分区分期建设，投资小，出煤快，效率高；回风井数量多，通风能力强；布置灵活，适应性强。

缺点：多台风机联合工作，通风网络复杂，管理难度大。

2. 通风方式的选择

（1）依据

矿井的通风方式，应根据矿井的设计生产能力、煤层赋存条件、地形条件、井田面积、走向长度及矿井瓦斯等级、煤层的自然发火倾向等情况，从技术、经济和安全等方面加以分析，通过方案比较确定。

（2）条件

1）井田走向长度小于 4 km，煤层倾角大、埋藏深，瓦斯和自然发火都不严重，地表又无煤层露头的新建矿井，采用中央并列式通风方式比较合理。

2）煤层倾角小，埋藏较浅，走向长度小于 4 km，瓦斯和自然发火都比较严重的新建矿井，宜采用中央边界式通风方式。

3）煤层走向长度大于 4 km，井型较大，煤层上部距地表较浅，瓦斯和自然发火严重的新建矿井；或者瓦斯等级低，但煤层走向较长，井型较大的新建矿井，宜采用两翼对角式通风方式。

4）煤层距地表较浅，瓦斯和自然发火都不严重，但山峦起伏，无法开掘总回风巷，且地面小窑塌陷区严重，煤层露头多的新建矿井，适宜采用分区对角压入式通风；瓦斯等级高，或有瓦斯喷出和煤与瓦斯突出的矿井，煤层有自然发火倾向且煤尘爆炸性较强，地面起伏很大的矿井，宜采用分区对角抽出式通风。

5）井田面积大、储量丰富或瓦斯含量大的大型矿井，可采用区域式通风。

6）煤层埋藏深，井田走向长度长的矿井；老矿井的改建、扩建和深部开采；瓦斯等级

高，多煤层、多井筒的矿井；井田面积大、产量大、需风量大或采用分区开拓的大型矿井，可采用混合式通风。

第三节　采区通风

生产矿井中一般有多个采区同时生产和准备，每个采区都是矿井通风系统中的一个独立的通风区域，它们各自与矿井的主要进风巷和回风巷连通。采区通风的质量，对矿井安全生产有着重要的意义。

一、采区通风系统及其基本要求

采区通风系统是指矿井风流经主要进风巷进入采区，流经有关巷道，清洗采掘工作面、硐室和其他用风地点后，沿采区回风巷排至矿井主要回风巷的整个网络。

采区通风系统的设置主要决定于采区巷道布置和采煤方法，同时要满足采区通风的特殊要求，如瓦斯或地温有时是决定通风系统的主要条件。在确定采区通风系统时，应遵守安全经济、技术先进合理的原则，满足以下基本要求。

（1）采区必须实行分区通风，并满足以下要求：

1）准备采区，必须在采区构成通风系统以后，方可开掘其他巷道；

2）采煤工作面必须在采区构成完整的通风、排水系统后，方可回采；

3）高瓦斯矿井、有煤（岩）与瓦斯（二氧化碳）突出（简称突出）危险的矿井的每个采区和开采容易自燃煤层的采区，必须设置至少 1 条专用回风巷；

4）低瓦斯矿井开采煤层群和分层开采采用联合布置的采区，必须设置 1 条专用回风巷；

5）采区的进风巷、回风巷必须贯穿整个采区，严禁一段为进风巷、一段为回风巷。

（2）采掘工作面应实行独立通风，严禁任何 2 个采煤工作面之间串联通风。

同一采区内 1 个采煤工作面与其相连接的 1 个掘进工作面、相邻的 2 个掘进工作面，布置独立通风有困难时，在制定措施后，可采用串联通风，但串联通风的次数不得超过 1 次。

采区内为构成新区段通风系统的掘进巷道或者采煤工作面遇地质构造而重新掘进的巷道，布置独立通风有困难时，其回风可以串入采煤工作面，但必须制定安全措施，且串联通风的次数不得超过 1 次；构成独立通风系统后，必须立即改为独立通风。

对于上述规定的串联通风，必须在进入被串联工作面的巷道中装设甲烷传感器，且甲烷和二氧化碳浓度都不得超过 0.5%，其他有害气体浓度都应当符合《煤矿安全规程》的要求。

开采有瓦斯喷出、有突出危险的煤层或者在距离突出煤层垂距小于 10 m 的区域掘进施工时，严禁任何 2 个工作面之间串联通风。

（3）在采区通风系统中，要保证风流流动的稳定性，采掘工作面尽量避免处于角联网络中。

（4）在采区通风系统中，应力求通风系统简单，确保在发生事故时易于控制风流和撤离人员。

（5）对于必须设置的通风设备（局部通风机、辅助通风机等）和通风设施（风门、风桥、挡风墙等），要选择适当的位置，严格把控规格质量，严格管理制度，保证通风设备设施安全运转。尽量将主要风门开闭、局部通风机开停等状态参数和风流变化参数纳入矿井安全监控系统，以便及时发现和处理问题。

（6）在采区通风系统中，要保证通风阻力小，通风能力大，风流畅通，风量按需分配。因此，应特别注意加强巷道的维护，及时处理局部冒顶和堵塞，保证支护良好且有足够的断面。

（7）在采区通风系统中，尽量减少采区漏风量，确保采空区瓦斯能够合理排放，并有效防止采空区浮煤自燃。此外，应优化风流路线，使新鲜风流在其流动路线上被加热，并将污染降至最低限度。

（8）设置消防洒水管路、避难硐室和发生事故时控制风流的设施。明确避灾路线和安全标志。必要时，建立瓦斯抽采系统、灌浆灭火系统。

（9）采区绞车房和变电所，应实行分区通风。

二、采区进风、回风上（下）山的布置

采区进风、回风上（下）山是采区通风系统的主要风路，是由采区巷道布置所决定的。在确定采区巷道布置时，要同时考虑采区的通风问题。上（下）山的数量一般为：低瓦斯单一煤层开采可采用两条上（下）山，有时采用三条上（下）山；多煤层开采、高瓦斯矿井、突出矿井以及开采容易自燃煤层的采区一般采用三条甚至四条上（下）山。以上山为例，具体布置如下。

1. 单一煤层开采时的布置

（1）两条上山

采用两条上山时，一条进风，另一条回风。可以采用轨道上山进风、运输上山回风，也可采用运输上山进风、轨道上山回风。

1）轨道上山进风、运输上山回风如图 5-3 所示。这种布置方法的好处是新鲜风流不受煤炭释放的瓦斯、煤尘污染及设备散热的影响，工作面卫生条件好；轨道上山的绞车房易于通风；下部车场可不设风门。但轨道上山的上部和中部车场与回风巷相连处，均要设风门与回风隔开，为此车场巷道要有适当的长度，保证两道风门之间有一定的间距，以解决通风与运输的矛盾。

2）运输上山进风、轨道上山回风如图 5-4 所示。这种布置方法的特点是运煤设备处在新风中，比较安全。由于风流方向与运煤方向相反，容易引起煤尘飞扬，煤炭在运输过程中释放的瓦斯，会使进风流的瓦斯和煤尘浓度增大，影响工作面的安全卫生条件；输送机等设备所散发的热量，会使进风流温度升高；此外，须在轨道上山的下部车场内安设风门，易造成风流短路，同时影响材料的运输。

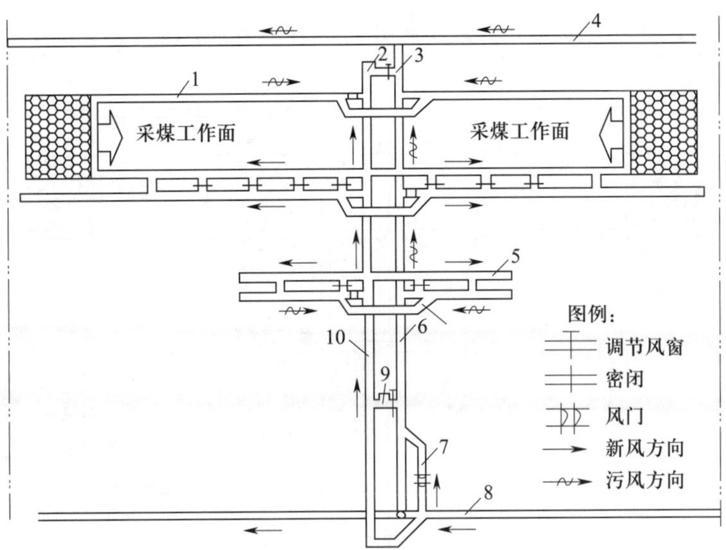

图 5-3　轨道上山进风、运输上山回风的采区通风系统

1—区段回风巷；2—绞车房；3—回风石门；4—总回风巷；5—运输机平巷；6—运输机上山；7—进风联络巷；8—进风大巷；9—采区变电所；10—轨道上山

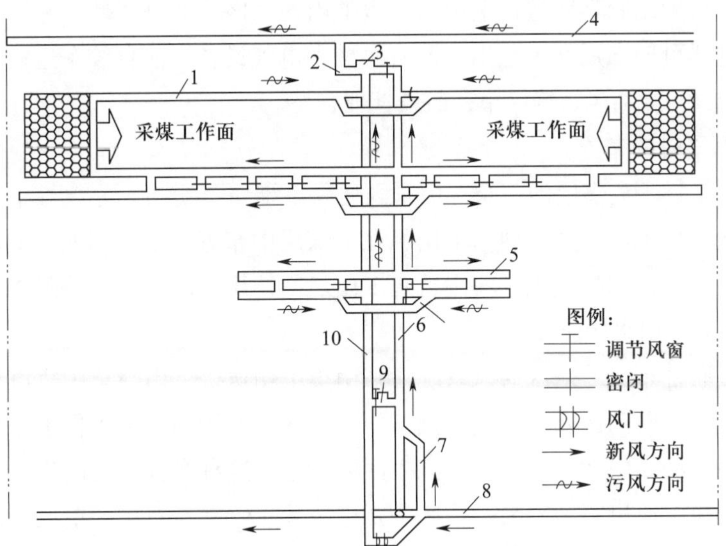

图 5-4　运输上山进风、轨道上山回风的采区通风系统

1—区段回风巷；2—回风石门；3—绞车房；4—总回风巷；5—运输机平巷；6—运输机上山；7—进风联络巷；8—进风大巷；9—采区变电所；10—轨道上山

（2）三条上山

单一煤层三条上山的采区通风系统中，上山均布置在煤层中，其中，一条为胶带输送机上山，一条为轨道上山，一条为专用回风上山，如图 5-5 所示。

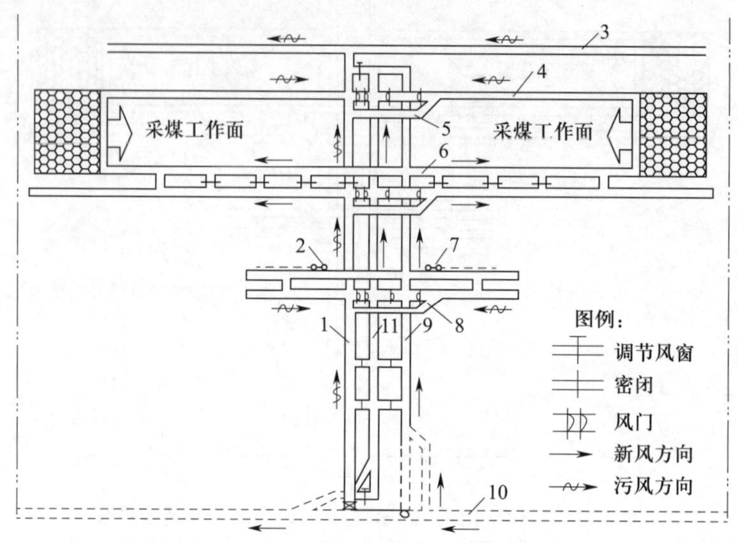

图 5-5　单一煤层三条上山的采区通风系统

1—专用回风上山；2，7—局部通风机；3—回风大巷；4—区段回风巷；5—上部车场；6—区段进风巷；8—中部车场；9—运输（胶带输送机）上山；10—运输大巷；11—轨道上山

这种布置方法采用胶带输送机上山与轨道上山作采区主要进风巷，专用回风上山作采区专用回风巷。这样可使专用回风上山中没有机械和电气设备，而且绞车运输与胶带运输互不干扰，比较安全，采区通风系统简单，通风管理容易。

2. 多煤层开采时的布置

联合开采两个近距离煤层的三条上山采区通风系统如图 5-6 所示。在下煤层的底板岩石中，布置集中输送机上山和集中轨道上山，在上煤层中布置集中专用回风上山。上、下煤层中的区段平巷与集中输送机上山、集中轨道上山之间，用区段石门及溜眼连接，区段回风平巷与集中专用回风上山直接连接。

这种多煤层联合布置的采区通风系统，采用集中输送机上山与集中轨道上山作采区主要进风巷，风流经区段石门进入各煤层采掘工作面；集中专用回风上山作采区专用回风巷，各煤层流出的污风，经集中专用回风上山流入回风大巷。这种布置方法的优点是：巷道布置集中，通风系统简单，通风管理容易，采区主要进风巷布置在岩石中，漏风少，集中专用回风上山中无任何设备，比较安全。

三、长壁式采煤工作面的通风系统

采煤工作面的通风系统是根据采煤工作面的瓦斯、温度、煤层自然发火倾向及采煤方法等确定的，我国大部分矿井多采用长壁后退式采煤法。根据采煤工作面进风巷、回风巷的布

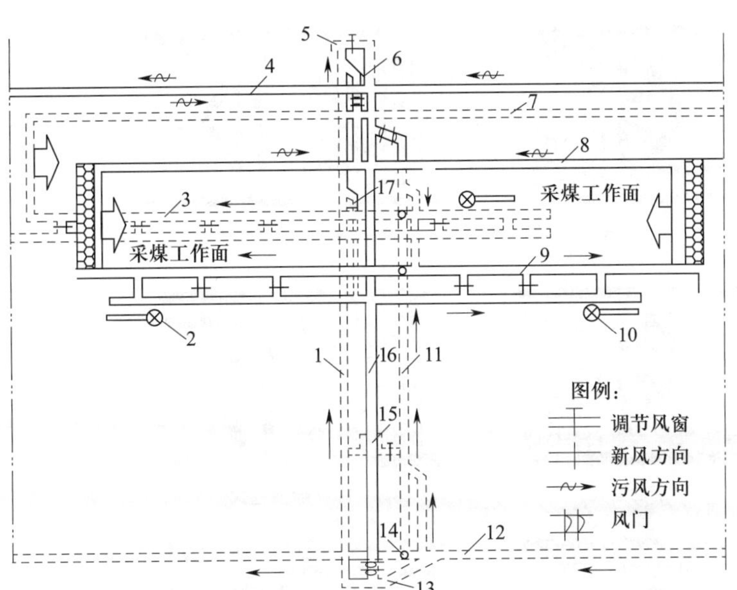

图 5-6　多煤层三条上山的采区通风系统

1—轨道上山；2，10—局部通风机；3，9—区段进风巷；4—回风大巷；5—绞车房；6—上部车场；7，8—区段回风巷；11—运输上山；12—运输大巷；13—下部车场；14—煤仓；15—变电所；16—回风上山；17—中部车场

置方式和数量，可将长壁式采煤工作面通风系统分为“U”形、“Z”形、“H”形、“Y”形、双“Z”形和“W”形等，如图 5-7 所示。这些形式都是由“U”形改进而成，其目的是预防瓦斯局部积聚，加长工作面长度，增加工作面供风量，改善工作面气候条件。

1.“U”形与“Z”形工作面通风系统

“U”形与“Z”形工作面通风系统只有一条进风巷道和一条回风巷道。我国大多数矿井采用“U”形后退式通风系统。

（1）“U”形通风系统

1）“U”形后退式通风系统的主要优点是结构简单、巷道施工量、维修量小、工作面漏风小、风流稳定、易于管理等；主要缺点是在工作面上隅角附近瓦斯易超限，工作面进风巷、回风巷要提前掘进，掘进工作量大。

2）“U”形前进式通风系统的主要优点是工作面维护量小，不存在采掘工作面串联通风的问题，采空区瓦斯不涌向工作面而涌向回风平巷；主要缺点是工作面采空区漏风大。

（2）“Z”形通风系统

1）“Z”形后退式通风系统的主要优点是采空区瓦斯不会涌入工作面而涌向回风巷，工作面采空区回风侧能用钻孔抽采瓦斯；主要缺点是不能在进风侧抽采瓦斯。

2）“Z”形前进式通风系统的主要优点是工作面的进风侧沿采空区可以抽采瓦斯；主要缺点是采空区的瓦斯易涌向工作面特别是上隅角，回风侧不能抽采瓦斯。

“Z”形通风系统的采空区漏风量介于“U”形后退式和“U”形前进式通风系统之间，且

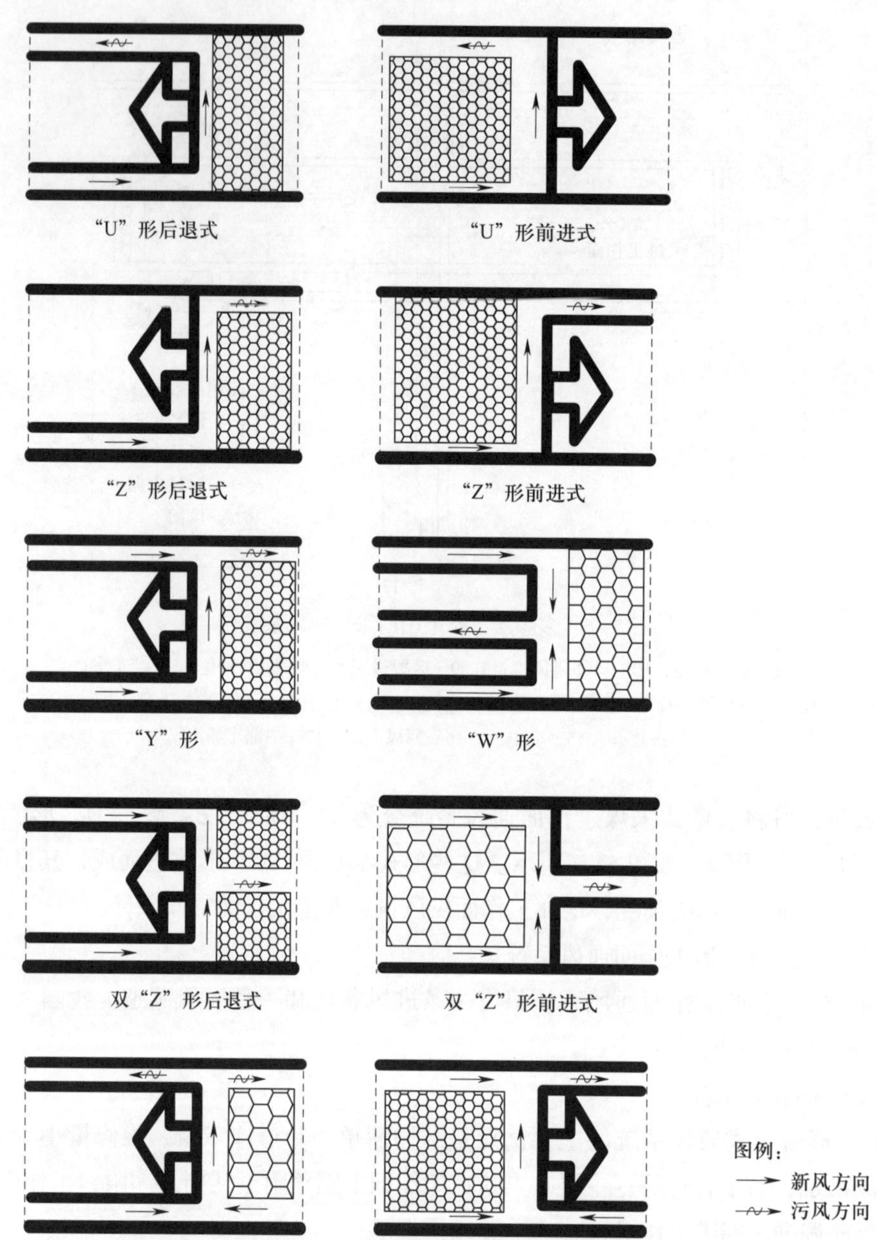

图 5-7　长壁式采煤工作面通风系统图

"Z"形通风系统需沿空支护巷道和控制采空区的漏风，难度较大。

2. "Y"形、"W"形及双"Z"形通风系统

这三种通风系统均为"两进一回"或"一进两回"的采煤工作面通风系统。

（1）"Y"形通风系统

根据进风巷、回风巷的数量和位置不同，"Y"形通风系统可分为多种不同类型。生产实际中应用较多的是在回风侧加入附加的新鲜风流，与工作面回风汇合后从采空区侧流出的通

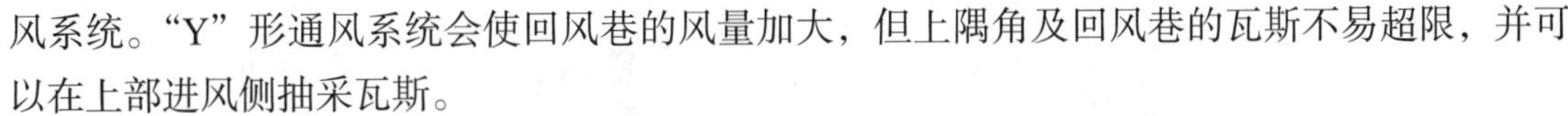

风系统。“Y”形通风系统会使回风巷的风量加大，但上隅角及回风巷的瓦斯不易超限，并可以在上部进风侧抽采瓦斯。

（2）“W”形通风系统

1）后退式“W”形通风系统多用于高瓦斯的长工作面或双工作面。该系统的进风、回风平巷都布置在煤体中，当由中间及下部平巷进风、上部平巷回风时，上下段工作面均为上行通风，但上段工作面的风速高，对防尘不利，上隅角瓦斯可能超限。因此，瓦斯涌出量较大时，常采用上下平巷进风，中间平巷回风的“W”形通风系统；或者采用由中间平巷进风、上下平巷回风的通风系统以增加风量、提高产量。在中间平巷内布置钻孔抽采瓦斯时，抽采钻孔由于处于抽采区域的中心，因而抽采率比采用“U”形通风系统的工作面高 50%。

2）前进式“W”形通风系统只能在采空区内维护巷道，巷道维护困难，漏风大，采空区的瓦斯量也大。

（3）双“Z”形通风系统

双“Z”形通风系统的中间平巷与上下平巷分别在工作面的两侧。

1）后退式双“Z”形通风系统的上下进风巷布置在煤体中，漏风携出的瓦斯不进入工作面，比较安全。

2）前进式双“Z”形通风系统的上下进风巷维护在采空区中，漏风携出的瓦斯可能使工作面的瓦斯超限。

3.“H”形通风系统

“H”形通风系统可分为“两进两回”通风系统和“三进一回”通风系统。其特点是：工作面风量大，采空区的瓦斯不涌向工作面，气候条件好，增加了工作面的安全出口，工作面机电设备都在新鲜风流中，通风阻力小，在采空区的回风巷中可以抽采瓦斯，易控制上隅角的瓦斯。但维护巷道困难；由于有附加巷道，可能影响通风的稳定性，管理复杂。

当工作面和采空区的瓦斯涌出量都较大，在进风侧和回风侧都需增加风量稀释工作面瓦斯时，可考虑采用“H”形通风系统。

需要说明的是，《煤矿安全规程》中规定，突出矿井、高瓦斯矿井、有容易自燃或自燃煤层的矿井，不得采用前进式采煤方法。因此，也不能采用上述的前进式通风系统。

四、采煤工作面上行通风与下行通风

上行通风与下行通风是指进风流方向与采煤工作面的关系。风流沿采煤工作面由下向上流动的通风方式，称为上行通风；风流沿采煤工作面由上向下流动的通风方式，称为下行通风，如图 5-8 所示。风流方向与运煤方向一致时称为同向通风，否则为逆向通风。

1. 上行通风

（1）上行通风的主要优点

运输设备在新风中，安全性好；自然风压与通风机风压作用方向一致，降低了通风机的能耗；由于瓦斯比空气轻，有一定的上浮力，瓦斯自然流向与通风方向一致，有利于排出瓦斯，防止在低风速地点造成瓦斯积聚；发生火灾时容易控制风流等。

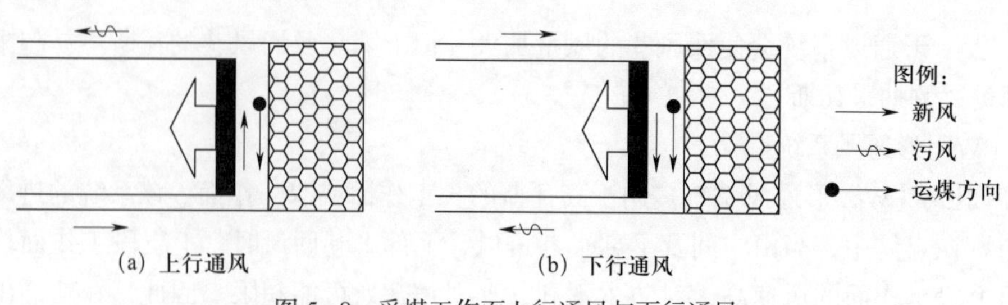

图 5-8 采煤工作面上行通风与下行通风

（2）上行通风的主要缺点

采煤工作面为逆向通风，容易引起煤尘飞扬，增加了采煤工作面风流中的煤尘浓度；煤炭在运输过程中放出的瓦斯，又随风流带到采煤工作面，增加了采煤工作面的瓦斯浓度；上隅角成为采空区漏风的出口，容易积聚瓦斯；运输设备运转时所产生的热量随进风流进入采煤工作面，使工作面气温升高。

2. 下行通风

（1）下行通风的主要优点

工作面内为同向通风，降低了吹起煤尘的能力，因而进风流中煤尘浓度较小；风流进入工作面的路线较短，风流与地温热交换作用较小，而且工作面运输平巷内的机械发热量不会被带入工作面，因而采煤工作面的气温较低；因为风流方向与瓦斯自然流动（向上轻浮）方向相反，当风流保持足够的风速时，对向上轻浮的瓦斯具有较强的扰动、混合能力，使瓦斯局部积聚难以产生，而且煤炭在运输过程中放出的瓦斯不会被带入工作面。

（2）下行通风的主要缺点

工作面运输平巷中的设备处在回风流中，安全性差；工作面发生火灾时控制火势比较困难；自然风压与通风机风压方向相反，增加了通风机的能耗；瓦斯自然流动、火风压与风流方向相反，火灾和瓦斯突出时容易形成风流的紊乱等。

现场实践和实验室分析均证明，下行通风对于排出工作面的瓦斯、减少煤尘污染和降低工作面温度都是有利的，也取得了较好的效果。但是从安全生产的角度出发，《煤矿安全规程》对采用下行通风仍作了明确慎重的规定：有突出危险的采煤工作面严禁采用下行通风。

第四节　通风设施

通风设施是控制井下风流流动的各类设施的总称，是矿井通风系统的重要组成部分。

为了保证风流按拟定路线流动，使各用风地点得到所需风量，就必须在部分巷道中设置相应的通风设施对风流进行控制。通风设施必须设置在合理的位置，按施工方法进行施工，保证施工质量，严格管理制度；否则，会造成大量漏风或风流短路，破坏通风的稳定性。通风设施按其作用不同可分为引导风流的设施、隔断风流的设施和调节风流的设施。

一、引导风流的设施

1. 风桥

风桥是将两股平面交叉的新风和污风隔成立体交叉的一种通风设施。一般污风从桥上通过，新风从桥下通过。

（1）风桥的种类

风桥按其结构不同，主要可分为绕道式风桥、混凝土风桥和铁筒式风桥。

1）绕道式风桥如图 5-9（a）所示，一般开凿在岩石中，适用于通过风量大（一般在 20 m^3/s 以上）、需要行车和服务年限长的地点。这种风桥工程量大、坚固耐用、漏风极小。

2）混凝土风桥由混凝土浇筑而成，如图 5-9（b）所示。这种风桥常在通过风量较大（一般为 10～20 m^3/s）、服务年限较长的条件下采用；其结构紧凑，比较坚固。

3）铁筒式风桥由一节或数节铁风筒组成，如图 5-9（c）所示。这种风桥通常在通过风量小（一般在 10 m^3/s 以下）、服务年限很短的条件下使用。

（2）风桥的建筑质量要求

风桥一般应符合下列建筑质量要求：

1）用不燃性材料建筑，桥面平整，手触感觉不到漏风。

2）风桥通风断面不小于原巷道断面的 80%，应为流线型，坡度小于 30°。

3）风桥前后 5 m 范围内巷道支护良好，无杂物、积水和淤泥。

4）风桥两端接口严密，四周见实帮、实底，充填结实。

5）风桥上下不得设风门。

6）铁筒式风桥（隔墙）四周须掏槽，铁筒直径不得小于 0.8 m，风筒壁厚不得小于 5 mm。

7）漏风率不大于 3%。

8）通风阻力不得超过 147 Pa。

2. 导风板

矿井中常用的导风板如下。

（1）引风导风板

压入式通风的矿井中，为防止井底车场漏风，在进风石门与巷道交叉处安设引导风流的导风板，利用风流流动的方向性改变风流的分配状况，提高矿井的有效风量率。引风导风板如图 5-9（d）所示。导风板可为木板、铁板或混凝土板，做成圆弧形与巷道光滑连接。导风板的长度应超过交叉口一定距离，一般为 0.5～1.0 m。

（2）降阻导风板

通过风量较大的巷道直角转弯时，为降低通风阻力，可用铁板制成翼型或普通弧形导风板，减少风流冲击的能量损失。降阻导风板如图 5-9（e）所示。导风板的敞角 α 为 100°，导风板的安装角 β 为 45°～50°。安设降阻导风板后可使直角转弯处的局部阻力系数由原来的 1.4 降低至 0.2。

（3）汇流导风板

在三岔口巷道中，当两股风流对头相遇汇合在一起时，可安设导风板，减少风流相遇时的冲击能量损失。汇流导风板如图5-9（f）所示，其一般由木板制成，安装时应使导风板伸入汇流巷道中，所分成的两个隔间面积与各自所通过的风量成正比。

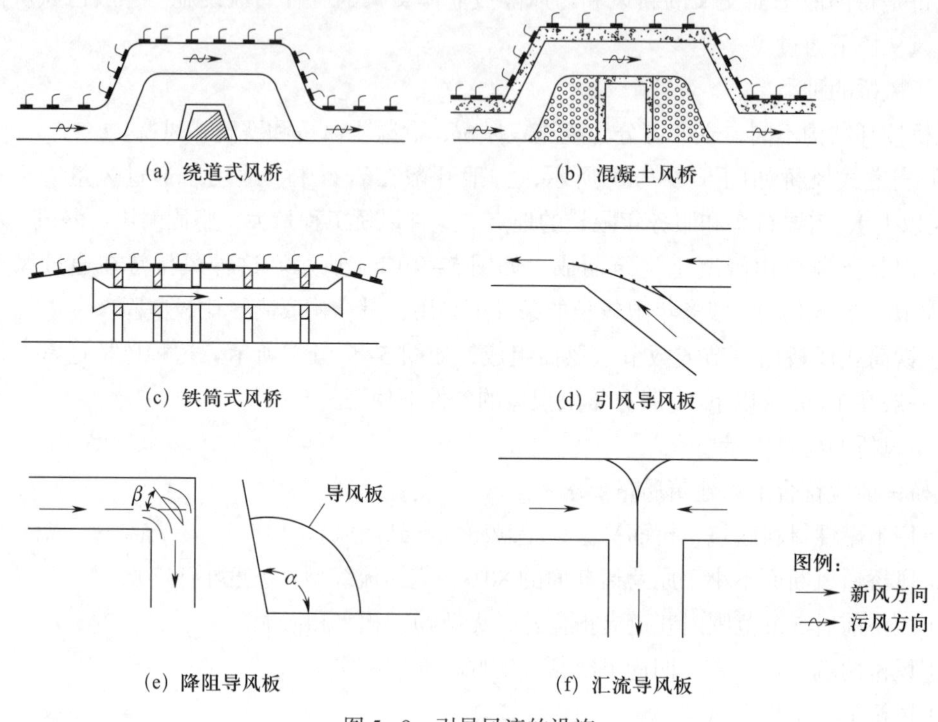

图5-9 引导风流的设施

二、隔断风流的设施

隔断风流的设施是指井巷中阻断风流通过的设施，主要有防爆门、风墙、风门等。隔断风流的设施的总体要求是结构严密、坚固、漏风小等。这里主要介绍风墙和风门。

1. 风墙

风墙是指在既不允许风流通过，也不准许行人和通车的巷道中所设置的一种控制风流的设施，即为截断风流而在巷道中设置的隔墙，也叫密闭。如采空区、废巷、火区以及进风与回风大巷之间的联络小眼，都必须设置风墙，将风流隔断，以免造成风流短路或漏风，防止由此而引起煤炭自燃、火区扩大和有害气体外逸。

（1）风墙的分类

按结构及服务年限的不同，风墙可分为临时性风墙和永久性风墙。

1）临时性风墙。为临时切断风流或在处理火灾时为阻止火势蔓延而用木板、帆布等构筑的简易风墙，称为临时性风墙。常用的临时性风墙一般通过在立柱上钉木板，在木板上抹黄泥而建成，临时性风墙修筑、拆除简便，但漏风较大。

当巷道压力不稳定，且风墙的服务年限不长（2 年以内）时，可用长度约 1 m 的圆木段和黄泥砌筑风墙。这种风墙的特点是：可以缓冲顶板压力，使风墙不产生大量裂缝，从而减少漏风，但在潮湿的巷道中容易腐烂。

2）永久性风墙。为了长期切断风流，采用砖、石或混凝土等不燃性材料构筑的坚固的风墙，称为永久性风墙。一般服务年限在 2 年以上的风墙都应建成永久性风墙。为了便于检查密闭区内的气体成分及密闭区内发火时便于灌浆灭火，风墙上应设观测孔和注浆孔；密闭区内有水时，应设放水管或反水沟以排出积水，放水管一端应做成“U”形，利用水封防止放水管在无水时漏风，如图 5－10 所示。

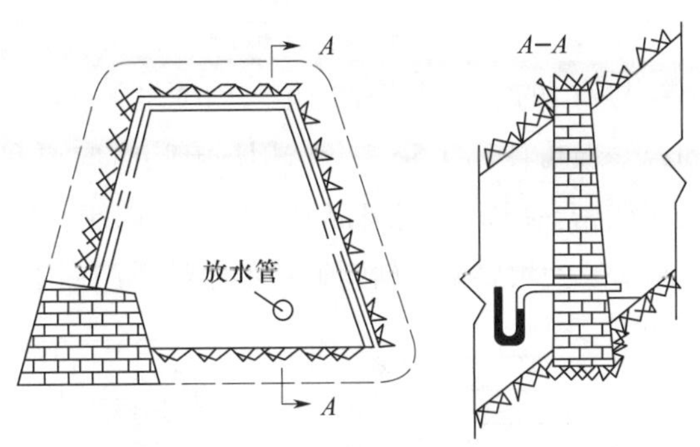

图 5－10　永久性风墙（带放水管）

（2）风墙的建筑质量要求

1）临时性风墙的建筑质量要求如下：

①设在顶、帮良好处。风墙两帮、顶、底均需掏槽，与煤岩体接实。一般来说，槽深在煤中不小于 0.5 m，在岩石中不小于 0.3 m。

②风墙前 5 m 内支护完好，无片帮、冒顶，无杂物、积水和淤泥。

③木板风墙应采用鱼鳞式搭接，并用黄泥、石灰抹面或勾缝，无漏风。

④墙外设置栅栏、警示标志和检查牌板。

⑤风墙前无瓦斯积聚。

2）永久性风墙的建筑质量要求如下：

①用不燃性材料建筑，严密不漏风，墙体厚度不小于 0.5 m。

②风墙周边要掏槽（砌碹巷道要破碹后掏槽，掏槽深度符合有关规定的要求），见硬底硬帮且与煤岩体接实，并抹有不少于 0.1 m 的裙边。

③风墙墙面平整（1 m 内凸凹度不大于 10 mm，料石勾缝除外），无裂缝（雷管脚线不能插入）、重缝和空缝。

④密闭区内有水的要设放水管或反水沟；有自然发火煤层的采空区，风墙要设观测孔、注浆孔，孔口封堵严实。

⑤风墙前无瓦斯积聚。

⑥风墙前 5 m 内支护完好，无片帮、冒顶，无杂物、积水和淤泥。

⑦风墙前要设栅栏、警示标志、检查牌板和检查箱（入排风之间的风墙除外）。

2. 风门

风门是指在不允许风流通过，但需要行人和通车的巷道内设置的一种控制风流的设施，即隔断风流的门。风门关闭时，切断风流；开启时，可以行人和通车。

（1）风门的分类

风门的建筑材料有木材、金属材料、混合材料三种。按风门结构的不同，可分为普通风门和自动风门两种。在行人和通车不多的地方，可设普通风门；而在行人和通车比较频繁的主要运输巷道上，则应安设自动风门。

1）普通风门依靠人力开启，一般多用木板或铁板制成，比较常用的是单扇木质沿口普通风门，如图 5－11 所示。这种风门的结构特点是门扇与门框呈斜面与沿口接触，接触处有可缩性衬垫，比较严密、坚固，一般可使用 1.5～2 年。门扇开启方向要迎着风流，使门扇关上后在风压作用下保持风门关闭严密。门框和门扇都要顺风流方向倾斜，与水平面呈 80°～85° 倾角。门框下方应设大坎，通车的大坎要留有轨道通过的槽缝，门扇下部要设挡风帘。

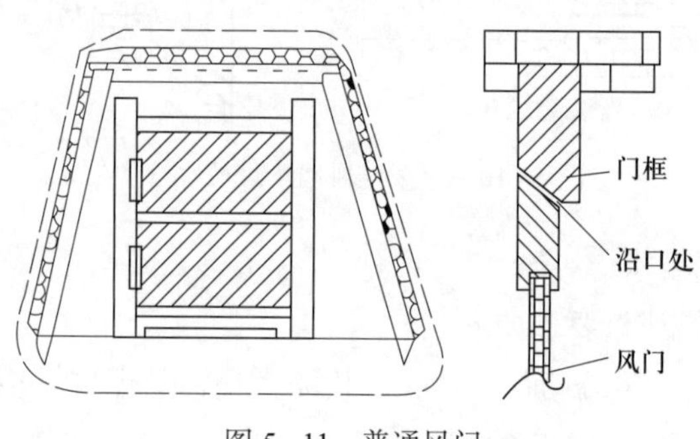

图 5－11　普通风门

2）自动风门是借助各种动力来开启与关闭的风门，按其动力不同分为碰撞式自动风门、气动或水动风门、电动风门等。

①碰撞式自动风门如图 5－12 所示。这种风门由门板、碰撞风门杠杆、风耳、缓冲弹簧、推门弓等组成。门框和门扇与水平面呈 80°～85° 倾角。矿车碰撞门板上的推门弓风门在杠杆的作用下自动打开，在自重的作用下自动关闭。这种风门具有结构简单，易于制作和经济实用等优点；缺点是撞击部件容易损坏，需经常维修。故多用于通车不太频繁的巷道中。

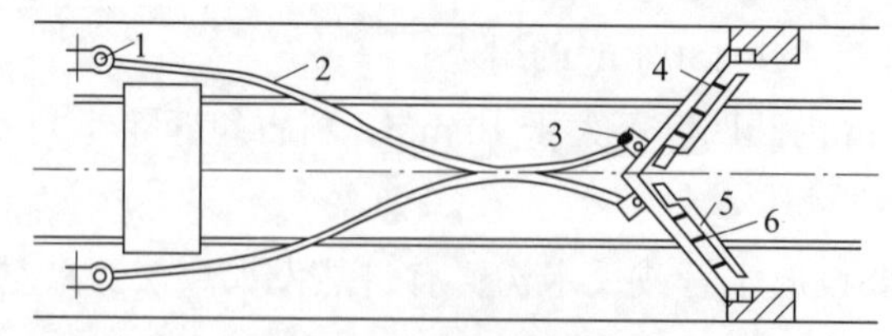

图 5－12　碰撞式自动风门

1—杠杆回转轴；2—碰撞风门杠杆；3—风耳；

4—门板；5—推门弓；6—缓冲弹簧

②气动或水动风门的动力来源是压缩空气或高压水。它是由电气触点控制电磁阀，电磁阀控制气缸或水缸的阀门，使气缸或水缸中的活塞做往复运动，再通过联动机构控制风门的开闭。这种风门简单可靠，但只能用于有压缩空气和高压水的地方。北方矿井严寒易冻的地方不能使用。水力配重自动风门如图 5-13 所示。

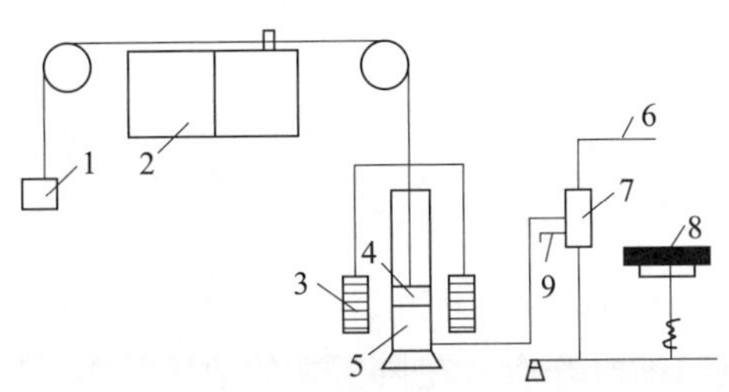

图 5-13　水力配重自动风门

1—平衡锤；2—门扇；3—重锤；4—活塞；5—水缸；
6—高压水管；7—三通水阀；8—电磁阀；9—放水管

③电动风门的结构如图 5-14 所示。电动风门以电动机做动力，电动机经过减速带动联动机构，使风门开闭。电动机的启动和停止可用车辆触及开关或光电控制器自动控制。电动风门应用广泛，样式较多，适用性强，只是减速和传动机构比其他自动风门稍微复杂些。

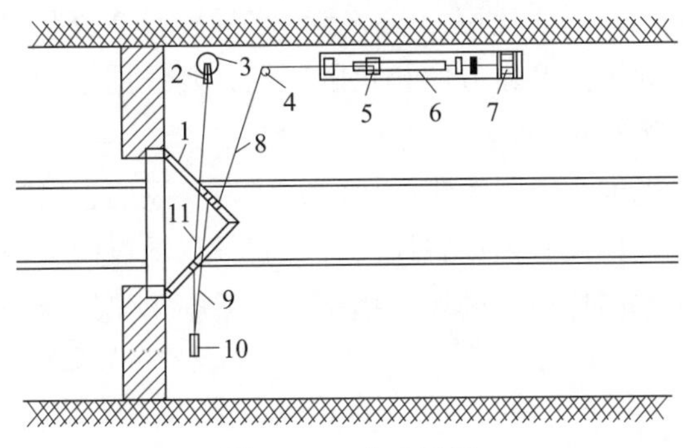

图 5-14　电动风门

1—门扇；2，4，10—导向滑轮；3—配重；5—滑块；6—螺杆；7—电动机；8，9，11—牵引绳

（2）风门的质量要求

制作与安装风门应符合下列要求：

1）风门墙垛四周应掏槽，要见硬顶、硬帮，与煤岩接实。一般来说，掏槽深度在煤中不小于 0.3 m，在岩石中不小于 0.2 m。

2）风门墙垛应用不燃性材料建筑，厚度不小于 0.5 m；墙面应平整，无裂缝、重缝，严密不漏风。

3）门框要包边沿口，有可缩性衬垫；门扇平整，门扇与门框不得歪扭，四周接触严密。

4）木制风门门板应采用双层错缝或单层对口结构，厚度不小于 30 mm；铁制风门铁板厚度应不小于 2 mm。

5）风门对关闭方向应有适当的倾角（风门与巷道底面的夹角一般为 80°～85°），使其能依靠门扇的自重自动关闭。

6）水沟通过风门处要设反水池或挡风帘；电缆、风管、水管孔要堵严。

7）风门前后 5 m 内巷道支护完好，无空帮、空顶，无杂物、积水和淤泥。

8）自动风门结构要灵活、可靠，门开启时，有足够的断面通过矿车，关闭时接缝严密。

9）风门漏风率不大于 3%。

（3）设置风门的注意事项

1）风门应迎风开启，使风门在风压作用下关闭得更为严密，同时防止在风压的作用下自行开启。

2）为了防止在行人和通车时开启风门造成风流短路，应在同一巷道内至少设置2道风门。行人和通车时，严禁 2 道风门同时开启。在风压高的地区，为了减少漏风，应设置 3 道以上的风门。

3）行人巷道中，2 道风门间的距离不得小于 5 m。通车巷道中，2 道风门间的距离应大于 1 列车的长度，以防止列车通过时 2 道风门同时开启而造成风流短路。通车巷道中应设置自动风门，若设置普通风门，须有专人看管。设置自动风门的巷道如需同时行人时，应在其一侧另外安设专供行人的普通风门。

4）《煤矿安全规程》规定，进风井、回风井之间和主要进风巷、回风巷之间的每条联络巷中，必须砌筑永久性风墙；需要使用的联络巷，必须安设 2 道联锁的正向风门和 2 道反向风门。反向风门是指与正向风门开启方向相反的风门，其作用是在实现矿井反风的同时，防止风流短路，平时开启，反风时关闭。

5）《煤矿安全规程》规定，控制风流的风门、风桥、风墙、风窗等设施必须可靠。不应在倾斜运输巷中设置风门；如果必须设置风门，应安设自动风门或设专人管理，并有防止矿车或风门碰撞人员以及矿车碰坏风门的安全措施。开采突出煤层时，工作面回风侧不得设置调节风量的设施。

三、调节风流的设施

1. 风窗

风窗是指安装在风门或其他通风设施上用于调节风量的窗口，又称调节风窗，如图 5－15 所示。风窗设在需要减少风量的分支中，用以调节风量。窗口的面积通过插板进行调节，当窗口面积减小时，风阻增大，通过该风路的风量减少，而与其并联的风路中的风量将增加。为了不影响运输，风窗应设在回风道中；为便于瓦斯的排出，窗口应设在巷道顶部（风门上方）。风窗前后 5 m 内支护应良好、无杂物，周围无裂隙。服务时间长的风窗，墙体用不燃性材料建筑并掏槽，墙面应平整

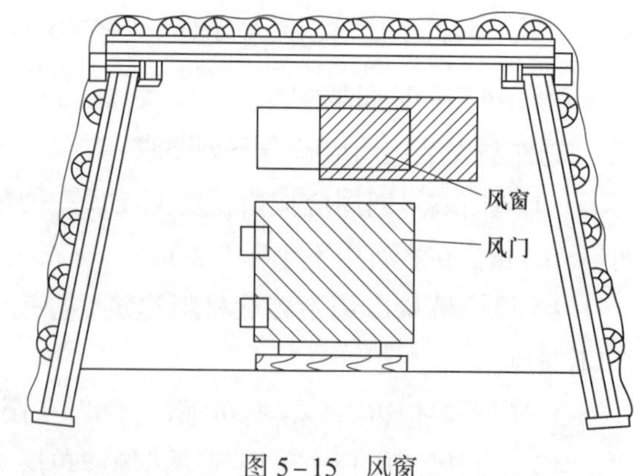

图 5－15　风窗

不漏风。

2. 风帘

风帘是指在矿井巷道或工作面内控制风量或改变风流方向的通风设施，常用帆布或木板等材料构筑。风帘一般是在井下发生火灾时，用于减少通向火区的风量，抑制火势。风帘也常被用来排除巷道高冒顶空洞、工作面上隅角积聚的瓦斯，并常用于局部地点的风量控制。

第五节　矿井漏风

一、矿井漏风的概念

矿井通风系统中，进入井巷的风流未到达使用地点之前沿途漏出或漏入的现象统称为矿井漏风。漏出和漏入的风量称为漏风量，到达采掘工作面及各硐室等用风地点，起到通风作用的风量称为有效风量。矿井漏风按形式不同分为内部漏风和外部漏风。

1. 内部漏风

内部漏风指未经采掘工作面、硐室和其他用风地点，直接漏入回风的无效风流，多发生在各种通风构筑物、采空区、煤柱裂隙等处。

2. 外部漏风

外部漏风指从装有主要通风机的井口及其附属装置处漏失的风流，多通过地表塌陷裂隙或风门、风硐闸门、反风装置等井口构筑物经主要通风机直接漏入或漏出矿井。

产生漏风的条件是有漏风通道且其两端存在压力差。井下控制风流的设施不严密，采空区顶板岩石冒落后未压实，煤柱被压坏，或地表有裂缝等，都能造成漏风。

二、矿井漏风的危害

（1）漏风会使工作面有效风量减少，造成瓦斯积聚，煤尘不能被带走，气温升高，形成不良的气候条件，不仅使生产效率降低，而且影响作业人员的身体健康。

（2）漏风通道往往构成对角风路，使通风系统复杂化，进而使通风的稳定性、可靠性受到一定程度的影响，增加了风量调节的困难，给矿井通风管理带来困难。

（3）采空区、留有浮煤的封闭巷道、被压碎的煤柱以及冒顶区等地点的漏风，可能导致煤炭自然发火。地表塌陷区风流的漏入，会将采空区的有害气体带入井下，直接威胁着采掘工作面的安全。

（4）大量漏风会引起能量的无益消耗，造成通风机效率下降。离心式通风机漏风严重时，会使电机超负荷甚至烧毁电机等。

三、矿井漏风的参数

矿井有效风量、漏风率和有效风量率等是反映矿井通风状况的重要指标，用这些指标表示矿井漏风程度，有利于明确通风管理工作的质量标准，有的放矢地解决漏风问题，提高矿井有效风量。

1. 矿井内部漏风率

矿井总进风量 $Q_{进}$ 与矿井有效风量 $Q_{效}$ 之差称为矿井内部漏风量；矿井内部漏风率 $P_{内}$ 是指矿井内部漏风量占矿井总进风量 $Q_{进}$ 的比例（%）：

$$P_{内}=\frac{Q_{进}-Q_{效}}{Q_{进}}\times 100\% \tag{5-1}$$

2. 矿井外部漏风率

矿井主要通风机的工作风量 $Q_{通}$ 与矿井总回风量 $Q_{回}$ 之差称为矿井外部漏风量；矿井外部漏风率 $P_{外}$ 是指矿井外部漏风量占主要通风机工作风量 $Q_{通}$ 的比例（%）：

$$P_{外}=\frac{Q_{通}-Q_{回}}{Q_{通}}\times 100\% \tag{5-2}$$

《煤矿安全规程》规定，主要通风机必须安装在地面；装有通风机的井口必须封闭严密，其外部漏风率在无提升设备时不超过 5%，有提升设备时不超过 15%。

3. 矿井有效风量率

有效风量是指独立回风的用风地点实际得到的风量。矿井有效风量是指井下所有独立回风的用风地点（采掘工作面、硐室以及其他用风巷道等）实际得到的风量之和。

矿井有效风量率 $P_{效}$ 是指矿井有效风量 $Q_{效}$ 占矿井总进风量 $Q_{进}$ 的比例（%）：

$$P_{效}=\frac{Q_{效}}{Q_{进}}\times 100\% \tag{5-3}$$

矿井有效风量率是反映矿井风量利用情况、漏风状况和井下通风设施质量管理情况的一个重要指标。《煤矿安全生产标准化基本要求及评分方法（试行）》规定，矿井有效风量率不得低于 85%。

【例 5－1】已知某矿井的总进风量和总回风量均为 2 420 m^3/min（不考虑风流受膨胀或压缩的影响），通过通风机的风量为 2 510 m^3/min；井下共有 5 处互不串联供风区域，第一区域的供风量为 400 m^3/min，第二区域的供风量为 560 m^3/min，第三区域的供风量为 480 m^3/min，第四区域的供风量为 320 m^3/min，第五区域的供风量 460 m^3/min。试求该矿井的有效风量率、内部漏风率和外部漏风率的大小（结果保留 1 位小数）。

【解】该矿井的有效风量率为：

$$P_{效}=\frac{Q_{效}}{Q_{进}}\times 100\%=\frac{400+560+480+320+460}{2\,420}\times 100\%=\frac{2\,220}{2\,420}\times 100\%=91.7\%$$

该矿井的内部漏风率为：

$$P_{内}=\frac{Q_{进}-Q_{效}}{Q_{进}}\times100\%=\frac{2\,420-2\,220}{2\,420}\times100\%=\frac{200}{2\,420}\times100\%=8.3\%$$

该矿井的外部漏风率为：

$$P_{外}=\frac{Q_{通}-Q_{回}}{Q_{通}}\times100\%=\frac{2\,510-2\,420}{2\,510}\times100\%=\frac{90}{2\,510}\times100\%=3.6\%$$

四、提高矿井有效风量及防止漏风的措施

漏风风量与漏风通道两端的压差成正比，与漏风风阻成反比。因此，应提高地面主要通风机的风硐、反风道的质量及附近风门的气密性，以减少漏风。对于其他巷道、采空区及构筑物则应从以下方面防止漏风：

（1）通风系统的进风井、回风井位置和通风网络结构决定了通风设施的位置、数量及其压差和漏风条件，因此，应尽量选择漏风小的通风系统。

（2）矿井开拓系统、开采顺序和采煤方法对漏风有很大影响。服务年限长的主要风巷应在岩石内开掘；应尽量采用后退式及下行式开采顺序，用冒落法管理顶板时应适当增加煤柱尺寸或砌石垛以杜绝采空区漏风。

（3）为了减少塌陷区和地表之间的漏风，应及时充填地面塌陷坑洞及裂隙。地表附近的小煤窑和古窑必须查明，标在巷道图上，相关的通道必须修建可靠的风墙，必要时要填砂、填土或注浆。

（4）为了减少井口的漏风，对于斜井可增加风门数量并加强其工程质量，对于立井应加强井盖的密封。此外，也应减少反风装置和闸门等处的漏风。

（5）为了减少箕斗井井底储煤仓的漏风，应使储煤仓中的存煤保持一定的厚度。

（6）往采空区注浆、洒水等，可以提高其压实程度，减少漏风。

（7）采空区和不用的通风联络巷必须及时封闭。

（8）为了防止井下通风设施的漏风，通风设施安设位置、类型及质量必须规范化、系列化，保证工程质量，通风设施不应设在有裂隙的地点，压差大的巷道中应采用质量高的通风设施。

【知识拓展】

煤矿漏风测定仪

2024 年 6 月，国家矿山安全监察局印发了《矿山安全先进适用技术及装备推广目录（2024 年）》，其中包含了煤矿漏风测定仪。对该仪器介绍如下：

一、技术特点

（1）采用非色散红外传感技术，性能更稳定，寿命更长。

（2）响应时间快，分辨率达 10^{-9} 级别，抗干扰能力强，不受井下环境影响，准确率高。

（3）为手持式仪器，实现井下原位测试。

二、推广理由

该仪器基于非色散红外光谱技术，SF_6分析精度高，可实现对井下漏风的定性和定量测定，准确辨识矿井漏风轨迹，有效解决井下原位漏风测试的技术难题，在煤矿井下火灾防治、瓦斯抽采半径测定、覆岩裂隙发育高度测试等方面发挥重要作用。

三、适用范围

煤矿井上下漏风通道查找、漏风量测定、瓦斯抽采半径测定等。

第六节　矿井通风图

矿井通风图是指表示矿井通风系统和通风状态的图件，是煤矿生产管理中必备的，用于分析和改进矿井通风系统、加强通风管理、编制通风计划和处理煤矿灾害事故的基础资料。矿井通风图根据生产情况及其变化绘制和修改。矿井通风图的绘制与管理是矿井通风管理部门的主要任务之一。

矿井通风图包括通风系统图、通风网络图、通风压力分布图和通风系统压能图等。

一、通风系统图

通风系统图是表示矿井通风网络、通风设备设施、风流方向和风量等参数的图件。

1. 通风系统图的内容

通风系统图上应标注井巷名称、风流路线、风向、通风构筑物、掘进工作面及局部通风机位置、火区位置及其范围、防尘和隔爆设施的位置和种类、通风参数（风量、风速、面积）等。

2. 通风系统图的分类

通风系统图包括矿井通风系统图和采区通风系统图。根据绘制方法的不同，通风系统图又可分为平面图、立面图、平面示意图和立体示意图。

（1）通风系统平面图和立面图

在采掘工程平面图上加上风流方向以及通风系统图所必须具备的内容所构成的图件，是绘制通风系统立体示意图和通风网络图的基础图件，要求按月填绘。立面图与平面图的区别是投影面不同。

（2）通风系统平面示意图

根据采掘工程平面图中现行实际通风井巷的平面相对位置，用不按比例的单线条绘制而成的图件。立井对角式通风系统平面示意图如图 5-16 所示。通风系统平面示意图的特点是：既可清楚地看到每一分层的通风情况，又可看清不同分层通风系统之间的关系。

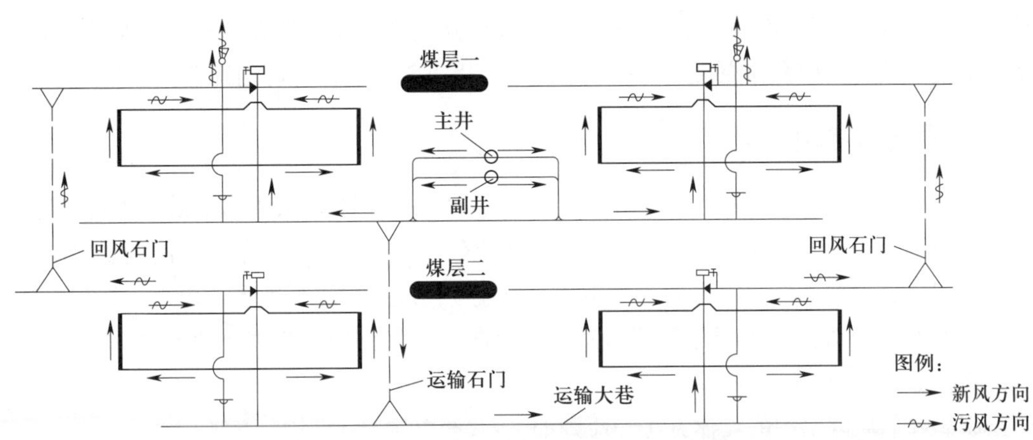

图 5－16　立井对角式通风系统平面示意图

（3）通风系统立体示意图

反映通风系统中各井巷风流方向和通风构筑物布局的空间关系的图件，是在通风系统图的基础上，根据轴侧投影关系绘制的，目的在于从空间关系上表明通风网络的结构，避免图形重叠而发生混乱。通风系统立体示意图空间感强、图面清楚，应用方便，在绘制时不受高程和投影关系、井巷尺寸的比例限制，可用单线或双线绘制。对角式通风系统立体示意图如图 5－17（a）所示。

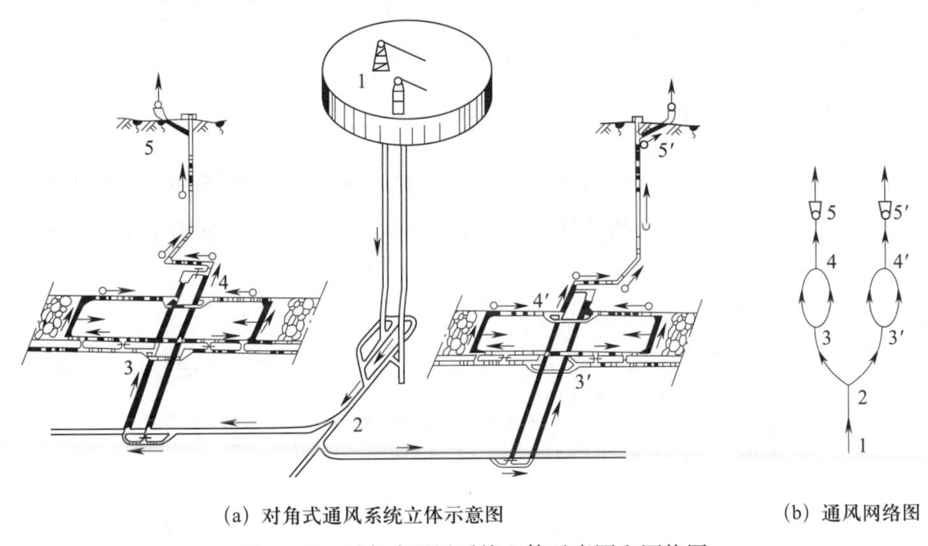

(a) 对角式通风系统立体示意图　　(b) 通风网络图

图 5－17　对角式通风系统立体示意图和网络图

开采倾斜、缓倾斜煤层的矿井，一般绘制通风系统平面图；开采急倾斜煤层的矿井，常绘制通风系统立面图。开采单一煤层的矿井，通风系统图是在开拓平面图上加注风向等内容绘制而成的。多煤层、多水平开采的矿井，通风系统图多用平面示意图表示，把各煤层的采区或工作面位置错开，并用不同的线条或颜色表示，使图面更清晰地体现出风流的关系，或绘制分层通风系统图。通风系统立体示意图主要用于生产水平和同时开采的煤层较多、通风系统复杂、通风系统平面示意图很难清楚标明风流路线和各用风地点的相互关系的矿井。通风系统图按季绘制，按月补充修改。通风系统图可以人工绘制，也可用计算机绘制。

二、通风网络图

通风网络图是指用不按比例、不反映空间关系的单线条来表示矿井或采区内各风道连接关系的示意图，其形式上是表示通风系统中各风流分合关系的点、线集合的网状线路示意图。通风网络图可以把各通风巷道之间的关系和风流流动情况更加清晰地表示出来，有利于分析、研究通风系统的合理性，进行通风网络解算以及改善和加强通风管理。图 5-17（a）对应的通风网络图如图 5-17（b）所示。

绘制矿井通风网络图的具体方法和原则如下：

（1）在通风系统图上，沿风流流动路线将各分岔点和汇合点依次编号，再沿编号顺序将风流流动路线按各分岔、汇合的情况依次绘成单线图，并在各线段上标明风流方向、巷道风阻、通过的风量及通风阻力等数值。

（2）几个相距很近的汇合点可简化为一点，某些局部区段网络可简化为一根单线，但应注明此区段始末两点的编号，线段上所标注的风阻、风量及阻力应为此区段的总风阻、总风量及总阻力。

（3）无通风机工作的几个标高相差不大的井口，可以简化成一点。

（4）通风网络图的线条要均匀，并联风流最好画成互相对称的圆弧曲线。

（5）主要漏风地段及主要通风设施应在图中标出。

三、通风压力分布图

通风压力分布图是表示某一通风线路的通风压力或阻力变化的图形，又称通风压力坡度图、风流能量坡线图。它直观反映了风流机械能沿程的变化状况，常用于不同风路中相关点的能量对比，以判断风流（漏风）方向，确定局部通风网络的均压防灭火措施和分析瓦斯流动规律。通风压力分布图的理论基础是矿井风流能量方程，它是在测定大气压力，以及沿程部分断面风流的静压、平均动压的基础上，以通风压力或通风阻力为纵坐标、风流路径为横坐标绘制而成的。如图 5-18 所示的实线 123 和虚线 1′2′2″3′ 分别表示 *AB* 巷道安装调压局部通风机 *P* 前后的压力坡线。反映风流沿程能量变化的压力坡线有全压坡线和静压坡线。

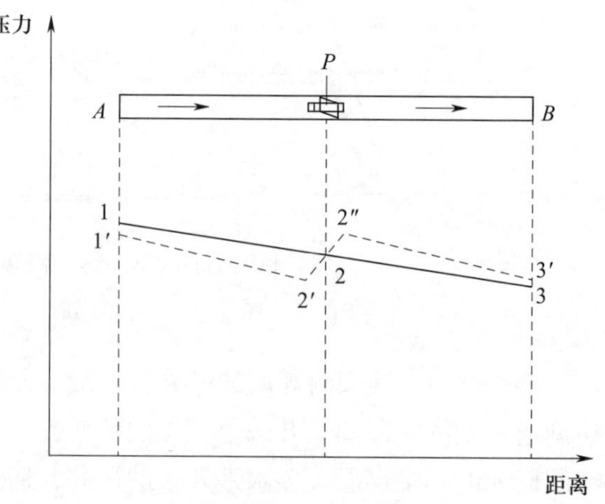

图 5-18　*AB* 巷道安装调压局部通风机前后压力坡线变化

四、通风系统压能图

通风系统压能图是指反映通风网络中各分支风路之间的压能（井下风流运动时某一实质点的空气具有的能量）关系及其分布的图形。通风系统压能图实质上是以压能值为纵坐标，将通风网络图上每一风路的压能值顺序绘制出来的一种形式，可更清晰地分辨出通风网络中相关点的能位高低。为绘制压能图，应测定通风系统内各个汇风点和分风点的绝对静压（大气压力）、空气密度（温度、湿度）、巷道参数（断面面积、形状、长度）、风量和标高等参数，计算压力损失（阻力）、火风压。某通风系统的通风网络图如图 5－19（a）所示，对应的压能图如图 5－19（b）所示。通风系统压能图在均压防灭火、控制瓦斯涌出等领域应用较多。应用通风系统压能图不仅可以较容易地确定风流方向、测定风流的稳定性，而且还可以在选定辅助通风机的设置位置、评价通风设施（风门、风墙、风窗）的作用和判断漏风方向等方面发挥作用。

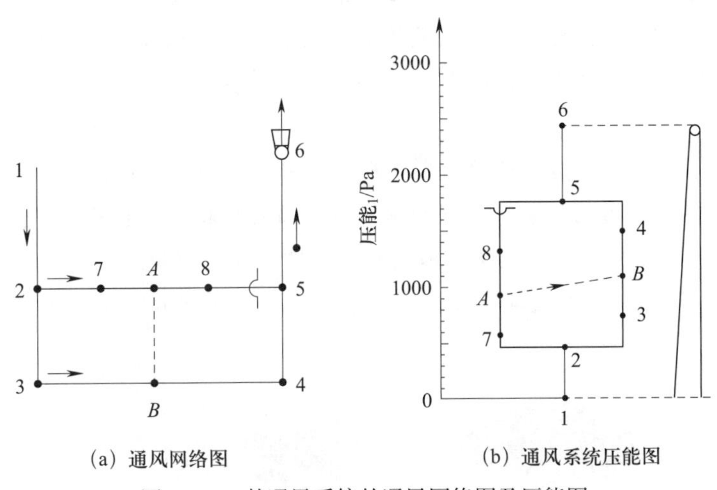

图 5－19　某通风系统的通风网络图及压能图

【知识拓展】

智慧矿山之智能通风系统

一、系统简介

《煤矿智能化建设指南（2021 年版）》对智能通风系统建设的要求如下：

采用通风系统智能精准感知技术与装备，实现对风阻、风量、风压等参数的智能感知，对通风网络阻力进行实时监测与解算。风速、温度、湿度、气压、瓦斯、一氧化碳、二氧化碳、粉尘等传感器的数量和位置应满足精确测风、瓦斯涌出量计算和环境状态识别的需要，并提供远程监测接口。鼓励井下主要进风巷、回风巷间，采区进风巷、回风巷间采用自动风门，正常通风时期可靠闭锁，灾变时期可远程解除闭锁。矿井主要通风机、局部通风机具备远程集中控制功能，局部通风机具有远程启停功能。通风系统应具备故障自动诊断与预警功能，并与其他系统实现智能联动控制，实现灾害的智能预警与避灾路线智能规划。

通风系统感知技术：通过精确阻力测定和平差计算获得主要井巷和通风设施的风量、风压、摩擦阻力系数、原始风阻和局部风阻等参数，通过风机测定获得主要通风机、局部通风机的准确特性曲线。利用获得的各风机的个体特性曲线、各风道的风阻和自然风压等，解算各风道风量。

通风设备：主要通风机、局部通风机鼓励实现在线变频调速；主要通风机应安装精确的风量、风压传感器，局部通风机应安装风筒风速传感器。过车风门、主要行人风门、关键通风节点的风窗应实现人工、自动和半自动开关，并安装人车识别装置、视频监控系统、声光报警器和视频传感器，监测、监视和监控装置应提供远程接口。

智能通风软件系统：将地理信息系统与风机、风门、风窗监控系统，安全环境监测，瓦斯抽采监测系统，采掘工作面位置及状态监测系统以及人员和车辆定位系统进行集成，实现自然分风解算、通风网络实时解算及灾变状态下风流模拟仿真，能够进行通风系统优化、风速传感器和调节设施的优化布置以及可控性评价，实现通风系统状态识别和故障诊断、用风点需风量预测及灾变状态下的调风、控风的智能控制。在授权状态下，正常状态矿井风流、风量按照安全高效原则远程调节，灾变时期按照控制灾变及有利救援原则智能控风、调风，并实现三维动态可视化。

智慧矿山之智能通风系统应能够满足《煤矿安全规程》和《煤矿智能化建设指南（2021 年版）》中对矿井通风动态监测的要求。可构建三维矿山模型和三维通风模型，建立三维矿井通风仿真分析系统；接入超声波风速仪精确测量的巷道内实时风速，实时解算井下所有巷道的风量；实时接入各类通风安全监测数据，实现全矿井的实时通风安全监测。该系统的架构如图 5-20 所示。

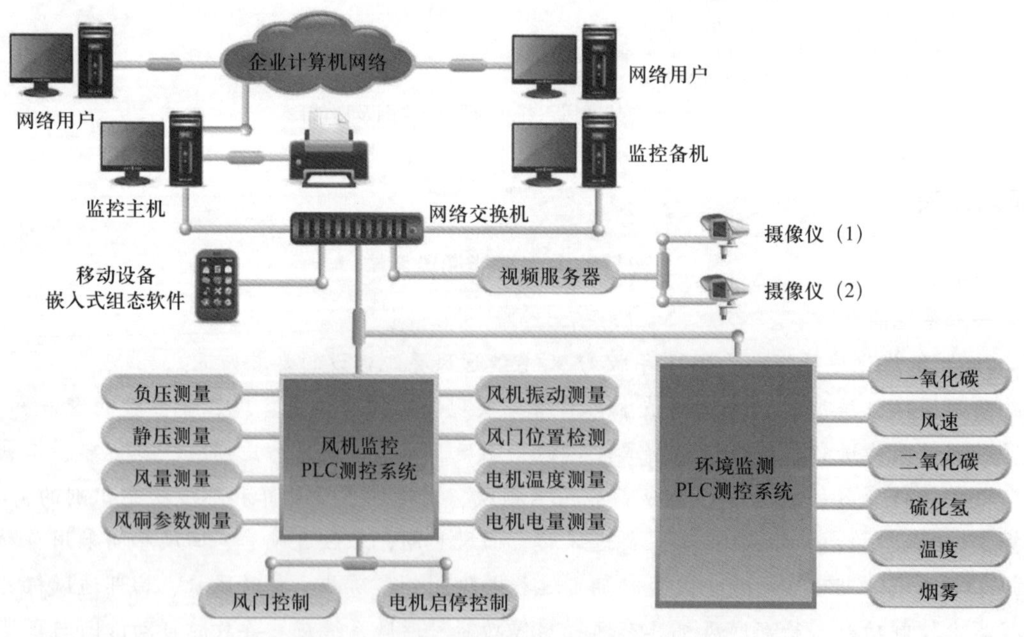

图 5-20　智慧矿山之智能通风系统架构图

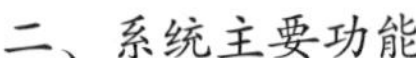

二、系统主要功能

1. 精确测风

矿用本质安全型全断面超声波风速仪，改变了传统的“以点代面”的监测方式，可精确测量矿井通风中的风向、风量、风速，从而保证数据的真实性、可靠性及精确性。

精确测风可系统地反应矿井实时通风状态，实时测量掘进头、工作面、关键巷道及用风地点的精确风速与风量，构建矿井精确的风向、风速和风量监控体系。

2. 三维通风系统构建

系统能够建立可编辑的矿井“真”三维通风系统模型，井巷、风机、设备设施均可实现数字空间的三维模型建设，快速生成三维通风立体图、二维通风网络图、二维和三维风流图。

3. 实时结算

以实测风向、风速和风量为参数，进行通风网络的分析和解算，从而实时报告矿井内每一条巷道的通风参数。

以实测的井巷和工作面瓦斯含量为前提，在已知巷道风速、风量的基础上，分析和报告矿井巷道内的瓦斯空间分布状况。

4. 通风图表自动生成

通风网络信息（包括原始数据、解算结果、模拟结果、警示信息等）表示多样，可以图属互查，可以图形展示，也可报表展示。

通风图表自动生成，效率高、效果好、可编辑性强。具备强大的绘图功能，可自动构建井巷拓扑关系，可根据模板技术自动生成通风系统图、通风网络图、通风报表等。

5. 智能统计分析

系统可实现对各类通风历史数据进行综合统计，通过分析，找出各类数据间的相关性；通过分析相关性原因，指导矿井通风，提高矿井的通风效率，保障通风系统的稳定性、合理性和经济性。

6. 提供矿井通风辅助调节方案

系统通过对通风参数进行自动分析计算，给出系统中的通风主扇，局部风机、风门、风窗等的调节方案，实现矿井通风的智能化调节。

7. 及时报警

（1）提供实时的实测、推演和解算数据，发现异常，及时报警。

（2）系统能进行风量、风速、风向不稳定性的自动报警。

（3）具备报警后故障原因的查询功能，提高通风系统的稳定性和安全性。

8. 系统优势

优势 1——精确测量风向和风速：系统改变了传统的点测风方式；以非接触方式精确地测量巷道中心扫描线处的平均风速和风向；实现了巷道中风向、风速测量的精确性、连续性、真实性和可靠性。

优势 2——与矿井通风监控系统无缝连接：测风硬件和解算分析软件一体化，利用通风监控数据实时解算，可使管理者随时知晓矿井每一条巷道的当前风速和风量；同时可实现及时报警功能。

优势3——智能解算和模拟：系统具有通风网络解算、自然分风、按需分风、调阻分析、通风网络优化、风门开关模拟、贯通模拟等功能。

优势4——可编辑的数字空间“真”三维建模：风机、井巷、设备设施均可进行对象化的三维模型建设。

优势5——二维、三维一体化：可实现二维与三维之间的单键自由切换；利用已有的地质和巷道数据，直接建立矿井的三维通风网络模型，包括生产巷道模型、工作面模型、风机和通风设施模型。

优势6——通风图表自动生成：系统提供B/S（浏览器/服务器）模式和C/S（客户端/服务器）模式，通风网络信息（原始数据、解算结果、模拟结果等）表示多样。

复习思考题

1. 什么叫矿井通风系统？它包括哪些内容？
2. 矿井主要通风机的工作方法有哪几种？各适用于什么条件？
3. 为什么我国大部分矿井采用抽出式通风？
4. 矿井的通风方式有哪几种？各适用于什么条件？
5. 采区通风系统应满足哪些基本要求？
6. 什么是上行通风、下行通风？试分析采煤工作面采用上行通风和下行通风的优缺点。
7. 采煤工作面通风系统有哪几种布置形式？试分析其特点及适用条件。
8. 试述通风设施的种类及其作用，以及不同通风设施的质量要求。
9. 什么是漏风？产生漏风的条件是什么？

技能实训七　矿井通风设施施工

一、实训目标

通过实训使学生具备通风设施施工的操作技术能力。

二、任务描述

使用各种施工工具及材料，遵照各种通风设施的技术要求和质量标准，严格按操作规程的要求进行操作并学会检查维护方法。

三、任务准备

各种施工工具、测量工具和施工材料。

四、知识要点

本章内容中通风设施的质量标准。

五、实训过程

（一）风墙施工方法

1. 准备工作

（1）装运材料要有专人负责，各种材料装车后均不得超过矿车高度、宽度，两端要均衡。

（2）料车入井前必须与矿井调度室及有关单位联系，运送时应严格遵守运输部门的有关规定。

（3）施工人员随身携带的小型材料和工具要拿稳，利刃工具要装入护套，材料应捆扎牢固，要防止触碰架空线。

（4）井下装卸笨重材料要相互照应，靠巷帮堆放的材料要整齐，不得影响运输、通风、行人。

（5）人力运输过溜眼时，要注意安全。不准使用刮板输送机及带式输送机运送材料。

（6）施工前必须对施工地点、规格、要求了解清楚，掌握有关安全技术措施和施工要求，做到安全施工。

（7）风墙位置应选择在顶、底、帮坚硬，未遭破坏的煤岩巷道内，避免设在动压区。

（8）施工地点必须通风良好，瓦斯、二氧化碳等有害气体的浓度不超过《煤矿安全规程》的规定。

（9）必须由外向里逐步检查施工地点前后 5 m 的支护、顶板情况，发现问题及时处理，并且应一人处理、一人监护，处理不完必须及时进行临时支护。

（10）拆除风墙附近的支护，必须先加固其附近巷道的支护；若顶板破碎，应先用托棚或探梁将棚梁托住，再拆棚腿，不准空顶作业。

（11）掏槽时应注意：

1）掏槽一般应按先上后下的原则进行，掏出的煤、矸等物要及时运走，巷道应清理干净；

2）掏槽深度必须符合要求，见实帮实底；

3）砌碹巷道要拆碹掏槽，并制定专门安全措施。

2. 永久性风墙施工操作

（1）在有水沟的巷道中建筑的永久性风墙，要保证水流畅通，但不能漏风。

（2）用砖、料石砌墙时，竖缝要错开，横缝要水平，排列必须整齐；砂浆要饱满，灰缝要均匀一致；干砖要浸湿；墙心逐层用砂浆填实；墙厚要符合标准。

（3）双层砖或料石中间填黄土的风墙，黄土湿度不宜过大，且应随砌随填，层层用木锤敲实。

（4）砌墙到中上部时要预留观测孔及注浆孔，铁管孔口应伸入风墙内 1 m 以上，外口距风墙至少 0.2 m，外口要设阀门，不用时关闭。

（5）风墙封顶要与顶帮接实。当顶板破碎时，托棚或探梁上的原支架棚梁应随砌墙进度而逐步拆下，且应除去浮煤、浮矸后再掏槽砌墙。

（6）风墙砌实后要勾缝或抹面，墙四周要抹裙边，其宽度不少于 0.2 m，要求抹平，打光压实。

3. 临时性风墙施工操作

（1）用砖建筑的临时性风墙的厚度不应小于 240 mm，其他质量要求与永久性风墙相同。

（2）用木板建筑的临时性风墙应满足以下要求：

1）应根据巷道断面大小，确定立柱的数量。立柱要打牢固，且与巷道顶、底板接实。

2）木板采用鱼鳞式搭接方式，自上往下依次钉在立柱上，四周木板均要伸入槽内接实。

3）木板钉严实后，必须清除杂物，然后用白石灰或水泥加黄泥沿木板缝及墙四周堵抹平整、严密。

（3）用木段建筑临时性风墙时应满足以下要求：

1）先在巷道底部铺一层黄泥，上铺一层木段，然后依次铺黄泥、木段，层层用锤砸实，木段外露处要排列均匀整齐；

2）墙内有水时，必须预先埋一根铁管排水，水管外口要装阀门；

3）木段墙与巷道顶帮之间的缝隙要用黄泥填实，并用黄泥加白灰或水泥把墙面抹平整。

4. 风墙施工中的注意事项

（1）掏槽只能用大锤、手镐、风镐等施工，不准爆破施工；

（2）在立眼或急倾斜巷道中施工时，必须系安全带，并制定安全措施；

（3）砌墙高度超过 2 m 时，要搭脚手架，并保证安全牢靠；

（4）施工完毕后，要认真清理现场，做到风墙前 5 m 支护完好，在距巷道岔口 1～2 m 处应设置栅栏和警示标志，悬挂说明牌。

5. 永久性风墙的质量标准

永久性风墙的质量标准详见本章第四节。

（二）风门施工方法

1. 施工前的准备工作

（1）材料装运及施工前的准备工作与风墙施工相同。

（2）在有电缆、管路处施工时，要妥善保护电缆、管路，防止损坏。需移动高压电缆时，要事先与机电部门取得联系。

（3）墙垛四周要掏槽，其深度必须符合质量要求。

2. 风门施工操作

（1）安装门框时应按以下规定进行：

1）先稳下坎，下坎的上平面要稍微高于轨面，下坎设好后再安装门框及横梁，要求门框与下坎、横梁成直角，上坎、横梁应平行。

2）门框应朝顺风的方向倾斜一定的角度，角度根据风压大小确定，一般以85°左右为宜。调好门框倾角后，用棍棒、铁丝将门框稳固。

（2）在有水沟的巷道中砌风门墙垛前，必须先砌反水池；两边墙垛施工要平行进行，逐步把门框牢固嵌入墙垛内。

（3）若需要在风门墙垛中通过电缆，在砌墙时要预留线孔。

（4）反向风门要与正向风门同时施工，除门框倾斜角度、开关方向与正向风门相反外，其余要求与正向风门相同。

（5）风门墙垛砌好后，墙两边均要用细灰砂浆勾缝或抹平整，做到不漏风。砂浆凝固后，方可施工风门门扇。

（6）安装门轴时，应将门轴带螺钉的一端打入在门框上钻取的孔内，并搭正装牢。

（7）安装门扇时，应将门扇上的圆孔套入门框的轴上，并使门扇与门框四周接触严密，要求风门不坠、不歪，开关自如。

（8）风门下部及水沟应装挡风帘，确保严密不漏风；管线孔应用黄泥封堵严实。

（9）安设有自动开关装置的主要通车风门时，应保证其灵敏可靠，开关自如。

3. 风门施工安全注意事项

（1）在架线电机车巷道中安设风门及进行有关工作时，必须先和有关单位联系，在停电并挂好“有人工作，不准送电”的停电牌、设好临时地线及保护好架空线后方可施工。施工完毕后立即清除临时地线，摘下停电牌，合闸送电。

（2）在运输巷道中安设风门时，要注意来往车辆，做到安全施工。

（3）每个风门施工完毕后，其前后5 m内的支护要完好，并应清理剩余材料，保证巷道清洁、畅通。

4. 风门的质量标准

风门的质量标准详见本章第四节。

（三）调节风窗施工方法

（1）风墙上需设调节风窗时，窗框预留在墙的正上方；风门上需设调节风窗时，窗框预留在门扇的上方。

（2）当风墙、风门墙垛砌筑到预留位置时，即可将调节风窗嵌入墙内。调节风窗要备有可调节的插板。

（3）调节风窗除窗口施工外，其余质量标准和施工操作要求与风墙和风门的质量标准和施工操作相同。

（四）风桥施工方法

1. 施工前的准备工作

（1）施工前，必须制定安全技术措施，并按施工图纸要求施工。

（2）施工地点要进行通风，并检查瓦斯、二氧化碳等的情况，保证施工安全。

（3）准备好施工所需材料及工具，妥善保护施工地点敷设的管路、电缆等设备，并检查巷道支护情况，发现问题及时处理。

2. 风桥施工操作

（1）两坡挑顶的要求如下：

1）挑顶前先加固顶板及起坡点 5 m 内的支护。

2）根据施工要求打炮眼，爆破挑顶。

3）装药、爆破必须由专职爆破工按有关规定进行。爆破前必须撤出人员，在巷道交叉口外设好警戒，发出信号后再爆破。

4）爆破后由施工负责人和爆破工共同进行检查。检查后应在专人监护下，设置临时支护后再清碴。

（2）挑正顶的要求如下：

1）挑正顶前，先将炮眼打好，然后拆除原支架；装药时，必须认真检查顶板，并设好临时支护；爆破时应少装药。

2）挑正顶时必须先加强下巷支护，必要时可在棚梁下设临时支护。

（3）卧底时，应先在附近支护棚梁处设临时支护，维护好顶板。

（4）对砌墙的要求如下：

1）可用砖、料石砌墙，风桥两端坡度不能大于 30°，应为流线型。

2）砌墙时应先放好中腰线，并按规定掏槽，见实帮实底。

3）墙面要砌平整，勾缝或抹面应符合质量标准要求，顶帮应接严填实。

4）风桥前墙及桥面用水泥预制板铺密，后墙用砖或料石砌筑，墙中加填黄土，层层用木锤敲实，用砂浆将桥面抹平。

（5）风桥施工完毕后，要将管路、电缆悬挂整齐，现场清理干净。

3. 风桥施工时的注意事项

（1）用铁筒做风桥时，每个接头均要加衬垫、拧紧，两端应为流线型。

（2）施工时，施工负责人要经常检查顶板支护情况，发现问题应及时处理。遇危险时，应及时将人员撤到安全地点，并向通风调度汇报。

（3）风桥中不准设风门，上下巷连通的绕道需设风门时，按风门施工的要求进行。

（4）风桥建成后，要将内外墙全面整修。竣工后，报通风部门验收，不符合质量标准的，必须返工。

4. 风桥的质量标准

风桥的质量标准详见本章第四节。

六、注意事项

1. 施工时应穿戴好劳动防护用品。
2. 服从安排，注意实训组成员之间的相互协作。
3. 严格按操作规程的要求进行操作。
4. 注意操作地点的顶板、瓦斯、风量、风速的变化情况，确保施工安全。
5. 施工完毕后，应进行质量检查及现场的安全检查。
6. 完成实训操作后，要仔细检查施工地点，不得遗漏物品、工具、配件等。

第六章

掘进通风

本章学习目标

1. 掌握掘进通风方法的分类。
2. 熟悉局部通风机通风方法的优缺点。
3. 掌握通过通风参数测算选择合适的局部通风机和风筒的方法。
4. 熟悉掘进通风管理的规定。

学习导引

矿井开拓和生产期间，都要掘进大量的巷道。在掘进巷道时，为了供给新鲜空气以保障作业人员的正常呼吸，稀释掘进工作面的瓦斯及爆破后产生的炮烟和矿尘，并创造良好的气候条件，必须对掘进工作面进行通风。掘进通风就是指掘进巷道时借助主要通风机、局部通风机或引射器产生的风压，用纵向风障或风筒等引导风流的设施，将新鲜风流导向掘进工作面的作业过程。掘进通风的质量直接影响作业人员的安全健康及生产率和经济效益。

第一节　掘进通风方法

掘进通风方法按通风动力形式不同分为矿井全风压通风、引射器通风和局部通风机通风三种。其中局部通风机通风是最为常用的掘进通风方法。

一、矿井全风压通风

矿井全风压通风是直接利用矿井主要通风机产生的风压，借助风障和风筒等导风设施将新风引入工作面，并将污风排出掘进巷道。矿井全风压通风的形式如下：

1. 利用纵向风障导风

在掘进巷道中安设纵向风障，将巷道分隔成两部分，一侧进风，一侧回风，如图 6-1 所示。选择风障材料的原则是漏风小、经久耐用、便于取材。短巷道掘进时可用木板、帆布等材料，长巷道掘进时应用砖、石和混凝土等材料。利用纵向风障导风的优点是，当矿井主要通风机正常运转，并有足够的全风压克服导风设施产生的阻力，保证掘进工作面风量供给时，无须附加局部通风机，管理方便；但纵向风障工程量大，有碍于运输，且纵向风障在矿山压力作用下会变形破坏，容易产生漏风。所以，这种方法只适用于地质构造稳定、矿山压力较小、巷道长度较短，或使用通风设备不安全或技术上不可行的局部地点巷道掘进通风。

2. 利用风筒导风

利用风筒将新鲜风流导入工作面，工作面污风由掘进巷道排出。为了使新风进入风筒，应在风筒入口处的贯穿风流巷道中设置挡风墙和调节风门，如图 6-2 所示。利用风筒导风辅助工程量小，风筒安装、拆卸比较方便。通常适用于需风量不大的短巷道掘进通风。

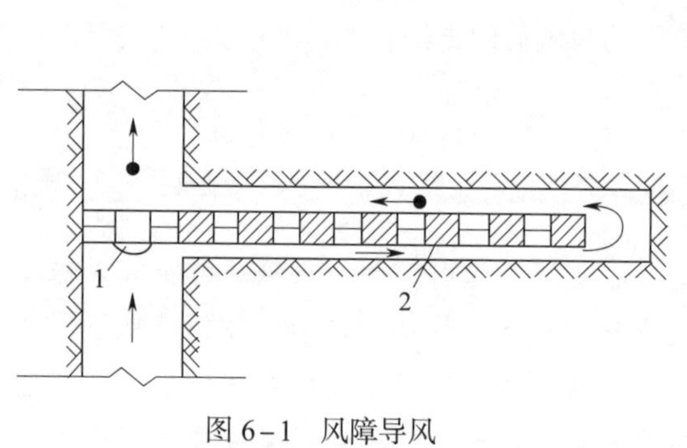

图 6-1　风障导风

1—调节风门；2—风障

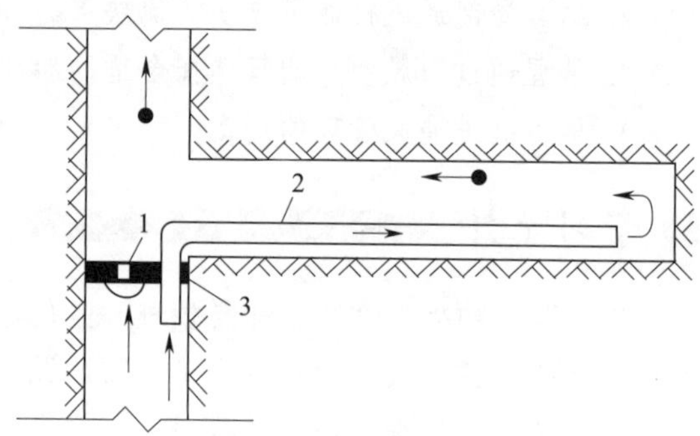

图 6-2　风筒导风

1—调节风门；2—风筒；3—风墙

3. 利用平行巷道通风

当掘进巷道较长，利用纵向风障和风筒导风有困难时，可采用两条平行巷道通风，如图 6-3 所示。采用双巷掘进，在掘进主巷的同时，距主巷 10～20 m 平行掘一条副巷（或配风巷），主副巷之间每隔一定距离开掘一个联络眼，前一个联络眼贯通后，后一个联络眼便封闭上。利用主巷进风，副巷回风，两条巷道的独头部分可利用风筒或风障导风。

利用平行巷道通风，可以缩短独头巷道的长度，不用局部通风机即可保证较长巷道的通风，连续可靠，安全性好。因此，利用平行巷道通风适用于有瓦斯、冒顶和透水危险的长巷道掘进，特别适用于在开拓布置上为满足运输、通风和行人需要而必须掘进两条并列的斜巷、平巷或上下山的掘进中。

4. 钻孔导风

离地表或邻近水平较近处掘进长巷道反眼或上山时，可用钻孔提前沟通掘进巷道，以便形成贯穿风流，如图 6-4 所示。为克服钻孔阻力，增大风量，可利用大直径钻孔或在钻孔口安装风机。

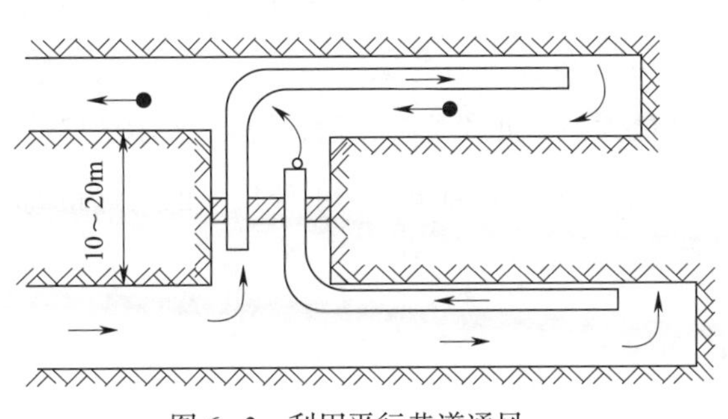

图 6-3　利用平行巷道通风

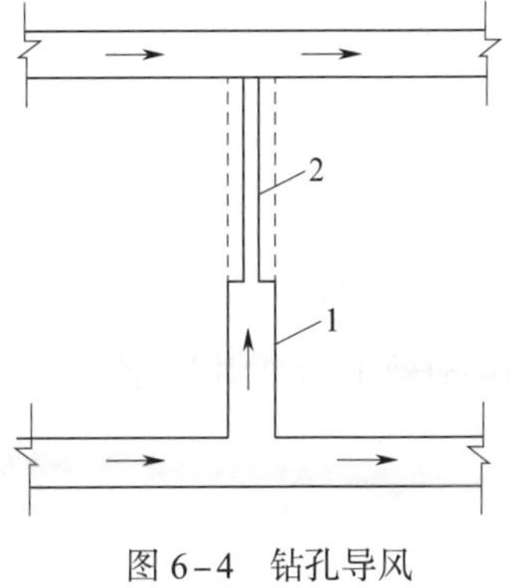

图 6-4　钻孔导风

1—上山；2—钻孔

二、引射器通风

利用引射器产生的通风负压，通过风筒导风的通风方法称为引射器通风。引射器通风一般采用压入式，其布置方式如图 6-5 所示。引射器通风的主要优点是无电气设备、无噪声。水力引射器通风还能起到降温、降尘的作用。在突出严重的煤层掘进时，用引射器代替局部通风机通风，设备结构和操作更简单，也更安全。缺点是供风量小，需要水源或气源。适用于需风量不大的短巷道掘进通风，也可在含尘量大、气温高的采掘机械附近，采取水力引射器与其他通风方法结合的混合式通风。

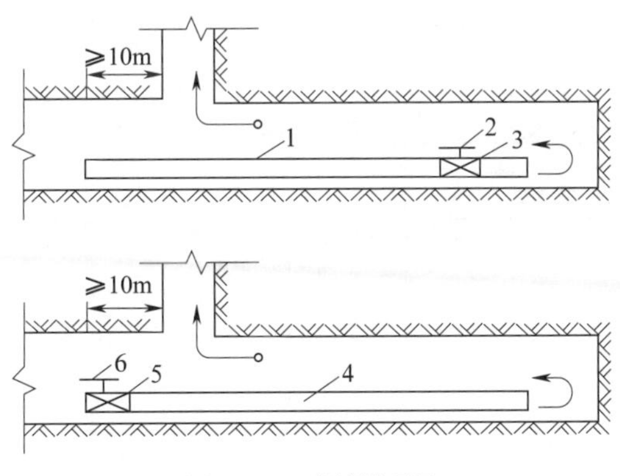

图 6-5　引射器通风

1，4—风筒；2，6—水管（或风管）；3，5—引射器

三、局部通风机通风

局部通风机是用于井下局部地点通风的通风设备。局部通风机通风用局部通风机作为动

力，用风筒导风，把新风送入掘进工作面。局部通风机按其工作方式不同分为压入式、抽出式和压抽混合式三种。

1. 压入式通风

将局部通风机和启动装置安设在离掘进巷道口 10 m 以外的进风侧巷道中，局部通风机把新风经风筒送入掘进工作面，污风沿掘进巷道排出，如图 6–6 所示。风流在风筒出口形成的射流为末端封闭的有限贴壁射流，如图 6–7 所示。气流贴着巷道壁射出风筒后，由于吸卷作用，射流断面逐渐扩大，直至射流的断面达到最大值，此段称扩张段，用 $L_{扩}$ 表示；然后射流断面逐渐缩小，直至为零，此段称收缩段，用 $L_{收}$ 表示。风筒出口至射流反向的最远距离称为射流的有效射程，用 $L_{射}$ 表示：

$$L_{射} = (4\sim5)\sqrt{S} \tag{6-1}$$

式中，S——巷道断面面积，m^2。

在有效射程以外的独头巷道会出现循环涡流区，为了有效地排出炮烟，风筒出口到工作面的距离应小于有效射程 $L_{射}$。

压入式通风的优点是局部通风机和启动装置都位于新风中，不易引起瓦斯和煤尘爆炸，安全性好；风筒出口风流的有效射程长，排烟能力强，工作面通风时间短；既可用硬质风筒，也可用柔性风筒，适应性强。缺点是污风沿巷道排出，污染范围大；炮烟从掘进巷道排出的速度慢，需要的通风时间长。因此，压入式通风适用于以排出瓦斯为主的煤巷、半煤岩巷掘进通风。

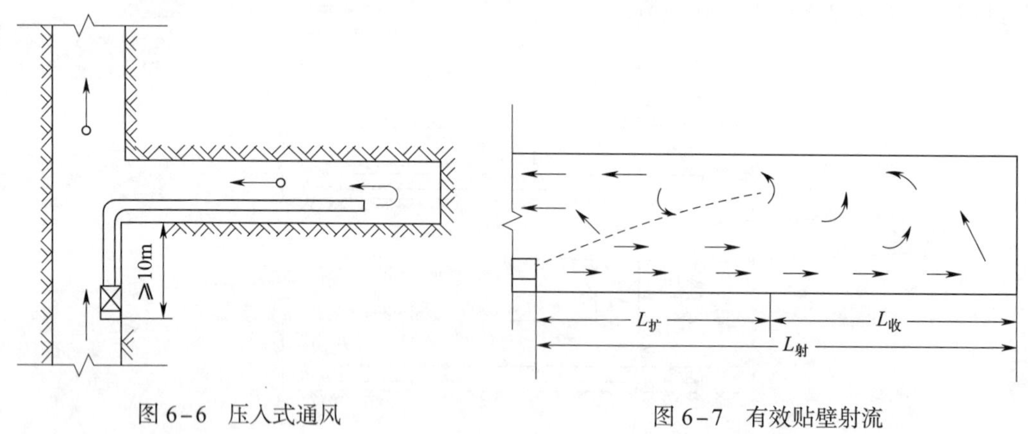

图 6–6　压入式通风　　　图 6–7　有效贴壁射流

2. 抽出式通风

局部通风机安装在离掘进巷道口 10 m 以外的回风侧巷道中，新风沿掘进巷道流入工作面，污风经风筒由局部通风机抽出，如图 6–8 所示。

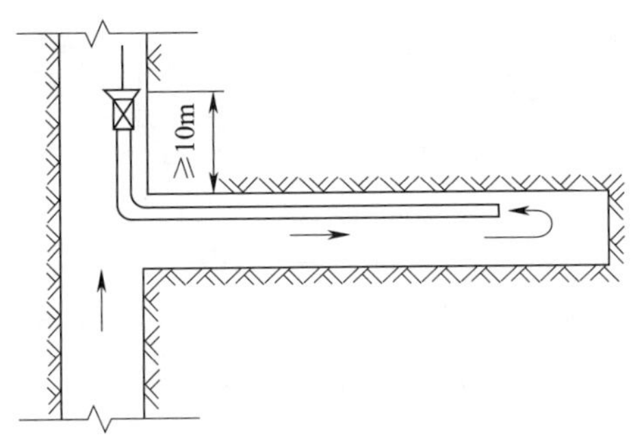

图 6-8　抽出式通风

抽出式通风在风筒吸风口附近形成一股流入风筒的风流，离风筒口越远风速越小，所以，只在距风筒口一定距离以内有吸入炮烟的作用，此段距离称为有效吸程，用$L_{吸}$表示，一般情况下：

$$L_{吸}=1.5\sqrt{S} \tag{6-2}$$

式中，S——巷道断面面积，m^2。

在有效吸程以外的独头巷道循环涡流区，炮烟处于停滞状态。因此，抽出式通风风筒吸风口距工作面的距离应小于有效吸程，才能取得较好的通风效果。

抽出式通风的优点是：污风经风筒排出，掘进巷道中为新风，劳动卫生条件好；爆破时人员只需撤到安全距离即可，往返时间短；需要排烟的巷道长度为工作面至风筒吸风口的距离，故排烟时间短，有利于提高掘进速度。其缺点是：风筒吸风口的有效吸程短，风筒吸风口距工作面距离过远则通风效果不好，过近则爆破时易崩坏风筒；因污风由局部通风机抽出，一旦局部通风机产生火花，有引起瓦斯、煤尘爆炸的危险，安全性差。

3. 混合式通风

混合式通风是指一个掘进工作面同时采用压入式和抽出式联合工作。其中压入式向工作面提供新风，抽出式从工作面排出污风。按局部通风机和风筒的布置不同，可将混合式通风分为长抽短压、长压短抽和长压长抽三种方式。以下主要介绍长抽短压和长压短抽。

（1）长抽短压

长抽短压布置方式如图 6-9（a）所示，工作面污风被压入式风筒压入的新风冲淡和稀释，由抽出式风筒排出。具体要求是：抽出式风筒吸风口与工作面的距离应小于污染物分布集中带长度，且与压入式风机的吸风口距离应大于 10 m；抽出式风机的风量应大于压入式风机的风量；压入式风筒的出口与工作面间的距离应在有效射程之内。若采用长抽短压通风时，其中抽出式风筒须采用硬质风筒或带刚性骨架的可伸缩风筒。若采用柔性风筒，则可将抽出式局部通风机移至风筒入口，改作压入式，如图 6-9（b）所示。

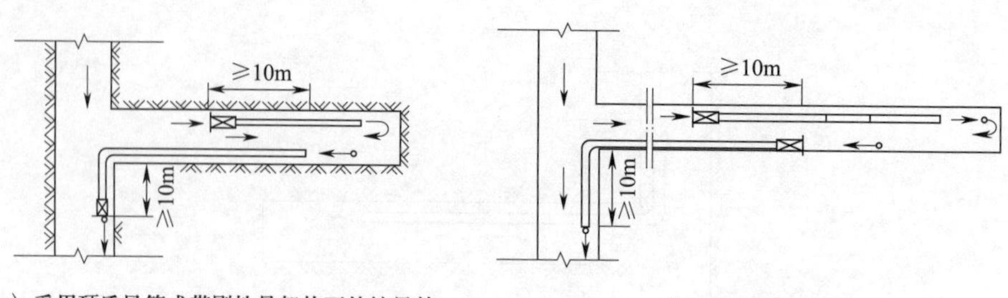

(a) 采用硬质风筒或带刚性骨架的可伸缩风筒

(b) 采用柔性风筒

图 6-9 长抽短压通风方式

(2)长压短抽

长压短抽的布置方式如图 6-10 所示，新风经压入式风筒送入工作面，工作面污风经抽出式风筒沿巷道排出。抽出式风筒吸风口与工作面距离应小于有效吸程，对于综合机械化掘进(综掘)，应尽可能靠近最大产尘点。压入式风筒出风口应超前抽出式风筒出风口 10 m 以上，且与工作面的距离应不超过有效射程。压入式通风机的风量应大于抽出式通风机的风量。

混合式通风兼有抽出式与压入式通风的优点，通风效果好。主要缺点是：增加了一套通风设备，电能消耗大，管理也比较复杂；降低了压入式与抽出式两列风筒重叠段巷道内的风量。混合式通风适用于大断面、长距离岩巷掘进巷道中，煤巷综掘工作面多采用与除尘风机配套的长压短抽混合式通风。

《煤矿安全规程》规定，煤巷、半煤岩巷和有瓦斯涌出的岩巷掘进采用局部通风机通风时，应当采用压入式，不得采用抽出式(压气、水力引射器不受此限)；如采用混合式，必须制定安全措施。瓦斯喷出区域和突出煤层采用局部通风机通风时，必须采用压入式。

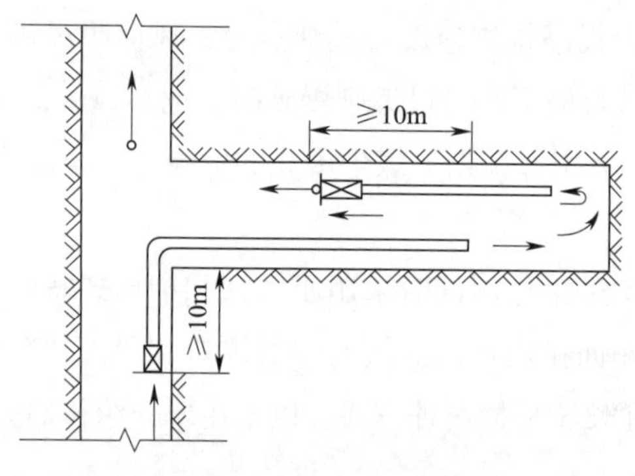

图 6-10 长压短抽通风方式

第二节 局部通风设备

局部通风设备由局部通风机、风筒及除尘设备等附属装置组成。

一、局部通风机

井下局部地点通风所用的通风机称为局部通风机。掘进工作面通风要求通风机体积小、风压高、效率高、噪声低、性能可调、坚固防爆。

1. 局部通风机的种类和性能

（1）JBT 系列局部通风机

JBT 系列局部通风机研制于 20 世纪 60 年代，其全风压效率只有 60%～70%，风量、风压偏低，噪声高［为 103～118 dB（A）］，已逐渐被淘汰。

（2）BKJ66－11 型局部通风机

BKJ66－11 型局部通风机的结构如图 6－11 所示。该型系列通风机机号有 No. 3.6、4.0、4.5、5.0、5.6、6.0、6.3 等规格，部分规格的特性曲线如图 6－12 所示、特性曲线参数见表 6－1。

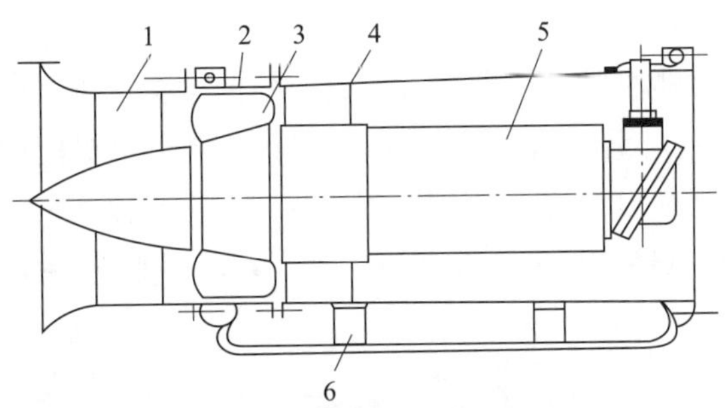

图 6－11　BKJ66－11 型局部通风机的结构

1—前风筒；2—主风筒；3—叶轮；
4—后风筒；5—电动机；6—滑架

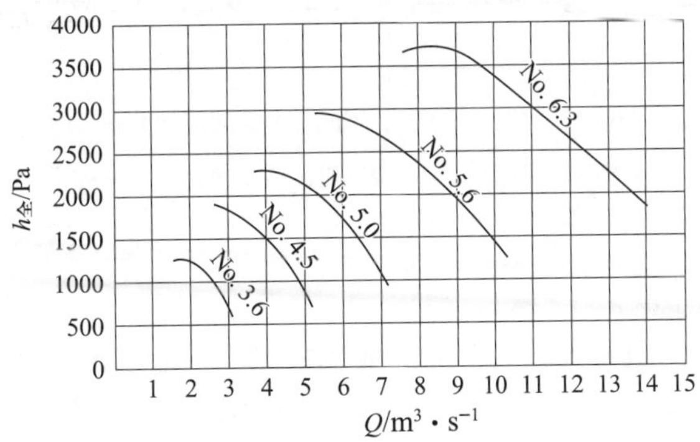

图 6－12　BKJ66－11 型局部通风机部分规格的特性曲线

表 6－1　　BKJ66－11 型局部通风机部分规格的性能参数表

型号	风量 / $m^3 \cdot min^{-1}$	全风压 / Pa	功率 / kW	转速 / $r \cdot min^{-1}$	叶轮直径 / m
BKJ66-11 No. 3.6	80～150	600～1 200	2.5	2 950	0.36
BKJ66-11 No. 4.0	120～210	800～1 500	5	2 950	0.4

续表

型号	风量 / $m^3 \cdot min^{-1}$	全风压 / Pa	功率 / kW	转速 / $r \cdot min^{-1}$	叶轮直径 / m
BKJ66-11 No. 4.5	170～300	1 000～1 900	8	2 950	0.45
BKJ66-11 No. 5.0	240～420	1 200～2 300	15	2 950	0.5
BKJ66-11 No. 5.6	330～570	1 500～2 900	22	2 950	0.56
BKJ66-11 No. 6.3	470～800	2 000～3 700	42	2 950	0.63

BKJ66－11 型通风机的优点是：效率高，最高效率达 90%，且高效区宽，比 JBT 型通风机效率高 15%～30%；耗电少，如用 BKJ66－11 No. 4.5 代替 JBT52－2 型，电动机功率可由 11 kW 降至 8 kW；噪声低，比 JBT 型局部通风机低 6～8 dB（A）。

（3）对旋式局部通风机

我国生产的对旋式局部通风机特点是噪声低、结构紧凑、风压高、流量大、效率高，部件通用化，使用安全，维修方便；根据不同通风要求，既可整机使用，又可分级使用，从而减少能耗。我国研制生产的 FBD 系列矿用隔爆压入式对旋轴流式局部通风机是专用于井下含瓦斯、煤尘或其他爆炸性气体环境的隔爆型通风机，其结构如图 6－13 所示。

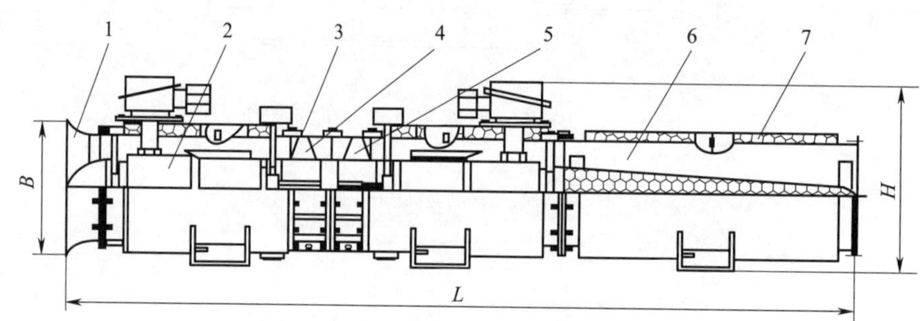

图 6－13　FBD 系列对旋轴流式局部通风机的结构

1—集流器；2—电机；3—机壳；4—一级叶轮；5—二级叶轮；6—扩散器；7—消声层

2. 局部通风机联合工作

（1）局部通风机的串联

在通风距离长、风筒阻力大，一台局部通风机风压不能满足掘进需风量时，可采用两台局部通风机串联工作。串联方式有集中串联和间隔串联。若两台局部通风机之间仅用较短（1～2 m）的铁风筒连接称为集中串联，其风筒的压力分布如图 6－14（a）所示；若局部通风机分别布置在风筒的端部和中部，则称为间隔串联，其风筒的压力分布如图 6－14（b）所示。

局部通风机串联的布置方式不同，沿风筒的压力分布也不同。集中串联的风筒全长均应处于正压状态，以防柔性风筒抽瘪，但靠近风机侧的风筒承压较高，柔性风筒容易胀裂，且漏风较大。间隔串联的风筒承压较低，漏风较少，但两台局部通风机相距过远时，其连接风筒可能出现负压段，如图 6－14（c）所示，使柔性风筒抽瘪而不能正常通风。

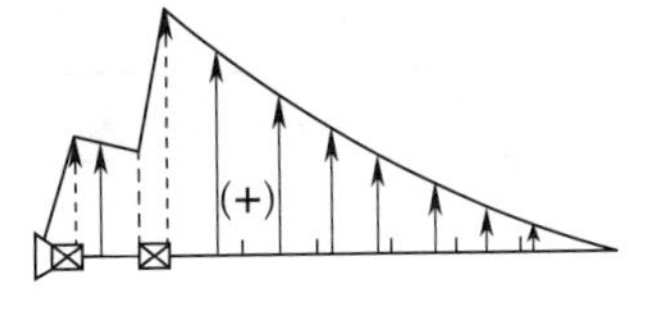

(a) 集中串联

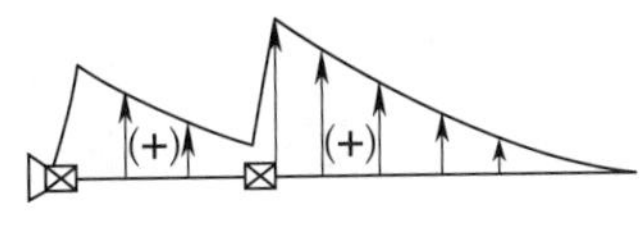

(b) 间隔串联

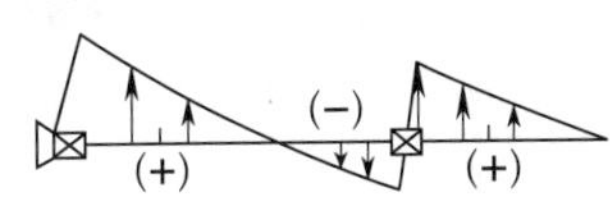

(c) 风机间距过远

图 6－14　局部通风机串联布置时风筒的压力分布

（2）局部通风机并联

当风筒风阻不大，用一台局部通风机供风不足时，可采用两台局部通风机集中并联工作。

二、风筒

1. 风筒的类型

掘进通风使用的风筒分硬质风筒和柔性风筒两类。

（1）硬质风筒

硬质风筒一般由 2～3 mm 厚的铁板卷制而成，常见的铁风筒规格参数见表 6－2。铁风筒的优点是坚固耐用，使用时间长，各种通风方式均可使用。缺点是成本高，易腐蚀，笨重，拆、装、运不方便，在弯曲巷道中使用困难。铁风筒在煤矿中的使用量日渐减少。近年来，玻璃钢风筒的使用量有所上升，其优点是比铁风筒轻便（重量仅为铁的 1/4），抗酸、碱腐蚀性强，摩擦阻力系数小，但成本比铁风筒高。

表 6－2　铁风筒规格参数表

风筒直径 / mm	风筒节长 / m	风筒壁厚 / mm	垫圈厚 / mm	风筒质量 / $kg \cdot m^{-1}$
400	2，2.5	2	8	23.4
500	2.5，3	2	8	28.3
600	2.5，3	2	8	34.8
700	2.5，3	2.5	8	46.1
800	3	2.5	8	54.5
900	3	2.5	8	60.8
1 000	3	2.5	8	60.8

（2）柔性风筒

柔性风筒主要有帆布风筒、胶布风筒和人造革风筒等，常见的胶布风筒规格参数见表 6－3。柔性风筒的优点是轻便，拆装搬运容易，接头少。缺点是强度低，易损坏，使用时间短，且只能用于压入式通风。目前煤矿中采用压入式通风时均使用柔性风筒。

表 6-3　　胶布风筒规格参数表

风筒直径 / mm	风筒节长 / m	风筒壁厚 / mm	垫圈厚 / mm	风筒质量 / kg·m⁻¹
300	10	1.2	1.3	0.071
400	10	1.2	1.6	0.126
500	10	1.2	1.9	0.196
600	10	1.2	2.3	0.283
800	10	1.2	3.2	0.503
1 000	10	1.2	4	0.785

随着综掘工作面的增多，混合式通风除尘技术得到了广泛应用，为了满足抽出式通风的要求，也为了充分利用柔性风筒的优点，带刚性骨架的可伸缩风筒（在柔性风筒内每隔一定距离加一个钢丝圈或螺旋形钢丝圈）得到了开发和应用。这种风筒能承受一定的负压，可用于抽出式通风，而且具有可伸缩的特点，比铁风筒使用方便。以金属整体螺旋弹簧钢丝为骨架的塑料布风筒如图 6-15（a）所示，其快速弹簧接头如图 6-15（b）所示。风筒直径有 200 mm、300 mm、400 mm、500 mm、600 mm 和 800 mm 等规格。

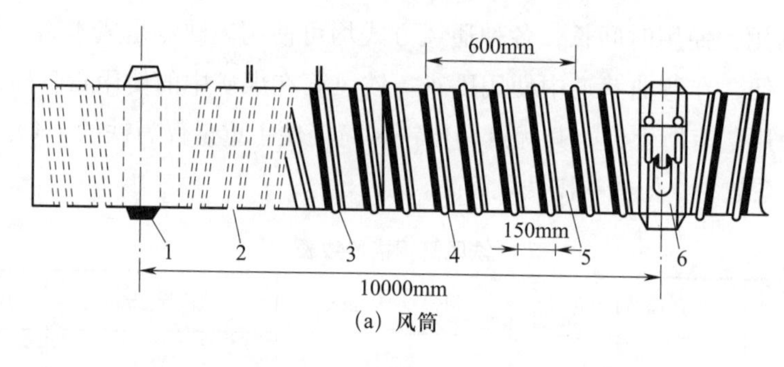

(a) 风筒

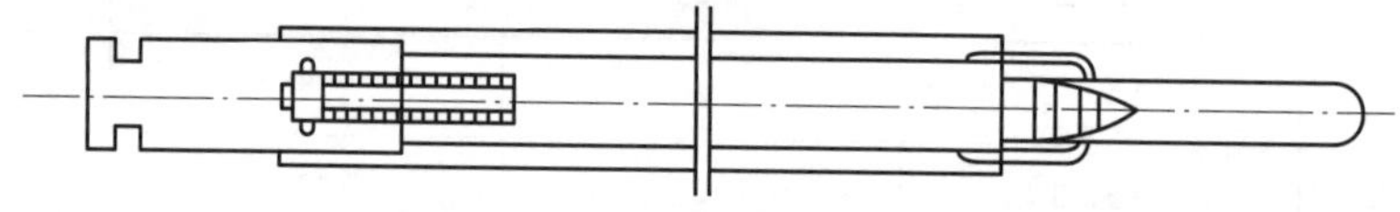

(b) 快速弹簧接头

图 6-15　可伸缩风筒的结构

1—圈头；2—螺旋弹簧；3—吊钩；4—塑料压条；5—风筒布；6—快速弹簧接头

2. 风筒的阻力

依据式（3-5）和圆的周长面积计算公式得：

$$h_{摩} = \alpha \frac{LU}{S^3} Q^2 = \frac{64\alpha L}{\pi^2 D^5} Q^2 \tag{6-3}$$

式中，D——风筒直径，m；

π——圆周率，取 3.14。

同直径的风筒的摩擦阻力系数 α 值可视为常数，铁风筒的 α 值可按表 6-4 选取，玻璃钢风筒的 α 值可按表 6-5 选取。

表 6-4　　铁风筒摩擦阻力系数

风筒直径 / mm	200	300	400	500	600	800
$\alpha\times10^4/\text{kg}\cdot\text{m}^{-3}$	49	44.1	39.2	34.3	29.4	24.5

表 6-5　　玻璃钢风筒摩擦阻力系数

风筒型号	JZK-800-42	JZK-800-50	JZK-700-36
$\alpha\times10^4/\text{kg}\cdot\text{m}^{-3}$	19.6～21.6	19.6～21.6	19.6～21.6

柔性风筒和带刚性骨架的可伸缩风筒的摩擦阻力系数与其壁面承受的风压有关。在实际应用中，整列风筒风阻除与长度和接头等有关外，还与风筒的吊挂维护等管理质量密切相关，一般以风筒百米风阻的实测值作为衡量风筒管理质量和设计合理性的数据。在缺少实测资料时，胶布风筒的摩擦阻力系数 α 与百米风阻 R_{100} 可参用表 6-6 所列数据。

表 6-6　　胶布风筒的摩擦阻力系数与百米风阻值

风筒直径 /mm	300	400	500	600	700	800	900	1 000
$\alpha\times10^4/\text{kg}\cdot\text{m}^{-3}$	53	49	45	41	38	32	30	29
$R_{100}/\text{kg}\cdot\text{m}^{-7}$	412	314	94	34	14.7	6.5	3.3	2

三、除尘设备

为了提高掘进工作面除尘效果，尤其是综掘巷道除尘，应在掘进通风中配备专门的除尘设备。

现有除尘设备的种类繁多，原理各异。有的是利用矿尘粒子的重力、惯性力、离心力捕集矿尘，有的利用扩散黏附力以及电磁力等捕集矿尘。用于综掘工作面的除尘设备种类很多，例如，德国生产的 SRM-330 型掘进机采用的是布袋过滤器；美国乔埃 11 型掘进机用的是纤维层除尘器；奥地利 AM-50 型掘进机组采用文丘里除尘器和干式过滤器。我国生产的 SCF 系列湿式除尘机是由抽出式风机和除尘器两部分组成的，如图 6-16 所示。它主要利用叶轮旋转所形成的负压将含尘空气吸入，在叶轮前面喷水雾化，使其形成尘雾，经具有复杂结构的除尘器过滤除尘。

SCF 系列湿式除尘机除尘效率高，对悬浮粉尘的除尘效率可达 99%，对呼吸性粉尘的除尘效率可达 94%；可配用带刚性骨架的可缩性风筒或金属风筒作抽出式局部通风机使用，也可与采掘机械配套除尘。SCF 系列湿式除尘机的主要技术参数见表 6-7 所示。

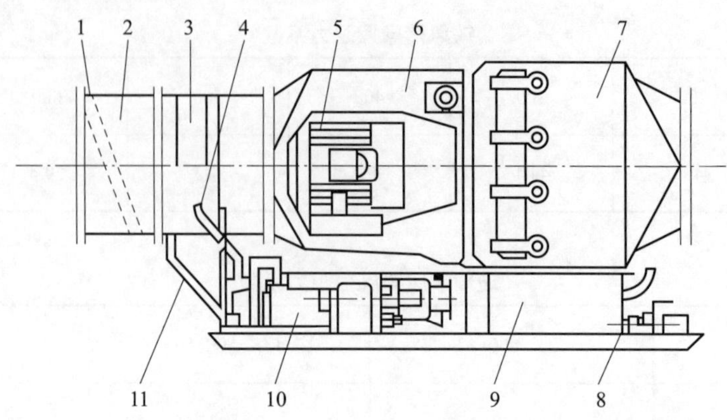

图 6-16 SCF 系列湿式除尘机

1—可调风门；2—调节风闸；3—安全风窗；4—喷水风筒；5—电动机；6—通风机；7—除尘器及脱水器；8—底架；9—沉淀水箱；10—泵；11—喷雾和管道系统

表 6-7 SCF 系列湿式除尘机的主要技术参数

型号	风量 / $m^3 \cdot s^{-1}$	风压 / kPa	吸风口直径 / mm	除尘量 / $kg \cdot h^{-1}$	除尘效率 / %		主电动机功率 / kW	泵电动机功率 / kW	噪声 /dB	质量 /kg
					悬浮粉尘	呼吸性粉尘				
SCF-5	2.83	22	460	13.6～18.2	99	94	11	1．5	101	690
SCF-6	3.75	30	610	27～32	99	94	18.5	2．2	<85	1 575
SCF-7	6.8	40	760	63～85	99	94	37	5．5	113	2 200

第三节 局部通风机通风参数测算及设备选择

一、局部通风机的工作风量

局部通风机的工作风量是指局部通风机运转时单位时间内通过局部通风机的风量（m^3/min）。其测量方法一般是：用压差计和皮托管测量局部通风机出风口前风筒内的动压，然后依据动压计算风速，再依据风速计算风量，此风量就是局部通风机实际运转时的风量。其计算方法如下。

1. 局部通风机出口前的风速计算

$$v_{局通} = \sqrt{\frac{2h_{动}}{\rho}} \tag{6-4}$$

式中，$v_{局通}$——局部通风机出风口前的风速，m/s；

$h_{动}$——局部通风机出风口前的动压，Pa；

ρ——测点的空气密度，kg/m^3。

2. 计算局部通风机的工作风量

$$Q_{局通}=60v_{局通}S \tag{6-5}$$

式中，$Q_{局通}$——局部通风机的工作风量，m^3/min；

S——风筒的断面面积，m^2。

如果局部通风机做压入式通风，不论其风筒连接多长，一般测点选在局部通风机出风口前端 3～5 m 处，如图 6－17 所示。这样可避开局部通风机出风口处的涡流，压力比较平稳，不会产生大的偏差。不宜将测点选在局部通风机的出风口上。如果局部通风机作抽出式通风，其测点选在局部通风机进风口后 3～5 m 处，如图 6－18 所示。

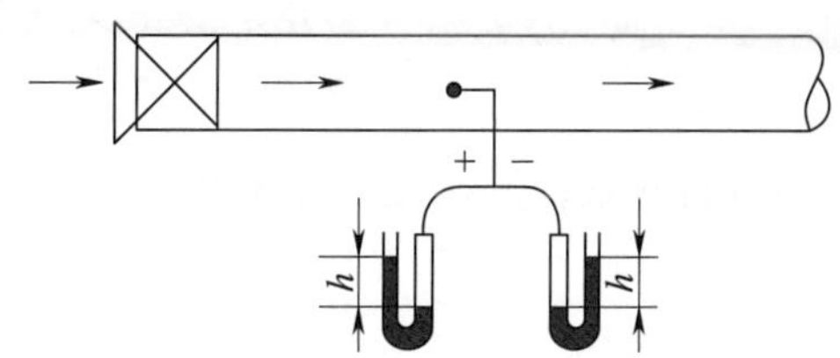

图 6－17　局部通风机压入式通风测点位置

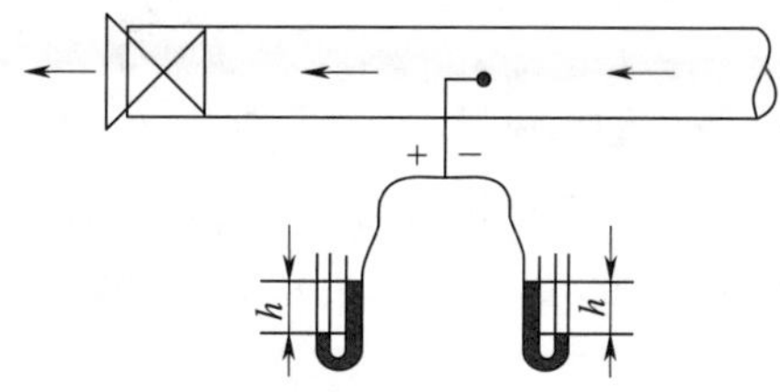

图 6－18　局部通风机抽出式通风测点位置

二、局部通风机的工作风压

当采用压入式通风时，局部通风机以其全压 $h_{局全}$ 来克服风筒的总阻力：

$$h_{局全}=R_{筒总}Q_{筒均}^2 \tag{6-6}$$

式中，$h_{局全}$——局部通风机的全压，Pa；

$R_{筒总}$——风筒使用长度的总风阻，kg/m^7；

$Q_{筒均}$——通过风筒的平均风量，m^3/s。

当采用抽出式通风时，局部通风机以其静压 $h_{局静}$ 来克服风筒的总阻力：

$$h_{局静}=R_{筒总}Q_{筒均}^2 \tag{6-7}$$

式中，$h_{局静}$——局部通风机的静压，Pa。

三、风筒风量及漏风参数（以压入式局部通风机通风方式为例）

1. 风筒末端出口风量

掘进工作面风筒末端出口风量用风表进行测量。测量时要注意风筒出风口风速的高低，如风速≥10 m/s，可用高速杯式风表测量；如风速＜10 m/s，可用中速风表或热球式风表进行测量。根据测量结果，按式（6－8）计算掘进工作面风筒末端出口风量 $Q_{筒出}$：

$$Q_{筒出}=60v_{筒出}S \tag{6-8}$$

式中，$Q_{筒出}$——掘进工作面风筒末端出风口风量，m^3/min；

$v_{筒出}$——掘进工作面风筒末端出风口断面上的平均风速，m/s；

S——掘进工作面风筒末端出风口断面面积，m^2。

对低瓦斯矿井，风筒末端出风口风量一般要求每天测量 1 次；对高瓦斯矿井，要求每班测量 1 次，以便掌握掘进工作面风量和瓦斯变化情况。如发现风筒出风口风量达不到要求，应及时采取措施，设法使风量满足要求。

漏风会导致风筒始端进风口风量（即局部通风机的工作风量 $Q_{局通}$）与风筒末端出风口风量 $Q_{筒出}$（即掘进工作面风量）不等，故用始末两端风量的几何平均值作为通过风筒的平均风量 $Q_{筒均}$：

$$Q_{筒均} = \sqrt{Q_{局通} Q_{筒出}} \tag{6-9}$$

2. 风筒的漏风量

测算整列风筒的漏风量 $Q_{筒漏}$ 时，按要求应逐节进行测量，但在生产实践中，一般取风筒始端的进风口风量和风筒末端的出风口风量之差：

$$Q_{筒漏} = Q_{局通} - Q_{筒出} \tag{6-10}$$

3. 风筒的有效风量率

风筒的有效风量率 $P_{筒效}$ 是指风筒末端出风口风量占局部通风机工作风量（风筒的进风口风量）的比例（%）：

$$P_{筒效} = \frac{Q_{筒出}}{Q_{局通}} \times 100\% \tag{6-11}$$

4. 风筒的漏风率及百米漏风率

在正常情况下，金属风筒和透气性极小的塑料风筒的漏风主要发生在接头处；胶布风筒不仅接头有漏风，而且风筒壁面针眼也有漏风，其漏风在风筒全长上可视为连续的、均匀的。

（1）风筒漏风率

风筒漏风率 $P_{筒漏}$ 是指风筒漏风量占局部通风机工作风量的比例（%）：

$$P_{筒漏} = \frac{Q_{筒漏}}{Q_{局通}} \times 100\% = \frac{Q_{局通} - Q_{筒出}}{Q_{局通}} \times 100\% \tag{6-12}$$

漏风率是衡量风筒性能的重要参数。风筒的漏风率越小，风筒的漏风量越少，则送达工作面或抽出的风量越多。风筒漏风率除与风量本身的质量和规格参数（节长、直径、全长等）有关外，还与使用条件和管理水平有密切关系，接头方式对漏风影响极大。

（2）风筒百米漏风率

风筒漏风率 $P_{筒漏}$ 虽然反映了某一列风筒的漏风情况，但不能作为比较的指标，因此，在假定漏风在风筒全长上均匀分布的条件下，常用风筒百米漏风率 $P_{漏100}$ 来衡量风筒漏风程度：

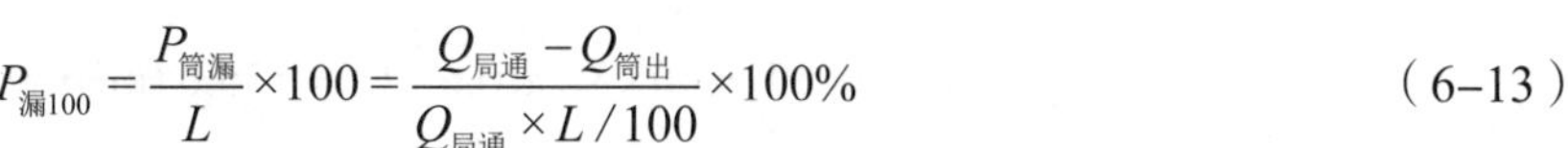

$$P_{漏100}=\frac{P_{筒漏}}{L}\times 100=\frac{Q_{局通}-Q_{筒出}}{Q_{局通}\times L/100}\times 100\% \tag{6-13}$$

式中：L——风筒的使用长度，m。

百米漏风率不能用于推算任意长度时的风筒漏风量，只有在节长相等的条件下，才有实际的比较意义。

一般要求柔性风筒的百米漏风率符合表 6－8 的要求。

表 6－8　柔性风筒百米漏风率

送风距离 /m	＜200	200～500	500～1 000	1 000～2 000	＞2 000
百米漏风率 /%	＜15	＜10	＜3	＜2	＜1.5

四、局部通风设备的选择

方法一：通过计算确定局部通风机的工作风量和工作风压，然后根据局部通风机个体特性曲线或局部通风机技术性能参数选择合适的通风机。

方法二：根据经验选用。由于局部通风机的工作条件经常变动，不同送风距离的各种风筒的风阻和漏风率可能未进行系统测定，给局部通风机工作风压与风量的计算带来了一定不便，同时局部通风机通风在管理上的影响因素较多，所以一般不采用计算方法来选择局部通风设备，而是根据经验选用。

1. 局部通风机的选择

依据：掘进工作面需风量、通风距离。

要求：尽量选用高效率、低噪声的局部通风机；尽量采用系列化产品，以便于管理、维修与联合运行。

2. 风筒的选择

依据：通风方式、掘进工作面需风量、通风距离和巷道断面等。

要求：达到设计最大通风距离时，与局部通风机配合仍能满足掘进工作面对风量的要求；在巷道断面允许的条件下，尽量采用大直径的风筒，以减少风筒的摩擦风阻值；尽量选用阻燃、抗静电性能好的风筒。

【例 6－1】某掘进巷道采用压入式通风方式，柔性风筒直径为 600 mm，风筒当前使用长度为 500 m，现测得局部通风机出风口前动压为 38.4 Pa，空气密度为 1.2 kg/m^3，风筒末端出风口平均风速为 7 m/s，风筒百米风阻为 23 kg/m^7。试求局部通风机的工作风量和工作风压以及掘进工作面风量、风筒有效风量率、风筒漏风率和百米漏风率（结果保留 1 位小数）。

【解】（1）局部通风机出风口的风速为：

$$v=\sqrt{\frac{2h_{动}}{\rho}}=\sqrt{\frac{2\times 38.4}{1.2}}=8\ (\mathrm{m/s})$$

所以局部通风机的工作风量为：

$$Q_{局通}=60v_{局通}S=60\times 8\times \pi(0.6/2)^2=135.6\,(m^3/min)$$

（2）掘进工作面风量为：

$$Q_{掘}=Q_{筒出}=60v_{筒出}S=60\times 7\times \pi(0.6/2)^2=118.7\,(m^3/min)$$

（3）局部通风机的工作风压为：

$$h_{局全}=R_{筒总}Q_{筒均}^2$$

因为 $Q_{筒均}=\sqrt{Q_{局通}\times Q_{筒出}}=\sqrt{135.6\times 118.7}=126.9\,(m^3/min)=2.1\,(m^3/s)$

所以 $h_{局全}=23\times 5\times 2.1^2=507.2\,(Pa)$

（4）风筒的有效风量率为：

$$P_{筒效}=\frac{Q_{筒出}}{Q_{局通}}\times 100\%=\frac{118.7}{135.6}\times 100\%=87.5\%$$

（5）风筒漏风率为：

$$P_{筒漏}=\frac{Q_{局通}-Q_{筒出}}{Q_{局通}}\times 100\%=\frac{135.6-118.7}{135.6}\times 100\%=12.5\%$$

（6）风筒百米漏风率为：

$$P_{漏100}=\frac{P_{筒漏}}{L}\times 100=\frac{12.5\%}{500}\times 100=2.5\%$$

【知识拓展】

智能变频局部通风机

目前多数煤矿的局部通风机采用普通防爆组合开关直接控制供电。传统的控制方式无法实现随着巷道延伸和工作面瓦斯等有害气体的浓度的变化，随时控制局部通风机的风量。当掘进工作面正头出现瓦斯异常时，无法及时增大风量稀释瓦斯。而人为调节局部通风机风量时间慢、难度大。

《国家矿山安全监察局关于加强煤与瓦斯突出防治工作的通知》规定，煤矿采掘作业过程中有瓦斯变化超过 0.2% 时，就要立即停止生产，分析原因。

因此，防止瓦斯超限和异常，调节风量的时效性尤为重要，反应时间永远放在第一位，而机器永远要比人的反应快。

智能变频局部通风机通过变频器、局部通风机、传感器和可编程控制器（PLC）等装置，在设备正常供电情况下，可以根据掘进工作面瓦斯涌出量大小动态进行控制，尽可能使风量保持在合理范围内，避免瓦斯超限。多数智能变频局部通风机能够实现无级调速，满足远近距离通风和节能要求，且不需要人工排放瓦斯，可根据设定的瓦斯浓度安全值提前自动进行排放。

智能变频局部通风机的应用，为后期长距离巷道通风方法的研究提供了参考，有效减少了巷道内瓦斯超限现象的发生，改善了巷道内的气候条件，保障了作业人员的安全，为掘进巷道高效生产提供了保障。

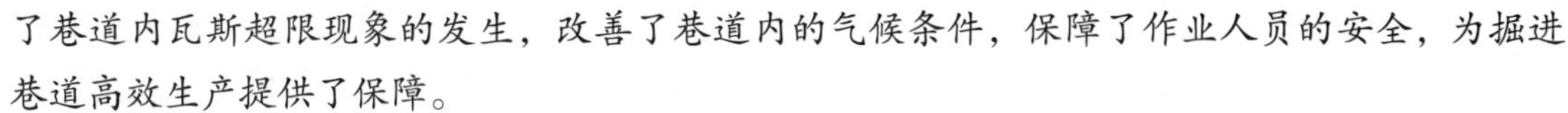

第四节　局部通风机通风的技术管理

一、加强局部通风机通风技术管理的意义

掘进通风的主要特点是：只有一个出口，本身不能形成通风系统，易出现瓦斯爆炸和窒息事故。主要原因有以下三点：一是瓦斯涌出量大，由于掘进巷道多位于煤层的新开拓区，首先揭开煤层，瓦斯涌出量较大；二是通风管理难度较大，即使采用局部通风机通风，管理难度也较大，如因机电故障停转，风筒脱节或漏风太大，或距工作面较远，都会导致风量不足或风速过低，进而导致瓦斯积聚；三是点火源多，滚筒截割、电钻打眼、爆破、机电设备失爆、管理不善等，都易引发瓦斯爆炸事故。

局部通风机的通风效果主要取决于局部通风机通风的技术管理水平。多年来，我国煤矿作业人员和工程技术人员，为提高局部通风机通风效果，创造总结出了很多行之有效的经验，大大提高了单巷掘进的送风距离。

加强局部通风机通风技术管理的意义主要在于：消灭矿井中的大部分瓦斯事故；以较少的设备投入实现长距离的掘进通风。

二、掘进通风管理技术措施

掘进通风管理技术措施主要有加强风筒管理、保证局部通风机安全可靠运转、掘进通风安全技术装备系列化、局部通风机消声措施等。

1. 加强风筒管理

（1）减少风筒漏风

1）改进风筒接头方法和减少接头数。风筒接头的质量直接影响风筒的漏风和风筒阻力。改进风筒接头方法和减少风筒接头数，是减少风筒漏风的重要措施。

①改进接头方法的具体措施如下：

a. 插接法。把风筒的一端顺风流方向插到另一节风筒中，并拉紧风筒使两个铁环靠紧。这种接头方法操作简单，但不牢固、漏风大。为减少漏风，普遍采用的是反边接头法。

b. 反边接头法。反边接头法分单反边、双反边和多反边三种形式。单反边接头法是指在一个接头上留反边，即只在缝有铁环的接头上留 200～300 mm 的反边，而另一个接头不留反边，将留有反边的接头插入（顺风流）另一个接头中，然后将两风筒拉紧使两铁环紧靠，再将反边翻压到两个铁环之上即可。双反边接头法是指在两个接头上均留有 200～300 mm 的反边，且比单反边多翻压一层，如图 6-19 所示。多反边接头法比双反边增加一个活铁环，将活铁环套在反边 2 的风筒上，将反边 1 的接头顺风流插入反边 2 的接头，并将反边 1 翻压到反边 2 上，将活铁环 3 套在反边 1、反边 2 上，最后将反边 1、反边 2 再同时翻压在活铁环和反边 1 上，如图 6-20 所示。反边接头法的翻压层数越多，漏风越少。

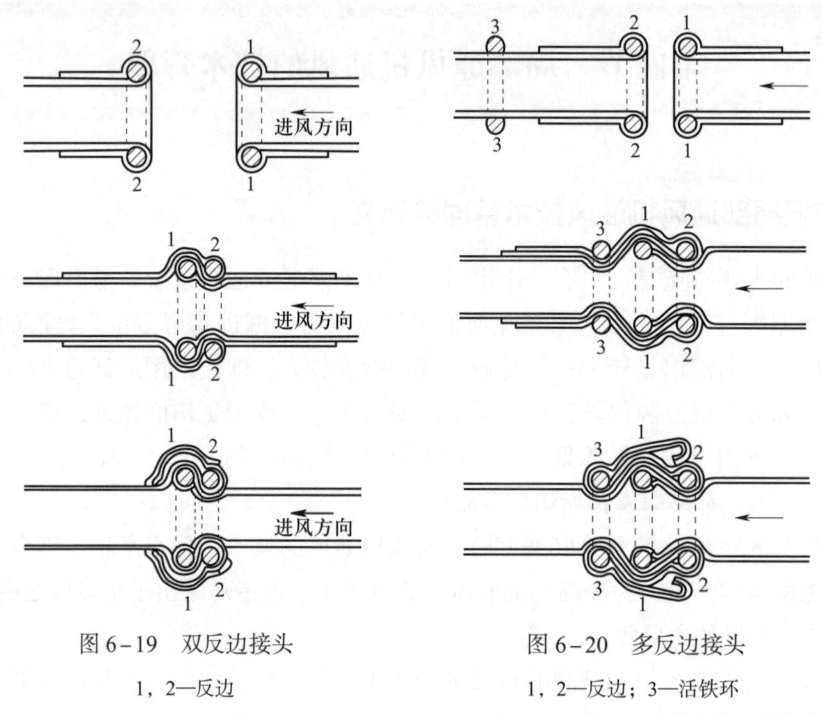

图 6-19　双反边接头

1，2—反边

图 6-20　多反边接头

1，2—反边；3—活铁环

②减少接头数。无论采用哪种接头方法，均不可能杜绝漏风，因此应尽量减少接头数，即尽量选用长节风筒。目前普遍使用的柔性风筒，每节长 10 m，可采用胶粘接头法，将 5～10 节风筒顺序粘接起来，使每节风筒的长度增到 50～100 m，从而减少接头数以减少漏风。

2）减少针眼漏风。胶布风筒是用线缝制成的，在风筒吊环和缝合处都有很多针眼。据现场观测，在 1 kPa 压力下，针眼普遍漏风。因此应用胶布粘补风筒的针眼处，以减少漏风。

3）防止风筒破口漏风。风筒靠近工作面的前端，应设置一段 3～4 m 长的铁风筒，随工作面推进向前移动，以防爆破崩坏胶布风筒。掘进巷道要加强支护，以防冒顶片帮砸坏风筒。风筒要吊挂在上帮的顶角处，防止被矿车刮破。对于风筒的破口、裂缝要及时粘补，损坏严重的风筒应及时更换。

（2）降低风筒的风阻

为了减少风筒的风阻以增加供风量，风筒吊挂应做到“逢环必挂，缺环必补；吊挂平直，拉紧吊稳”。局部通风机要用托架抬高，尽量和风筒在一条直线上。风筒拐弯应圆缓，勿使风筒褶皱。在一条巷道内，应尽量使用同规格的风筒，如使用不同直径的风筒时，应用异径风筒连接。风筒中有积水时，要及时放掉，以防止风筒变形破裂和增大风阻值。可在积水处安设气门嘴孔，放水时拧开，放完水再拧紧。

2. 保证局部通风机安全可靠运转

为保证局部通风机的安全可靠运转，必须加强局部通风机使用过程的检查和维修工作，严禁带“病”运行；严格执行局部通风机的安装、使用等管理制度。

《煤矿安全规程》规定，安装和使用局部通风机和风筒时，必须遵守下列规定：

（1）局部通风机必须由指定人员负责管理。

（2）压入式局部通风机和启动装置安装在进风巷道中，距掘进巷道回风口不得小于 10 m；全风压供给该处的风量必须大于局部通风机的吸入风量，局部通风机安装地点到回风口间的巷道中的最低风速必须符合《煤矿安全规程》的规定。

（3）高瓦斯、突出矿井的煤巷、半煤岩巷和有瓦斯涌出的岩巷掘进工作面正常工作的局部通风机必须配备安装同等能力的备用局部通风机，并能自动切换。正常工作的局部通风机必须采用“三专”（专用开关、专用电缆、专用变压器）供电，专用变压器最多可向 4 个不同掘进工作面的局部通风机供电；备用局部通风机电源必须取自同时带电的另一电源，当正常工作的局部通风机故障时，备用局部通风机能自动启动，保持掘进工作面正常通风。

（4）其他掘进工作面和通风地点正常工作的局部通风机可不配备备用局部通风机，但正常工作的局部通风机必须采用“三专”供电；或者正常工作的局部通风机配备安装一台同等能力的备用局部通风机，并能自动切换。正常工作的局部通风机和备用局部通风机的电源必须取自同时带电的不同母线段的相互独立的电源，保证正常工作的局部通风机故障时，备用局部通风机能投入正常工作。

（5）采用抗静电、阻燃风筒。风筒口到掘进工作面的距离、正常工作的局部通风机和备用局部通风机自动切换的交叉风筒接头的规格和安设标准，应当在作业规程中明确规定。

（6）正常工作和备用局部通风机均失电停止运转后，当电源恢复时，正常工作的局部通风机和备用局部通风机均不得自行启动，必须人工开启局部通风机。

（7）使用局部通风机供风的地点必须实行风电闭锁和甲烷电闭锁，保证当正常工作的局部通风机停止运转或者停风后能切断停风区内全部非本质安全型电气设备的电源。正常工作的局部通风机故障，切换到备用局部通风机工作时，该局部通风机通风范围内应当停止工作，排除故障；待故障被排除，恢复到正常工作的局部通风后方可恢复工作。使用 2 台局部通风机同时供风的，2 台局部通风机都必须同时实现风电闭锁和甲烷电闭锁。

（8）每 15 天至少进行 1 次风电闭锁和甲烷电闭锁试验，每天应当进行 1 次正常工作的局部通风机与备用局部通风机自动切换试验，试验期间不得影响局部通风，试验记录要存档备查。

（9）严禁使用 3 台及以上局部通风机同时向 1 个掘进工作面供风。不得使用 1 台局部通风机同时向 2 个及以上作业的掘进工作面供风。

3. 掘进通风安全技术装备系列化

掘进通风安全技术装备系列化，对于保证掘进工作面通风的安全性和可靠性具有重要意义。掘进通风安全技术装备系列化是指通过在治理瓦斯、煤尘火灾爆炸等灾害的实践中不断发展起来的多种安全技术装备，以预防和治理相结合的方式防止掘进工作面发生灾害的行之有效的综合性安全措施。主要内容如下。

（1）保证局部通风机稳定运转的装置

1）“双风机双电源”自动切换和风筒自动倒风装置。正常通风时由专用开关供电，使局部通风机运转通风；常用局部通风机因故障停机时，电源开关自动切换，备用风机即刻启动，继续供风，从而保证了局部通风机的连续运转。由于双风机共用同一主风筒，风机要实现自动倒换时，连接两风机的风筒也必须能够自动倒风，风筒自动倒风装置有以下两种结构：

①短节倒风。将连接常用风机风筒一端的半圆与连接备用风机风筒一端的半圆胶粘、缝合在一起（其长度为风筒直径的1～2倍），套入共用风筒，并对接头处进行防漏风处理，即可投入使用，如图6-21（a）所示。常用风机运转时，在风机风压的作用下，连接常用风机的风筒被撑开，将并联的备用风机风筒紧压在双层风筒段内，阻断了备用风机风筒。若常用风机停转，备用风机启动，则常用风机的风筒被备用风机风筒紧压在双层风筒段内，阻断了常用风机风筒，从而达到自动倒风换流的目的。

②切换片倒风。在连接常用风机的风筒与连接备用风机的风筒之间夹粘一片长度为风筒直径的1.5～3倍、宽度大于1/2风筒周长的倒风切换片，将其嵌套在共用风筒内并胶粘在一起，经防漏风处理后便可投入使用，如图6-21（b）所示。常用风机运行时，在风机风压的作用下，倒风切换片将连接备用风机的风筒阻断。若常用风机停机，备用风机启动，用倒风切换片又将连接常用风机的风筒阻断，从而达到自动倒风换流的目的。

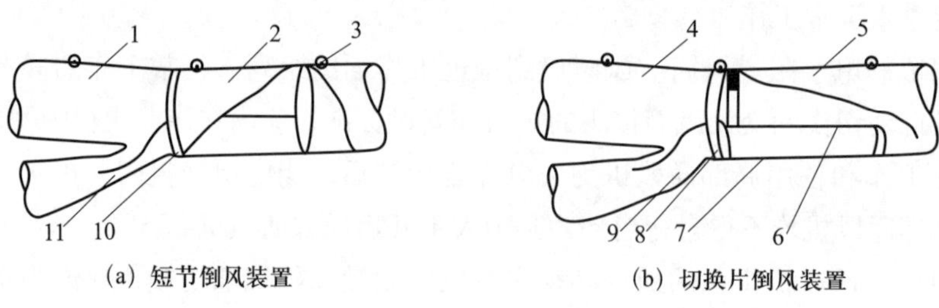

(a) 短节倒风装置　　(b) 切换片倒风装置

图6-21　倒风装置

1，4—常用风筒；2，5—共用风筒；3—吊环；6—缝合线；
7—倒风切换片；8，10—风筒粘接处；9，11—备用风筒

2）“三专两闭锁”装置。“三专”是指局部通风机的专用变压器、专用开关、专用电缆，“两闭锁”则指风电闭锁和甲烷电闭锁。该装置的功能是：只有在局部通风机正常供风、掘进巷道内的瓦斯浓度不超过规定限值时，方能向巷道内机电设备供电，当局部通风机停转时，自动切断所控机电设备的电源；当瓦斯浓度超过规定限值时，系统能自动切断甲烷传感器控制范围内的电源，而局部通风机仍可正常运转。局部通风机停转、停风区内瓦斯浓度超过规定限值时，局部通风机便自行闭锁，重新恢复通风时，要人工复电；同时应注意，必须先送风，瓦斯浓度降到安全允许值以下时才能送电，从而提高局部通风机连续运转供风的安全可靠性。

3）局部通风机遥信装置。其作用是监视局部通风机运行状态。高瓦斯和突出矿井所用的局部通风机应安设载波遥信器，以便实时监视风机运转情况。

（2）加强瓦斯检查和监测

1）安设瓦斯自动报警断电装置，实现瓦斯遥测。当掘进巷道中瓦斯浓度达到1%时，通过低浓度甲烷传感器自动报警；瓦斯浓度达到1.5%时，通过甲烷断电仪自动断电。高瓦斯和突出矿井要装备瓦斯断电仪或瓦斯遥测仪，对炮掘工作面迎头5 m内和巷道冒顶处瓦斯积聚地点要设置便携式瓦斯检测报警仪。班组长下井时也要随身携带便携式瓦斯检测报警仪，以便随时检查可疑地点的瓦斯浓度。

2）爆破工应配备瓦斯检测器，坚持"一炮三检"，在装药前、爆破前和爆破后都要认真检查爆破地点附近的瓦斯浓度。

3）实行专职瓦斯检查员随时检查瓦斯制度。

（3）综合防尘措施

掘进巷道的矿尘危害很大，当用钻眼爆破法掘进时，矿尘主要产生于钻眼、爆破、装岩工序，其中凿岩产尘量最高；当用综掘机掘进时，切割和装载工序以及综掘机整个工作期间，产生的矿尘量都很大。因此，要采用煤电钻湿式打眼，爆破时使用水炮泥，综掘机内外要喷雾。要有完善的洒水除尘和灭火两用的供水系统，实现爆破喷雾、装煤岩洒水和转载点喷雾，安设喷雾水幕净化风流，定期用预设软管冲刷清洁巷道，从而减少矿尘的飞扬和堆积。

（4）防火防爆安全措施

严格采用防爆型及安全火花型机电设备；局部通风机、装岩机和煤电钻都要采用综合保护装置；移动式和手持式电气设备，以及照明、通信、信号和控制专用导线必须用矿用橡套软电缆。高瓦斯及突出矿井要使用乳化炸药，尽量使用屏蔽电缆和阻燃抗静电风筒。

（5）隔爆与自救措施

设置安全可靠的隔爆设施，所有作业人员必须携带自救器。突出矿井的煤巷掘进，应安设防瓦斯逆流设施，如防突反向风门、风筒和水沟防逆风装置以及压风急救袋和避难硐室，并安装直通地面调度室的电话。

掘进通风安全技术装备系列化可以提高矿井防灾和抗灾能力，降低矿尘浓度与噪声，改善掘进工作面的作业环境，尤其是能大幅提高煤巷掘进工作面的安全性。

4. 局部通风机的消声措施

高噪声严重影响井下人员的健康和劳动效率，甚至可能成为导致伤害事故的环境因素。《煤矿安全规程》规定：作业人员每天连续接触噪声时间达到或者超过8 h的，噪声声级限值为85 dB（A）。

目前降低局部通风机噪声的方法主要是在风机上加装消声器。局部通风机消声器是一种能使声能衰减并不阻碍风流的装置。对消声器的要求是通风阻力小、消声效果好、轻便耐用。

三、局部通风机安装使用的其他要求

（1）采区进风、回风巷必须贯穿整个采区，形成通风系统后方可开掘其他巷道，将污风引至回风流。严禁一段进风、一段回风。同时，一个采区内同一煤层不得布置5个以上（含5个）掘进工作面并同时作业。

（2）局部通风机的安装和使用必须符合相关标准和《煤矿安全规程》有关规定。不得存在不符合规定的循环风、扩散风、串联通风，最低风速和最高风速必须符合相关要求。

（3）两台局部通风机同时向一个掘进工作面供风时，必须同时与工作面电源联锁。任何一台通风机发生故障停止运转时，都必须立即切断工作电源。

（4）低瓦斯矿井掘进工作面局部通风机供电应采用选择性漏电保护或采掘供电分开，使用风电闭锁装置。瓦斯喷出区域和高瓦斯、突出矿井的掘进工作面局部通风机供电采用“三专两闭锁”并实行“双风机双电源”自动切换（对旋式通风机视为单台风机）。风电闭锁每周至少检查 1 次。

（5）局部通风机指定专人挂牌管理，每班检查通风机运转情况并在管理牌板上签字。管理牌板的内容包括责任人姓名、通风机编号、使用地点、通风机型号、安装时间、风筒长度、“双风机双电源”自动切换试验情况、检查时间、检查人员等。

（6）局部通风机不得出现无计划停风，通风机发生故障时，必须立即撤人，并通知调度室和通风安全部门。同时在巷道口 2 m 处设置醒目的栅栏，禁止人员进入停风区，并在巷道口处断开风筒。停风应有撤人和处理记录，并按照有关规定上报有关部门。

（7）局部通风机安装前必须在地面进行试运转和防爆性能检查，保证通风机完好且满足供风要求。安装完毕后，要组织验收，合格后方可投入使用。局部通风机应安装在设计的地点，安装地点应支护良好，无滴水。通风机进风口前 5 m 内不得有杂物、障碍物或密闭。

（8）局部通风机的功率不应小于 5.5 kW，且通风机设备齐全，吸风口有风罩和整流器，高压部位（包括电缆接线盒）有衬垫（不漏风）。通风机必须吊挂或垫高，离地面高度大于 0.3 m。5.5 kW 以上的局部通风机应装有消声器（低噪声局部通风机和除尘风机除外）。

（9）采掘工作面应根据实际需要随时测风，每次测风结果应分别填入测风地点的测风记录牌和测风报表。

（10）巷道贯通时的安全措施及制度，必须符合《煤矿安全规程》的规定，并有贯通记录。

（11）各掘进工作面应独立通风。串联通风必须符合规定，且必须在工作面设置甲烷传感器，当瓦斯浓度达到 0.5% 时报警断电。严禁有瓦斯突出危险的区域的任何两个工作面串联通风。

（12）采用湿式除尘风机时，安装结束后应检查叶片与筒壁的间隙，间隙不得小于 2.5 mm。使用无除尘装置的风机时，在距风机 5 m 处的风筒内应安设水幕喷雾装置或在风机前 10 m 内设置净化水幕。

（13）采煤工作面必须采用矿井全风压通风，禁止采用局部通风机稀释瓦斯。

四、对风筒的安装与管理要求

风筒的安装与管理的关键是降低风筒的风阻和减少风筒的漏风。提高风筒的安装质量，加强风筒的日常管理，是降低局部通风阻力，提高有效风量率的重要途径，为此应做好以下工作。

（1）风筒应抗静电、阻燃，直径不应小于 400 mm。当掘进距离大于 500 m 时，一般应选用直径大于 600 mm 的风筒。选用大直径风筒，不仅可减少风阻，也可减少漏风。

（2）选用长节风筒，可减少接头数量，进而减少接头漏风和接头局部阻力。

（3）改进接头方式，使接头严密。柔性风筒接头要采用反边接头法。硬质风筒要加垫，螺钉要拧紧，使手距接头 0.1 m 处感觉不到有漏风。

（4）风筒的吊挂做到“两靠一直”（靠顶、靠帮、吊挂平直），做到“平、直、稳、紧”，逢环必挂，缺环必补，环环有劲。硬质风筒每节要吊挂两处以上。

风筒吊挂一般应避开电缆及各种管线，以免相互影响。吊挂高度应符合设计要求，避免风筒被刮破、挤扁、崩破。

（5）风筒转弯处要设弯头或缓慢转弯，转弯处的折深不超过 100 mm。风筒挤压处总深度不得超过 100 mm。分岔处要设三通。异径风筒接头要设过渡节，先大后小，不准直接变径连接。

（6）风筒不得有脱节，风筒末端到工作面的距离和出风口的风量应符合相关规定，并保证巷道中风速符合规定，工作面和回风流中瓦斯不超限。

（7）风筒过风门时，要加接硬质过渡风筒，不得使用柔性风筒直接过风门。

（8）使用有接缝的柔性风筒时，应粘补或灌胶封堵所有的缝纫针孔，无破口（末端 20 m 除外），防止漏风。

（9）风筒中有积水时，每隔一定距离应安设一个放水嘴，随时放出风筒中的积水。

（10）定期巡回检查，加强维护。发现破漏、掉环及时补上，吊挂不平、不直时及时调整。风筒管理要做到“五不让”，即不让风筒落后工作面的距离超过规定（一般不超过 5 m）、不让风筒脱节破裂、不让他人改变风筒的位置和方向、不让风筒堵塞不通、不让风筒浸在水中。

（11）局部通风机启动时应反复开停几次，待整列风筒全部鼓起后再正常运转，防止突然升压而使风筒胀裂或脱节。

（12）柔性风筒出风口应设置风筒工作状态传感器（见图 6－22）。传感器近似于一个开口环，由干簧管、永久磁铁块和风筒卡装机构三部分组成。局部通风机正常工作时，干簧管两臂（两个簧片）分开（干簧管的簧片处于常开状态时电路为断开状态），表示风筒内的风量正常。当局部通风机停止运转（无风）或漏风严重时，干簧管的两臂在重力作用下合拢，干簧管靠近磁铁，磁铁的磁力使干簧管两臂相互吸合使电路连通，发出信号。

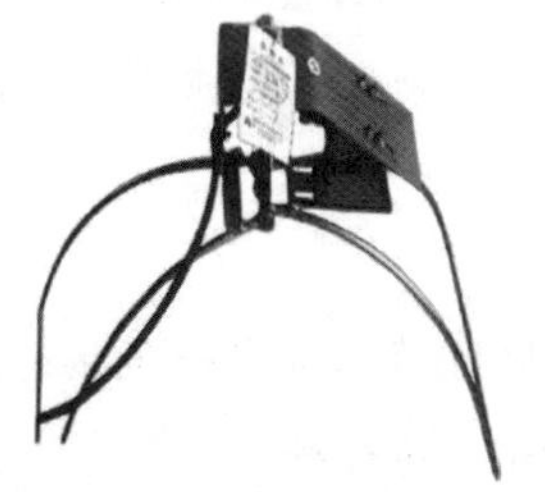

图 6－22　风筒工作状态传感器

复习思考题

一、简答题

1. 矿井全风压通风有哪些布置方式？简述其优缺点和适用条件。
2. 试述局部通风机压入式、抽出式通风的优缺点及其适用条件。
3. 试述混合式通风的特点与要求。
4. 有效射程、有效吸程的含义是什么？
5. 局部通风机串联、并联的目的、方式和使用条件是什么？
6. 掘进通风安全技术装备系列化包括哪些内容？有何安全作用？
7. 风筒的选择与使用应注意哪些问题？

二、计算题

某风筒长 1 100 m，直径 800 mm，接头风阻为 0.2 kg/m^7，节长 50 m，风筒摩擦阻力系数为 0.003 kg/m^3。试计算风筒的总风阻。

技能实训八　局部通风设备的安装

一、实训目标

1. 掌握局部通风机的安装方法。
2. 学会风筒的连接方法。

二、任务描述

在模拟矿井巷道中，按照操作规程要求，选取合适的局部通风机以及配套的风筒，根据安装局部通风机的工作要求和局部通风的质量标准，利用工具材料对局部通风机和风筒进行搬运、安装、拆除工作，并对安装好的局部通风机进行运转操作。

三、任务准备

模拟矿井巷道（如无此实训场地可随意选取一段楼道或其他通道代替）、局部通风机以及配套风筒、消声器、过渡节以及各种工具材料。

四、知识要点

1. 局部通风机安装使用的要求。

2. 风筒的安装与管理要求。

3. 局部通风的质量标准。

五、实训过程

（一）局部通风机的安装

1. 安装准备

井下安装时，应先做好以下工作：

（1）入井前，应对局部通风机进行试运转，保证完好。

（2）用矿车装运时，要有专人负责并和信号工、摘钩工取得联系。装卸车时要互相配合，稳起稳落，防止损坏设备和碰伤装卸人员。

（3）用平板车装运时，要固定牢固，两侧不得超过车身 0.1 m。

（4）人工搬运时，必须系牢抬稳，并注意来往车辆；通过带式输送机、刮板输送机时要和司机取得联系，停机后方可通过。

（5）在下山搬运时，人员行动要一致，在上侧要用保险绳系牢，下侧要处于安全位置。严禁用滚动方法搬运。

2. 安装顺序

安装局部通风机时应按以下顺序进行：安设支架（吊挂件）→安设风机（安消声器）→安过渡节→安风筒→接线→试机。

3. 正常方法

（1）安设稳固的局部通风机标准底架或吊挂件。采用底架时，底架离地高度应大于 0.3 m。吊挂时，局部通风机吊挂高度及与顶帮间距要符合规定要求。

（2）将局部通风机安放在底架上（或吊挂好），固定牢固。

（3）安装消声器。

（4）安装风机与风筒之间的过渡节，中间要加垫圈，上紧螺栓，保证密封性。

（5）安装风筒，风筒要与过渡节接牢，不漏风。

（6）相关设备安装完毕后进行试机。如果运转不正常或有其他问题，应及时调整、处理，直到局部通风机正常运行为止。

4. 注意事项

（1）安装抽出式风机前，应进行瓦斯检查（安设地点前后 10 m 和风筒吸风口），瓦斯浓度符合规定方可安装。

（2）安装抽出式风机，必须同时安装瓦斯自动检测报警断电装置。

（3）抽出式风机抽出的风流中瓦斯浓度大于 0.5% 时，应安设瓦斯遥测和风量自动控制装置。

（4）湿式除尘风机安装结束后，应检查风叶与筒壁的间隙，间隙不得小于2.5 mm。

（5）高瓦斯矿井或瓦斯矿井高瓦斯区域安装局部通风机时，要使用“双风机双电源”，并能自动切换，保证可靠供风。

5. 拆除顺序

拆除局部通风机时应按以下顺序进行：拆除风筒→拆除接线→拆除过渡节→拆除消音器→拆除风机→拆除支架→装车运输。

（二）风筒的安装

1. 安装准备

井下安装时携带必要的工具和材料，了解作业地点的风筒直径、长度，是否需要新接风筒等。

2. 安装、拆除顺序

安装、拆除风筒时应按以下顺序进行。

安装顺序：运输→吊挂→检查。

拆除顺序：拆除→运输→检查（晾晒）→修补→保存。

3. 安装方法

（1）风筒吊挂要“平、直、稳、紧”，避免风筒被刮破、挤扁、崩破。

（2）风筒吊挂要逢环必挂，尽量靠近巷道一帮，高度符合设计要求。

（3）吊挂风筒时，要由外向里逐节连接、吊挂。

（4）风筒的接头要严密，胶布风筒采用反边接头法。

（5）铁风筒与胶布风筒连接处要加软质衬垫，并用铁丝箍紧，确保不漏风。

（6）风筒的直径要保持一致，如果不一致，应使用过渡节连接，先大后小，不能直接变径连接。

（7）斜巷和立井施工时，要特别注意风筒接头牢固，防止脱落。

（8）经常检查风筒的质量，发现有破口、漏风要及时修补。

（9）要换风筒时，不得随意停风。确需停风时，应按照矿技术负责人签发的停风计划执行。

（10）在正常工作中，如果风筒突然断开、大破裂，影响正常供风时，应及时通知受影响地点的人员撤出，并尽快更换风筒。在更换过程中要注意检查有害气体的积聚情况，按照有关规定操作。更换完毕后，要向调度室和通风部门汇报。

（11）巷道掘进完成后，应在通风部门的指挥下及时把风筒全部拆除。拆除的风筒要运至井上，冲洗、晒干、修补完好。

（12）拆除独头巷道的风筒时，不得停风，要由里向外依次拆除。

（13）在带式输送机、刮板输送机附近操作时，必须先和输送机司机联系好，必要时应停止输送机运转，保证作业人员的安全。

（14）在电机车运行的巷道中吊挂风筒时，要设安全警戒，严防被车刮、撞。在架线电机车巷道中施工时需要停电。在巷道高处吊挂风筒时要设台架，操作时要站稳。

（15）风筒过风门时，要加接硬质过渡风筒，不得用柔性风筒直接过风门。

（16）在巷道中开挖水沟时，要用避炮防护设施保护好风筒，以防止爆破崩坏风筒。

（17）风筒吊挂一般应避开电缆及各种管线，以免相互影响。

（18）在地面修补风筒时，应注意：

1）粘补风筒的胶浆应按要求配制。根据破口大小，裁剪补丁（以圆形为好）；补丁四周应大于破口 2 cm 以上；补丁边应裁剪成斜面；补丁和破口处应刷净（恢复风筒原本的颜色）晾干后涂上胶浆进行粘补，粘补后应用木锤砸实，确保严密；最后应再涂上滑石粉。

2）10 cm 以上的破口，应先用线缝合后，再进行粘补。

3）风筒上的吊环应齐全，吊环间距应一致，确保风筒能够吊挂平直；两端铁圈要缝牢。

4）修补好的风筒应妥善保存，每季度要晾晒 1 次。

5）制作过渡节时，长度应大于 2 m。

6）修补风筒时，应准备 1 台局部通风机，用来吹干风筒。

7）汽油、胶水必须单独存放，应保持容器严密，周围严禁烟火。

8）风筒修理室内不得使用火炉取暖。

9）风筒修理室内应配备灭火器材，做好防火工作。

4. 注意事项

（1）采用抽出式局部通风机时，风筒应为带刚性骨架的橡胶或塑料可伸缩风筒。橡胶或塑料风筒必须具有抗静电、阻燃的性能。

（2）安装带刚性骨架的可伸缩风筒时，在装卸过程中应注意轻装轻放，不要径向挤压；防止风筒被锋利物碰撞，以免损坏。

（3）用快速弹簧接头连接风筒时，两节风筒要对正，快速弹簧接头的收紧力要适当，以不漏风、不拉脱为宜。

（4）风筒末端加接风筒时，应先将加接段风筒吊挂好，对正后方可加接，避免风筒弯曲、折叠。

（5）风筒拐弯处要加接硬质弧形弯头连接。

（6）在处理风筒内部的积水时，可先打开局部通风机的安全窗，然后解开接头，排除积水。

（7）采用抽出式局部通风机时，须设专人进行风机、风筒管理。

（三）局部通风机操作

1. 操作准备

启动前检查局部通风机网罩是否牢固，机体是否稳固，进风口附近是否有易被吸入的杂物，风机与风筒的连接是否牢固，检查风电闭锁装置是否完好。

2. 操作顺序

检查气体浓度→检查风机、风筒→断续启动→观察运转情况。

3. 操作方法

（1）操作前，检查局部通风机、风电闭锁的情况。

（2）同一地点安装 2 台以上局部通风机及其开关时，应有明显的标志，便于准确区分，操作前要看清牌板，以免发生误操作。

（3）局部通风机应断续启动，防止风管脱节或吊环脱落。

（4）局部通风机的开关应标明正负位置，操作前要仔细观察。

（5）局部通风机启动后，如果发现旋转方向不对，应当立即停止运转，稳定停止后，将开关手柄移到另一个方向。

（6）局部通风机启动后，若发现机体颤动、有异常声响，要及时查清原因，进行处理。

（7）应经常检查局部通风机电动机外壳温度，可直接用手摸电动机外壳检查温度，以不烫手为正常。

（8）专职司机应时刻关注局部通风机的运行情况，经常检查通风机，不得擅离职守。

（9）兼职司机必须在局部通风机启动 10 min 后，经检查确认一切正常时，方可从事情其他的工作，但是必须始终注意本地风机的运行。

（10）司机每班至少要检查 2 次风筒，发现有脱节、挤压、扭折、破裂、脱挂及漏风等现象时，要及时处理。

（11）局部通风机电动机轴两端的滚动轴承，需要定期添加润滑油。

（12）加注润滑油时，应填满轴承腔的 1/2，不宜过多，以免引起流失。每月可以加注 1 次，每 3～6 个月拆卸轴承座进行 1 次清洗换油。

（13）局部通风机在正常运转时，不准随意停机。

（14）不得擅自移动局部通风机。

4. 注意事项

（1）局部通风机运行发出“沙沙”声时，说明缺润滑油，要及时添加润滑油。

（2）局部通风机运行发生低沉的运转声时，说明局部通风机的电压过低，此时，局部风机的送风量大大减少，要根据情况及时测定风量，如果影响安全，要立即撤出人员，进行处理。

（3）发现局部通风机外壳温度过高等异常情况，要撤出人员，进行检查处理。

（4）为了保证单车道长距离送风时局部通风机的正常运行，可以采用双路供电，一旦发生故障，及时接通备用电路供电。

（5）局部通风机停止运转后，司机必须通知工作面撤出人员，并在巷道口 2 m 处设备醒目的栅栏，禁止人员进入停风区。

（6）局部通风机发生故障后，立即向调度室报告，等待处理，不得离岗。

（7）采用抽出式通风的，除上述的规定外，还应遵守下列操作规定：

1）配备甲烷自动检测报警断电仪。

2）使用无除尘装置的风机时，在距风机 5 m 处的风筒内安设水幕喷雾装置，并保证正常使用。

3）启动前须先打开安全风窗，正常运行后可逐步关闭。

4）当风机中的气体浓度超过极限时，可以打开安全风窗，逐步调节风窗掺入新风。

5）启动湿式除尘风机前，首先接通水管，确保连续供水后才能启动风机。

六、注意事项

1. 所有材料、设备使用前都必须进行检查，确认完好方可使用。
2. 严格按局部通风机安全技术操作规程的要求进行操作。

七、总结与思考

只有按照局部通风机的安全技术操作规程正确使用和操作局部通风机，才能保障作业人员的安全和健康，减少意外事故的发生。但是，仅严格按照规程操作还不足以保证安全，需要同时加强设备的维护保养，并不断优化运行流程，提高设备的安全性和稳定性。

第七章

矿井风量计算

本章学习目标

1. 了解测算风速和风量的目的。
2. 掌握测算仪器仪表的使用方法，以及测风方法和注意事项。
3. 掌握平均风速和通过井巷的风量的测算方法。
4. 掌握矿井各用风地点需风量的计算和矿井总进风量的计算方法。

学习导引

在煤矿生产中，为了将各种有害气体的浓度保持在《煤矿安全规程》规定的允许浓度以下，为井下创造良好的空气环境，并提供井下人员呼吸所需氧气，必须向井下连续不断地输送新鲜空气。本章分别介绍矿井配风原则与依据、矿井需风量计算，以及井巷中的风速和通过的风量的测算。

第一节　井巷中风速和实际通过的风量计算

一、测算风速和风量的目的

风速既是影响气候条件的主要因素之一，又是测定井下巷道风量的基础。单位时间内通过井巷断面的空气体积叫作风量，它等于井巷的断面面积与通过井巷的平均风速的乘积。因此，测定风量时必然要测定风速。风速和风量的测定是矿井通风技术中的重要组成部分，也是矿井通风管理中的基础性工作。

《煤矿安全规程》规定，矿井必须建立测风制度，每10天至少进行1次全面测风。对采掘工作面和其他用风地点，应根据实际需要随时测风，每次测风结果应记录并写在测风地点的记录牌上。应根据测风结果采取措施，进行风量调节。

二、井巷断面上的风速分布

空气在井巷中流动时，由于空气的黏性和井巷壁面粗糙程度不同，风速在巷道断面上的分布是不均匀的。一般来说，巷道轴心部分的风速最大，靠近巷道周壁部分的风速最小，如图7-1所示。通常巷道内的风速都是指平均风速$v_{均}$。平均风速$v_{均}$与最大风速$v_{大}$的比值叫作巷道的风速分布系数（速度场系数），用$K_{速}$表示，该值与井巷粗糙程度有关，巷道周壁越光滑，$K_{速}$就越大，即断面上的风速分布越均匀。据统计，砌碹巷道$K_{速}$为0.8～0.86；木棚支护巷道$K_{速}$为0.68～0.82；无支护巷道$K_{速}$为0.74～0.81。

需要注意的是，由于受到井巷断面形状、支护形式、直线度及障碍物的影响，最大风速不一定正好位于巷道的轴心上，风速分布也不一定具有对称性。

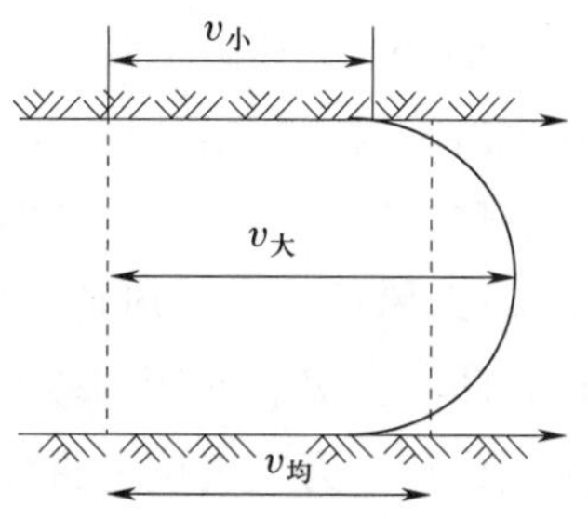

图7-1　巷道中的风速分布

三、测风仪器仪表

测量井巷风速的仪表叫风表，又称风速计。目前，煤矿中常用的风表按结构和原理不同可分为机械式风表、热效式风表、电子叶轮式风表和超声波风表等。

1. 机械式风表

机械式风表是目前煤矿使用最广泛的风表。该风表全部采用机械结构，多用于测量平均风速，也可以用于点风速的测定。按其感受风力部件的形状不同，又分为叶轮式和杯式两种。其中，杯式主要用于气象部门，也可用于煤矿井下；叶轮式在煤矿中应用广泛，是本节介绍的重点。

机械叶轮式风表由叶轮、蜗杆、计数器、回零压杆、离合闸板、护壳等构成，如图7-2所示。

风表的叶轮由8个铝合金叶片组成，叶片与转轴的垂直平面成一定的角度，当风流吹动叶轮时，通过传动机构将叶轮的运动传给计数器，指示出叶轮的转速。离合闸板的作用是控制计数器与叶轮之间的连接，即作为计数器的开关。回零压杆的作用是能够使风表的表针回零。

图 7－2　机械叶轮式风表

1—护壳；2—离合闸板；3—回零压杆；
4—计数器；5—蜗杆；6—叶轮

风表按风速的测量范围不同分为高速风表（0.8～25 m/s，启动风速不大于 0.6 m/s）、中速风表（0.5～10 m/s，启动风速不大于 0.4 m/s）和微（低）速风表（0.3～5 m/s，启动风速不大于 0.2 m/s）三种。三种风表的结构大致相同，只是叶片的厚度不同，启动风速也有所不同。

由于风表结构和使用中零部件磨损、腐蚀等影响，通常风表的计数器所指示的风速并不是实际风速，表速（指示风速）$v_{表}$ 与真风速（实际风速）$v_{真}$ 的关系可用风表校正曲线来表示。风表出厂时都附有该风表的校正曲线，风表使用一段时间后，还必须按规定重新进行检修和校正，得出新的风表校正曲线。图 7－3 为风表校正曲线示意图。

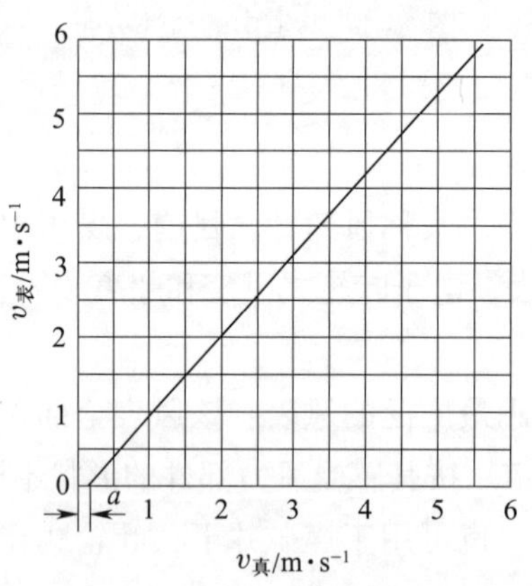

图 7－3　风表校正曲线示意图

风表的校正曲线还可用式（7－1）来表示：

$$v_{真}=a+bv_{表} \tag{7-1}$$

式中，$v_{真}$——真风速，m/s；

a——表明风表启动风速的常数，取决于风表转动部件的惯性和摩擦力；

b——校正常数，取决于风表的构造尺寸；

$v_{表}$——风表的指示风速，m/s。

目前我国生产和使用的机械叶轮式风表主要有：DFA－2 型（中速）、DFA－3 型（低速）、DFA－4 型（高速）、AFC－121（中、高速）、EM9（中速）等。机械叶轮式风表的特点是体积小，质量小，使用及携带方便，测定结果不受气体环境影响；缺点是精度低，读数不直观，不能满足自动化遥测的需要。

2. 热效式风表

热效式风表可分为热球式、热敏式等，我国目前生产较多的是热球式。其测风原理是，将一个被加热的物体置于风流中，其温度随风速大小而变化，通过测量物体在风流中的温度便可测量风速。由于只能测瞬时风速，且测风环境中的灰尘及空气湿度等对其也有一定的影响，所以这种风表使用不太广泛，多用于微风测量。

3. 电子叶轮式风表

电子叶轮式风表由机械结构的叶轮和数据处理显示器组成。其测风原理是，叶轮在风流的作用下旋转，转速与风速成正比，利用叶轮上安装的一些附件，根据光电、电感等原理把叶轮的转速转变成电信号，利用电子线路实现风速的自动记录和数字显示。其特点是读数和携带方便，易于实现遥测。如 MSF－1 型风表就是采用电感变换元件的电子叶轮式风表。

4. 超声波风表

超声波风表是利用超声波技术，通过测量气流的卡门涡街频率来测定风速的仪器，目前主要在集中监控系统中作为风速传感器。其特点是结构简单，寿命长，性能稳定，精度高，风速测量范围大，可与各种监测系统配套使用。因此，该仪器广泛用于煤矿井下井巷风速的自动监测。

采区回风巷、一翼回风巷、总回风巷的测风站应设置风速传感器，当风速超过或低于《煤矿安全规程》规定时，应发出声光报警信号。

值得注意的是，风速传感器只能固定在巷道的某一点上，其所测值为巷道的点风速，由于风速在巷道断面分布的不均匀性，故测值并不是巷道的真实风速。因此，风速传感器在安装使用时，常用人工方法测量出巷道的真实风速，并以此为基础对风速传感器进行校正，且在使用中定期校正。

四、测风方法

1. 测风地点

井下测风要在测风站内进行，为了准确、全面地测定风速、风量，每个矿井都必须建立完善的测风制度和分布合理的固定测风站。对测风站的要求如下。

（1）应在矿井的总进风巷、总回风巷，各水平、各翼的总进风巷、总回风巷，各采区和各用风地点的进风巷、回风巷中设置测风站，但要避免重复设置。

（2）测风站应设在平直的巷道中，其前后 10 m 内不得有风流分岔、断面变化、障碍物和拐弯等局部阻力物。

（3）若测风站位于巷道断面不规则处，其周壁应用其他材料衬壁呈固定形状断面，该断面长度不得小于 4 m。

（4）采煤工作面不设固定的测风站，但必须随工作面的推进选择支护完好、前后无局部阻力物的断面测风。

（5）测风站内应悬挂测风记录牌，记录牌上写明测风站的断面面积、平均风速、风量、空气温度、大气压力、瓦斯和二氧化碳浓度、测定日期以及测定人员等项目。

2. 测风方法

由井巷断面上的风速分布可知，巷道断面上的各点风速是不同的，为了测得平均风速，可采用线路法或定点法。线路法是将风表按一定的线路均匀移动来测定风速的方法（见图 7–4），翼式风表往往采用线路法。定点法是将巷道断面分为若干格（见图 7–5），风表在每一个格内停留相等的时间进行测定，根据断面大小，常用的有 9 点法、12 点法等；热效式风表、超声波风表往往采用定点法。

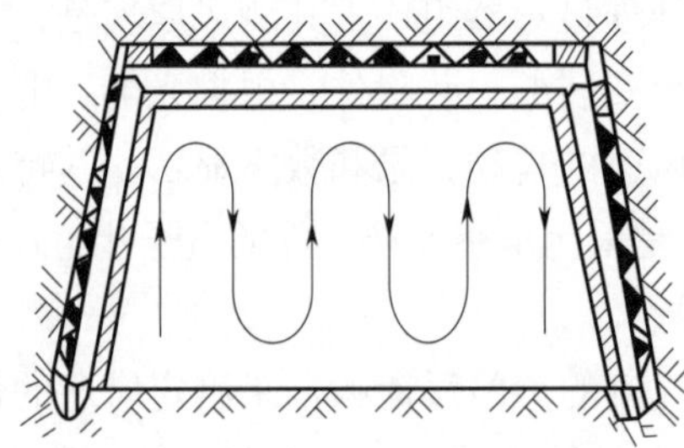

图 7–4　线路法测风

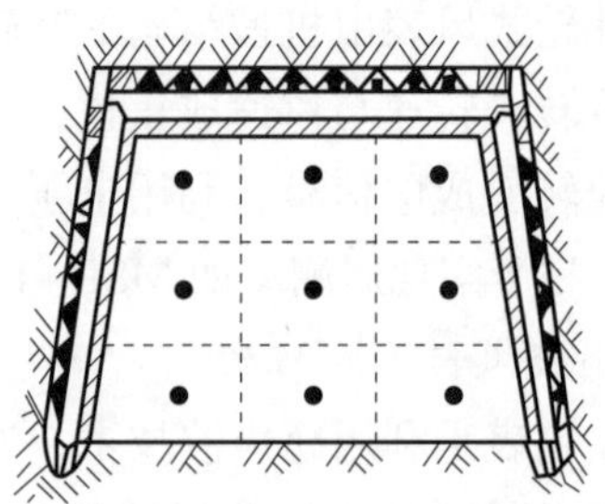

图 7–5　定点法测风

测风时，根据测风员的站立姿势不同又分为迎面法和侧身法两种。

迎面法是测风员面向风流，将手臂伸向前方测风。由于测风断面位于人体前方，且人体阻挡了风流，因此会使风表的读数值偏小，为了消除人体的影响，需将测得风速换算为真风速，再乘以 1.14 的校正系数，才能得到实际平均风速。

侧身法是测风员背向巷道壁站立，手持风表将手臂向风流垂直方向伸直，然后在巷道断面内作均匀移动。由于测风员立于测风断面内，减少了通风面积，从而增大了风速，测量结果较实际风速偏大，故也需进行校正。校正系数 k 为：

$$k=\frac{S-0.4}{S} \tag{7–2}$$

式中，S——测风站的断面面积，m^2。

五、计算平均风速和通过井巷的风量

1. 用机械式风表测风

（1）测风员进入测风站或待测巷道中，先估测风速范围，然后选用相应量程的风表。

（2）取出风表和秒表，先将风表指针和秒表回零，然后使风表叶轮平面迎向风流，并与风流方向垂直，待叶轮转动正常后（20～30 s），同时打开风表的计数器开关（离合闸板）和秒表，在 60 s 内，风表要匀速通过测量路线（或测量点），然后同时关闭秒表和计数器开关，读取风表指针读数。为保证测定准确，一般在同一地点要测 3 次（测量最大误差小于 5% 方为有效，否则重测），取平均值，并按式（7－3）计算表速：

$$v_{表}=\frac{n}{t} \tag{7-3}$$

式中，$v_{表}$——风表测得的表速，m/s；

n——风表刻度盘的读数，取 3 次的平均值，m；

t——测风时间，s，一般为 60 s。

（3）根据表速查风表校正曲线，求出真风速 $v_{真}$。

（4）根据测风员的站立姿势，将真风速乘以校正系数 k 得实际平均风速 $v_{均}$：

$$v_{均}=kv_{真} \tag{7-4}$$

（5）根据测得的平均风速和测风站的断面面积，计算巷道通过的风量：

$$Q=Sv_{均} \tag{7-5}$$

式中，Q——巷道通过的风量，m^3/s；

S——测风站的断面面积，m^2；根据巷道净高 H 和宽度 B（梯形巷道为半高处宽度，拱形巷道为净宽）计算，矩形和梯形巷道 $S=H\cdot B$，三心拱巷道 $S=B(H-0.07B)$，半圆拱巷道 $S=B(H-0.11B)$。

2. 微风测量

当风速很小（低于 0.1 m/s）时，很难吹动机械式风表的叶轮，即便能使叶轮转动也很难测得准确结果，此时可以采用烟雾、气味或者粉末作为风流的传递物进行风速测定。具体方法为：在通风巷道两端各安排一名测风员，位于上风侧的测风员带发烟器（发味器或粉末）和声响（或光信号）发射器具，下风侧测风员带秒表；一人放出烟雾（气味或粉末），同时发出声响（或光信号），另一人听到信号后开始计时，接到烟雾（气味或粉末）为止关闭秒表。用式（7－6）计算巷道内的平均风速：

$$v=\frac{L}{t} \tag{7-6}$$

式中，v——巷道断面内的平均风速，m/s；

L——风流流经的巷道距离，m；

t——风流流经巷道所用的时间，s。

【例 7－1】在某矿井井下的测风站内测风，测风站的断面面积是 8.4 m^2，用侧身法测得的 3 次读数分别为 325、338、340，每次测风时间均是 1 min，则测得的表速是多少？若查风表校正曲线得真风速为 5.2 m/s，则该测风站的风速和通过测风站的风量各是多少（结果保留 2 位小数）？

【解】(1)检验三次测量结果的最大误差是否小于 5%:

$$最大误差 =(最大读数 - 最小读数)/ 最小读数 \times 100\%$$
$$=(340-325)/325\times 100\%$$
$$= 4.62\% < 5\%$$

3 次测量结果的最大误差小于 5%,测量数据精度符合要求。

(2)计算风表的表速:

$$n=(n_1+n_2+n_3)/3=(325+338+340)/3=334\ (\text{m/min})$$
$$v_{表}=n/t=334/60=5.57\ (\text{m/s})$$

(3)求平均风速:

$$k=(S-0.4)/S=(8.4-0.4)/8.4=0.95$$
$$v_{均}=kv_{真}=0.95\times 5.2=4.94\ (\text{m/s})$$

(4)计算通过测风站的风量:

$$Q=v_{均}\cdot S=4.94\times 8.4=41.5\ (\text{m}^3/\text{s})=2\,490\ (\text{m}^3/\text{min})$$

六、测风注意事项

(1)风表的量程要与所测风速相适应,避免风速过高、过低造成风表损坏或测量不准。

(2)风表不能距离人体和巷道壁太近,否则会引起较大误差。

(3)风表叶轮平面要与风流方向垂直,偏角不得超过 10°,在倾斜巷道中测风时尤其要注意。

(4)按线路法测风时,路线分布要合理,风表的移动速度要均匀,防止忽快忽慢,造成读数偏差。

(5)测风员应在风表叶轮转动 20~30 s 后,再同时打开风表计数器开关和秒表进行测定;测定结束时同时关闭,并确保在 1 min 内测完全线路(或测点)。

(6)有车辆或行人时,要等其通过且风流稳定后再测。

(7)在大断面测风时,为了精确测出巷道的平均风速,应使用测风杆。

(8)同一断面测定 3 次,3 次测得的计数器读数的最大误差应小于 5%,然后取其平均值。

(9)测风员应伸直持表的手臂,勿使风表距人体太近,以免引起较大误差。测风时风表应距人体及巷道顶、帮、底各 200 mm 以上;在有电机车架空线路的巷道中测风时,风表与架空线路要保持 100 mm 以上的距离,以防触电。

(10)设置风速传感器的地点,测风后应及时对风速传感器进行校正。若传感器频繁出现误差或误差较大时,应及时维修。

(11)测风过程中发现风速、气体浓度、温度等不符合《煤矿安全规程》规定时,要立即采取措施,查明原因,通知涉及场所作业人员采取措施或撤出人员,并立即向矿井安全部门和调度室汇报。

(12)测定参数、测定时间应及时记入测风手册和测风地点的记录牌上,上井后要及时填写测风报表，做到“牌板”“手册”“报表”一致。

第二节　矿井各用风地点需风量的计算

一、矿井需风量计算的原则

（1）矿井需风量应按下列要求分别计算，并选取其中的最大值：

1）按井下同时工作的最多人数计算，每人每分钟供风量不得少于 4 m^3；

2）按采煤工作面、掘进工作面、硐室及其他地点实际需风量的总和进行计算。各地点的实际需风量，必须使该地点风流中的瓦斯、二氧化碳、氢气和其他有害气体的浓度，以及风速、温度、每人供风量符合《煤矿安全规程》的有关规定。

（2）煤矿应根据自身具体条件制定风量计算方法，至少每 5 年修订 1 次。

（3）矿井每年安排采掘作业计划时必须核定矿井通风能力，必须按实际供风量核定矿井产量，严禁超通风能力生产。

（4）矿井必须建立测风制度，每 10 天进行 1 次全面测风，每次测风结果应记录并写在测风地点的记录牌上。

（5）矿井应根据井下有害气体变化、生产实际、测风结果采取措施，及时进行风量调节。

（6）当使用增加风阻的通风设施进行局部风量调节时，通风设施应避免设置在通过风量较大的主要风路中；尽量设在非运输巷道中，同时考虑防火要求。

（7）应根据矿井风量、风压的变化情况调整主要通风机的工况点，进行矿井总风量调节。

（8）当矿井多台主要通风机联合运转时，公共风路的阻力不大于能力较小主要通风机通风能力的 30%；当能力较大主要通风机进行风量调节后，必须对其他主要通风机做出相应的调整。

（9）多风机通风系统在满足风量按需分配的前提下，各主要通风机的风压应接近，当通风机之间的风压相差较大时，应减少公共风路的风压，使其不超过任何一个通风机风压的 30%。

二、采煤工作面实际需风量的计算

采煤工作面的需风量应按下列因素分别计算，并取其中最大值。

1. 按瓦斯涌出量计算

《煤矿安全规程》规定，采煤工作面回风流中瓦斯的浓度不超过 1%，瓦斯涌出量按式（7-7）计算：

$$Q_{采} = 100 Q_{CH_4} K_{采} \tag{7-7}$$

式中，$Q_{采}$——采煤工作需风量，m^3/min；

Q_{CH_4}——采煤工作面瓦斯绝对涌出量，m^3/min；可根据该采煤工作面的煤层埋藏条件、地质条件、开采方法、顶板管理、瓦斯含量、瓦斯来源等因素进行计算；抽采矿井的瓦斯涌出量，应扣除瓦斯抽采量进行计算，生产矿井可按条件相似的工作面推算或按实际涌出量计算；

$K_{采}$——采煤工作面瓦斯涌出不均匀的备用风量系数；生产矿井应在工作面正常生产条件下，连续观测1个月，取日最大绝对瓦斯涌出量与月平均日瓦斯绝对涌出量的比值；新矿井设计可按以下值选取：综采工作面可取1.2～1.6，炮采工作面可取1.4～2，水采工作面可取2～3。

当采煤工作面有其他有害气体涌出时，也应按有害气体涌出量和不均匀系数，使其稀释到《煤矿安全规程》规定的最高允许浓度进行计算。

2. 按气象条件计算

采煤工作面应有良好的气象条件，根据采煤工作面空气温度选取适宜风速按式（7–8）计算：

$$Q_{采} = 60 v_{采} S_{采} K_{采1} K_{采2} \times 70\% \tag{7-8}$$

式中，$v_{采}$——采煤工作面风速，m/s，见表7–1；

$S_{采}$——采煤工作面平均有效断面，按最大和最小控顶断面的平均值计算，m^2；

$K_{采1}$——采煤工作面采高风量调整系数，见表7–2；

$K_{采2}$——采煤工作面长度风量调整系数，见表7–3；

70%——采煤工作面有效通风断面系数。

表7–1　采煤工作面空气温度与风速对应表

采煤工作面温度 / ˚C	采煤工作面风速 / $m \cdot s^{-1}$
＜20	1.0
20～23	1.0～1.5
23～26	1.5～1.8
26～28	1.8～2.5
28～30	2.5～3.0

表7–2　采煤工作面采高风量调整系数表

采煤工作面采高 /m	采煤工作面采高风量调整系数
＜2.0	1.0
2.0～2.5	1.1
＞2.5 及放顶煤工作面	1.2

表 7-3　　采煤工作面长度风量调整系数表

采煤工作面长度 /m	工作面长度风量调整系数
＜150	1.0
150～200	1.0～1.3
200～250	1.3～1.5
＞250	1.5～1.7

3. 按使用炸药量计算

1）每千克一级煤矿许用炸药爆破后稀释炮烟所需的新鲜风量最小为 25 m^3/min，按式（7-9）计算：

$$Q_{采}=25A_{采} \tag{7-9}$$

2）每千克二级、三级煤矿许用炸药爆破后稀释炮烟所需的新鲜风量最小为 10 m^3/min，按式（7-10）计算：

$$Q_{采}=10A_{采} \tag{7-10}$$

式中，$A_{采}$——采煤工作面一次爆破使用的最大炸药量，kg。

4. 按工作人员数量计算

每人每分钟应供给 4 m^3 新鲜风量，按式（7-11）计算：

$$Q_{采}=4N_{采} \tag{7-11}$$

式中，$N_{采}$——采煤工作面同时工作的最多人数，人。

5. 按风速验算

1）按最小风速验算：

$$Q_{采}\geqslant 60\times 0.7\times 0.25\times l_{采最大}h_{采} \tag{7-12}$$

2）按最大风速验算：

$$Q_{采}\leqslant 60\times 0.7\times 4\times l_{采最小}h_{采} \tag{7-13}$$

3）综合机械化采煤工作面，在采取煤层注水和采煤机喷雾降尘等措施后，其最大风量用下式验算：

$$Q_{采}\leqslant 60\times 0.7\times 5\times l_{采最小}h_{采} \tag{7-14}$$

式中，$l_{采最大}$——采煤工作面最大控顶距，m；

$h_{采}$——采煤工作面实际采高，m；

$l_{采最小}$——采煤工作面最小控顶距，m；

0.25——采煤工作面允许的最小风速，m/s；

4——采煤工作面允许的最大风速，m/s；

5——综采工作面允许的最大风速，m/s；

0.7——有效通风断面系数。

采煤工作面有串联通风时，应满足《煤矿安全规程》的技术要求，并按上述规定分别进行计算，取其最大值。

备用工作面需风量一般不得低于其采煤时需风量的50%，且满足稀释瓦斯、其他有害气体和风速等《煤矿安全规程》规定的要求。

【例7-2】已知某采煤工作面的采高为2 m，长度为200 m，最小控顶距为1.2 m，最大控顶距为2.4 m，工作面空气温度为20 ℃，绝对瓦斯涌出量为2.1 m³/min，工作面同时工作的最多人数为20人，使用煤矿许用一级炸药爆破的使用炸药量为8 kg，$K_{采}$取1.8，试确定该工作面的供风量。

【解】（1）按瓦斯涌出量计算

$$Q_{采}=100Q_{CH_4}K_{采}=(100\times2.1\times1.8)=378\ (m^3/min)$$

（2）按工作面气象条件计算

当工作面空气温度为20 ℃时，其适宜的风速为$v_{采}$=1 m/s，工作面的采高为2 m，长度为200 m，取$K_{采1}=1.1$，$K_{采2}=1.3$，需风量为：

$$Q_{采}=60v_{采}S_{采}K_{采1}K_{采2}\times70\%=60\times1\times(1.2+2.4)/2\times2\times1.1\times1.3\times0.7=216.22\ (m^3/min)$$

（3）按使用炸药量计算

$$Q_{采}=25A_{采}=25\times8=200\ (m^3/min)$$

（4）按人数计算

$$Q_{采}=4N_{采}=4\times20=80\ (m^3/min)$$

（5）按风速进行验算

$$15\times l_{采最大}\times h_{采}\times70\%\leqslant Q_{采}\leqslant240\times l_{采最小}\times h_{采}\times70\%$$

即工作面风量应满足：50.4 m³/min ≤ $Q_{采}$ ≤403.2 m³/min。

取上述计算的最大值，则该采煤工作面的供风量为378 m³/min。

三、掘进工作面实际需风量的计算

煤巷、半煤岩巷和岩巷掘进工作面的风量，应按下列因素分别计算，取其最大值。

1. 按瓦斯涌出量计算

$$Q_{掘}=100Q_{CH_4}K_{掘}\tag{7-15}$$

式中，$Q_{掘}$——掘进工作面实际需风量，m^3/min；

Q_{CH_4}——掘进工作面平均绝对瓦斯涌出量，m^3/min；

$K_{掘}$——掘进工作面瓦斯涌出不均匀的备用风量系数，其含义和观测计算方法与采煤工作面的瓦斯涌出不均匀的备用风量系数相似，通常综掘工作面取 1.5～2.0，炮掘工作面取 1.8～2.5。

当有其他有害气体时，应根据《煤矿安全规程》规定的允许浓度，按式（7－15）计算的原则计算需风量。

2. 按炸药使用量计算

（1）每千克一级煤矿许用炸药爆破后稀释炮烟所需的新鲜风量最小为 25 m^3/min，按式（7－16）计算：

$$Q_{掘} = 25A_{掘} \tag{7-16}$$

（2）每千克二级、三级煤矿许用炸药爆破后稀释炮烟所需的新鲜风量最小为 10 m^3/min，按式（7－17）计算：

$$Q_{掘} = 10A_{掘} \tag{7-17}$$

式中，$A_{掘}$——掘进工作面一次爆破所用的最大炸药量，kg。

3. 按工作人员数量计算

每人每分钟应供给 4 m^3 新鲜风量，按式（7－18）计算：

$$Q_{掘} = 4N_{掘} \tag{7-18}$$

式中，$N_{掘}$——掘进工作面同时工作的最多人数，人。

4. 安装局部通风机实际吸风量计算

安设局部通风机的巷道中的风量，除了满足局部通风机的吸风量外，还应保证局部通风机吸入口至掘进工作面之间的风速不小于 0.15 m/s（岩巷）或不小于 0.25 m/s（煤巷和半煤巷），以防止局部通风机吸入循环风和这段距离内风流停滞，造成瓦斯积聚。

（1）岩巷掘进按式（7－19）计算：

$$Q_{掘} = Q_{吸}I + 60\times 0.15S_{掘} \tag{7-19}$$

（2）煤巷和半煤巷掘进按式（7－20）计算：

$$Q_{掘} = Q_{吸}I + 60\times 0.25S_{通掘} \tag{7-20}$$

式中，$Q_{吸}$——掘进工作面局部通风机实际吸风量，m^3/min；

I——掘进工作面同时通风的局部通风机台数；

$S_{通掘}$——掘进工作面局部通风机至掘进工作面回风口之间巷道的最大净断面面积，m^2。

5. 按风速进行验算

（1）根据《煤矿安全规程》规定的最低风速，掘进工作面的风量应满足以下要求。

无瓦斯涌出的岩巷：

$$Q_{掘} \geqslant 9\,S_{掘} \tag{7-21}$$

有瓦斯涌出的岩巷、煤巷、半煤岩巷：

$$Q_{掘} \geqslant 15\,S_{掘} \tag{7-22}$$

（2）掘进工作面的风量应满足：

$$Q_{掘} \leqslant 240 S_{掘} \tag{7-23}$$

式中，$S_{掘}$——掘进工作面巷道净断面面积，m^2。

四、硐室实际需风量的计算

1. 硐室需风量

各个独立通风的硐室需风量，应根据不同的硐室分别计算。

（1）机电硐室

采区小型机电硐室，按经验值确定需风量或取 60～80 m^3/min；发热量大的机电硐室，根据硐室中运行的机电设备发热量，按式（7-24）计算风量：

$$Q_{硐} = \frac{3\,600\sum W\theta}{\rho C_p \times 60\Delta t} \tag{7-24}$$

式中，$Q_{硐}$——机电硐室的需风量，m^3/min；

$\sum W$——机电硐室中运转的电动机（或变压器）总功率（按全年中最大值计算），kW；

θ——机电硐室的发热系数，可根据实际考察由机电硐室内机械设备运转时的实际热量转换为相当于电器设备容量作无用功的系数确定，也可按表 7-4 选取；

ρ——空气密度，kg/m^3，一般取 $\rho=1.2$；

C_p——空气的定压比热，$kJ/(kg \cdot K)$，一般取 $C_p=1.0006$；

Δt——机电硐室进风、回风流的温度差，K。

表 7-4　　机电室发热系数（θ）表

机电硐室名称	发热系数
空气压缩机房	0.20～0.23
水泵房	0.01～0.03
变电所、绞车房	0.02～0.04

（2）井下爆炸物品库

大型爆炸物品库需风量不得小于 100 m^3/min，中小型爆炸物品库需风量不得小于 60 m^3/min，并按库内空气每小时更换 4 次计算风量：

$$Q_{硐}=\frac{4V}{60} \tag{7-25}$$

式中，$Q_{硐}$——爆破物品库需风量，m^3/min；

V——爆破物品库容积，m^3。

（3）充电硐室

充电硐室需风量不应小于 100 m^3/min，并按其回风流中氢气体积浓度不大于 0.5% 计算：

$$Q_{硐}=200Q_{H_2} \tag{7-26}$$

式中，$Q_{硐}$——充电硐室需风量，m^3/min；

Q_{H_2}——充电硐室在充电时产生的氢气量，m^3/min。

（4）其他硐室

绞车房等其他独立通风硐室的需风量可取 60～80 m^3/min，或按经验值选取。

五、其他用风地点实际需风量的计算

其他用风巷道的需风量，应根据瓦斯涌出量、风速分别进行计算，采用其最大值。

1. 按瓦斯涌出量计算

1）采区内的其他用风巷道风量计算：

$$Q_{其他}=100Q_{其他CH_4}K_{其他} \tag{7-27}$$

2）采区外的其他用风巷道（总回风巷或一翼回风巷）风量计算：

$$Q_{其他}=133Q_{其他CH_4}K_{其他} \tag{7-28}$$

式中，$Q_{其他}$——其他巷道需风量，m^3/min；

$Q_{其他CH_4}$——其他用风巷道的绝对瓦斯涌出量，m^3/min；

$K_{其他}$——其他巷道因瓦斯涌出不均匀的备用风量系数，一般取 1.2～1.3。

2. 按风速验算

1) 一般巷道风量验算：

$$Q_{其他}\geqslant 9S_{其他} \tag{7-29}$$

2）有瓦斯涌出的架线电机车行走的巷道风量验算：

$$Q_{其他}\geqslant 60S_{其他} \tag{7-30}$$

3）无瓦斯涌出的架线电机车行走的巷道风量验算：

$$Q_{其他} \geqslant 30S_{其他} \tag{7-31}$$

4）架线电机车行走的巷道最高风量验算：

$$Q_{其他} \leqslant 480S_{其他} \tag{7-32}$$

式中，$S_{其他}$——其他井巷净断面面积，m^2。

六、煤矿用防爆型柴油动力装置机车需风量的计算

使用煤矿用防爆型柴油动力装置机车运输的矿井，行驶车辆巷道的风量应当按同时运行的最多车辆数增加巷道配风量，配风量不小于 4 $m^3/min \cdot kW$，按式（7-33）计算：

$$Q_{机车} = 4\sum P \tag{7-33}$$

式中，P——每台煤矿用防爆型柴油动力装置机车功率，kW。

七、采区总需风量计算

采区所需的总风量是采区内各用风地点需风量之和，并考虑适当的备用风量系数，按式（7-34）进行计算：

$$Q_{采区} = \left(\sum Q_{采煤（采）} + \sum Q_{掘进（采）} + \sum Q_{硐室（采）} + \sum Q_{其他（采）} + \sum Q_{机车（采）}\right) \times K_{采区} \tag{7-34}$$

式中，$Q_{采区}$——采区总需风量，m^3/min；

$\sum Q_{采煤（采）}$——该采区内各采煤工作面和备用工作面需风量之和，m^3/min；

$\sum Q_{掘进（采）}$——该采区内各掘进工作面需风量之和，m^3/min；

$\sum Q_{硐室（采）}$——该采区内各硐室需风量之和，m^3/min；

$\sum Q_{其他（采）}$——该采区内其他用风巷道需风量之和，m^3/min；

$\sum Q_{机车（采）}$——该采区内煤矿用防爆型柴油动力装置机车需风量之和，m^3/min；

$K_{采区}$——包括采区的漏风和配风不均匀等因素的备用风量系数，应从实测中统计求得，一般可取 1.1～1.2。

八、生产矿井总需风量的计算

矿井所需要的总风量是矿井井下各个用风地点需风量之和，并考虑漏风和配风不均匀等的备用风量系数：

$$Q_{矿井} = \left(\sum Q_{采煤（矿）} + \sum Q_{掘进（矿）} + \sum Q_{硐室（矿）} + \sum Q_{其他（矿）} + \sum Q_{机车（矿）}\right) \times K_{矿} \tag{7-35}$$

式中，$Q_{矿}$——矿井总需风量，m^3/min；

$\sum Q_{采煤（矿）}$——各采煤工作面和备用工作面需风量之和，m^3/min；

$\sum Q_{掘进（矿）}$——各掘进工作面需风量之和，m^3/min；

$\sum Q_{硐室（矿）}$——各硐室需风量之和，m^3/min；

$\sum Q_{其他（矿）}$——其他用风巷道需风量之和，m^3/min；

$\sum Q_{机车（矿）}$——煤矿用防爆型柴油动力装置机车需风量之和，m^3/min；

$K_{矿}$——矿井内部漏风和调风不均匀等因素的备用风量系数，抽出式矿井一般取1.15～1.2，压入式矿井一般取1.25～1.3。

复习思考题

一、简答题

1. 风表按原理和测风范围分为哪几类？机械叶轮式风表的优缺点各是什么？
2. 使用迎面法与侧身法进行风表测风时为什么要校正其读数？
3. 风表校正曲线的含义是什么？为什么风表要定期校正？
4. 测风的步骤有哪些？应注意哪些问题？

二、计算题

1. 井下某测风地点位于半圆拱巷道，其净高 2.8 m、净宽 3 m，用侧身法测得 3 次的风表读数分别为 286、282、288，测定时间均为 1 min，该风表的校正曲线表达式为 $v_{真}=0.23+1.002v_{表}$，则该处的风速和通过的风量各为多少？

2. 某矿井炮采工作面瓦斯绝对涌出量为 2.8 m^3/min，进风流中不含瓦斯；工作面采高 2.0 m，平均控顶距 3.2 m，温度 21 ℃；工作面最大班工作人数为 22 人；该工作面一次起爆炸药为 10 kg，则该工作面的需风量为多少？

技能实训九　井巷风速、风量测算及风表的使用

一、实训目标

1. 掌握测风的相关技术规定和技术要求。
2. 能正确使用机械式风表。
3. 能准确测定巷道风速。

二、任务描述

给定一条模拟矿井通风巷道，根据要求选取合适的测风设备，正确选择测风地点，按照测风要求完成井巷风速、风量测算任务。

三、任务准备

任务准备材料见表 7-5。

表 7-5　任务准备材料

名称	规格	单位	数量	备注
风表	DFA 型（高速、中速、低速）	只	各 3	附校正曲线
机械秒表		块	3	
温度计		只	3	
通风干湿表		只	3	附参数表
空盒气压计		只	3	附校正表
皮尺	10～20	米	3	
钢卷尺	5	米	3	
电风扇		台	4～5	220 V
插座	多孔	个	3	220 V
计算器		台	4	能进行平方根运算
电子秒表		块	2	

四、知识要点

1. 风表的使用方法。
2. 风表的校正方法。
3. 矿井测风方法。
4. 风速、风量的计算。

五、实训过程

1. 进入测风巷道的测风站内，初步估测风速的大小，然后选用相应量程的风表。
2. 在巷道内根据断面情况，选用迎面法或侧身法进行测风。
3. 确定采用线路法或定点法移动风表。
4. 利用风表校正曲线或校正方程式校正测量结果，并记录测量结果。
5. 利用通风干湿表、温度计测出测风现场湿度、温度。
6. 利用空盒气压计测出气压值。
7. 利用公式计算出测风现场空气密度。

8. 用皮尺或巷道断面面积测量仪，测量巷道的断面面积，或根据断面形状，选取相应的计算公式，计算出巷道断面面积，并记录测量结果。

9. 计算巷道通过的风量。

10. 根据 $Q_{标}=Q\times\rho_{湿}/1.2$，计算标准风量值［$\rho_{湿}$的计算见式（2-2）］。

六、注意事项

1. 进行风速的估测，选择合适的风表，以避免风表的损坏，保证测量的精度。

2. 同一断面进行风速测量时，测风次数不少于3次，每次测量误差不应超过5%，然后取3次测风结果的平均值。

3. 风表迎着风流，并与风流方向垂直，测量时间为1 min。

4. 采用侧身法或迎面法测风时，应注意2种测风方法的校正系数不同。

5. 巷道断面面积的计算，应根据不同的断面形状，采用不同的公式。

6. 温度、大气压力、相对湿度要读数3次，取其平均值计算。

7. 风速测量和风量计算，计量单位的使用应统一，并符合国家标准。

七、总结与思考

《煤矿安全规程》对井下各地点风速范围的规定有什么意义？

第八章

矿井通风网络

本章学习目标

1. 掌握通风网络的形式、风流规律和特性。
2. 学会绘制简单的通风网络图。
3. 学会解算简单的通风网络。

学习导引

矿井风流按照生产要求在巷道中流动时，风流分岔、汇合线路的结构形式，叫作通风网络，简称通风网或风网。

通风网络的形式很多，归纳起来可分为简单通风网络与复杂通风网络两种：仅由串联与并联组成的通风网络，称为简单通风网络或串联、并联风流组成的通风网络；矿井通风网络中有对角风流时，则称为复杂的通风网络或角联通风网络。由此可以得出，通风网络中井巷风流的基本连接形式有串联、并联和角联三种。为了做好通风工作，确保安全生产，必须掌握各种基本连接形式的特性及风流在网络中流动的规律。本章讨论通风网络中风流流动的规律和自然分配风量的计算。

第一节　通风网络中风流普遍规律

风流在通风网络中流动的规律，既有普遍性，又有特殊性。通风网络的普遍规律就是风流在任何通风网络中连续稳定流动时，都必须遵守的基本定律（或叫基本原理），如风流在通风网络中流动时，遵守的质量守恒和能量守恒定律就是普遍规律。

为了方便分析通风网络的普遍规律，首先介绍下列 3 个常用术语。

汇点：风流汇合与分流之点，也称节点或分歧点，即 3 条及 3 条以上风路的交叉点。如图 8－1（a）中的 P 和图 8－1（b）中的 A、B、C、D 都是汇点。

分支：两节点间的连线，也叫作风路或风道。

网络：由 2 条及 2 条以上风路构成的闭合回路，叫作网络或闭合网络，如图 8－2 中的 *bcdb* 和 *bcedb*。其中，单一一个回路（其中没有分支）则称为网孔，如图 8－2 中的 *bcdb*。

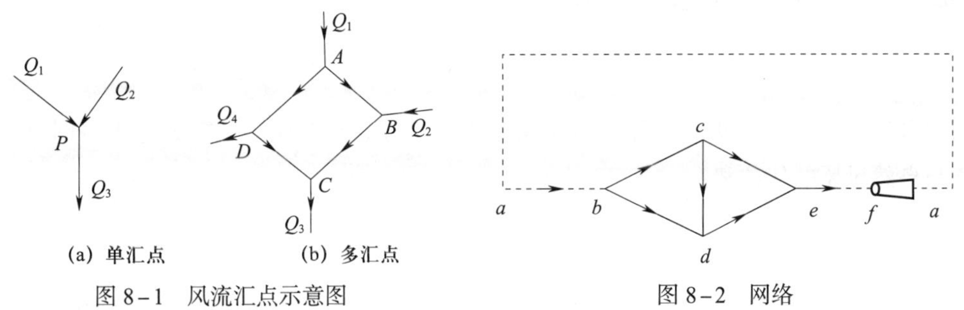

图 8－1　风流汇点示意图

图 8－2　网络

一、风量平衡定律

风量平衡定律是指在通风网络中，流入与流出某汇点或闭合回路的各分支的风量 Q_i 的代数和等于零：

$$\sum Q_i = 0 \tag{8-1}$$

若对流入的风量取正值，则流出的风量取负值。

如图 8－3（a）所示，节点⑥处的风量平衡方程为：

$$Q_{1-6} + Q_{2-6} + Q_{3-6} - Q_{6-4} - Q_{6-5} = 0$$

如图 8－3（b）所示，回路②④⑤⑦②的风量平衡方程为：

$$Q_{1-2} + Q_{3-4} - Q_{5-6} - Q_{7-8} = 0$$

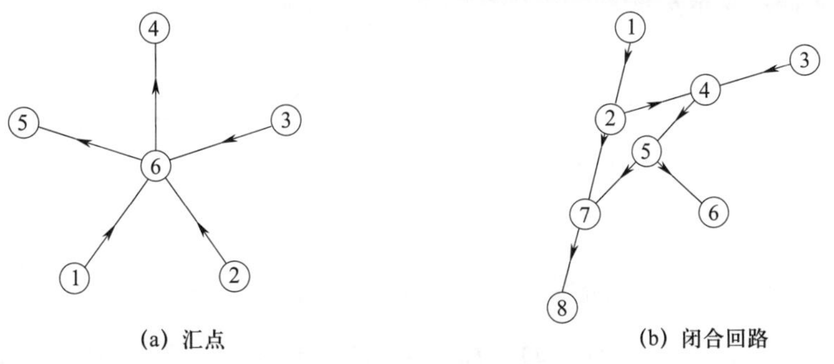

图 8－3　汇点和闭合回路

二、风压平衡定律

风压平衡定律是指在通风网络的任一闭合回路中，各分支的风压（或阻力）h_i 的代数和等于零：

$$\sum h_i = 0 \tag{8-2}$$

若回路中顺时针流向的分支风压取正值，则逆时针流向的分支风压取负值。

如图 8-3（b）中的回路②④⑤⑦②，有：

$$h_{2-4} + h_{4-5} + h_{5-7} - h_{2-7} = 0$$

当闭合回路中有通风机风压和自然风压作用时，各分支的风压代数和等于该回路中通风机风压与自然风压的代数和：

$$h_{通} \pm h_{自} = \sum h_i \tag{8-3}$$

式中，$h_{通}$、$h_{自}$——通风机风压、自然风压，其正负号取法与分支风压的正负号取法相同。

三、通风阻力定律

井巷中的正常风流一般均为紊流。因此，通风网络中各分支都遵守紊流通风阻力定律，见式（3-12）。

第二节　串联、并联通风及其特性

一、串联通风（风路）及其特性

两条或两条以上风路首尾相连，中间没有风流分岔点时的通风，称为串联通风，如图 8-4 所示。串联通风也称为“一条龙”通风。串联风路的特性如下。

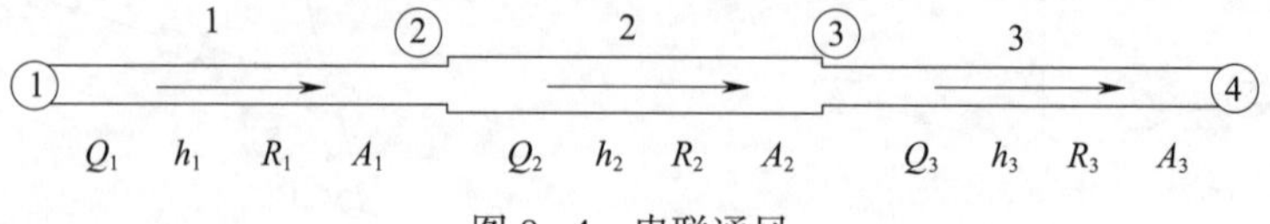

图 8-4　串联通风

（1）串联风路的总风量等于各段风路的分风量：

$$Q_{串} = Q_1 = Q_2 = \cdots = Q_n \tag{8-4}$$

（2）串联风路的总风压等于各段风路的分风压之和：

$$h_{串}=h_1+h_2+\cdots+h_n=\sum_{i=1}^{n}h_i \tag{8-5}$$

（3）串联风路的总风阻等于各段风路的分风阻之和。

根据通风阻力定律 $h=RQ^2$，式（8－5）可写成：$R_{串}Q_{串}^2=R_1Q_1^2+R_2Q_2^2+\cdots+R_nQ_n^2$

将式（8－4）代入，可得：

$$R_{串}=R_1+R_2+\cdots+R_n=\sum_{i=1}^{n}R_i \tag{8-6}$$

（4）串联风路的总等积孔平方的倒数等于各段风路等积孔平方的倒数之和。

由 $A=\dfrac{1.19}{\sqrt{R}}$，得 $R=\dfrac{1.19^2}{A^2}$，将其代入式（8－6）并整理得：

$$\frac{1}{A_{串}^2}=\frac{1}{A_1^2}+\frac{1}{A_2^2}+\cdots+\frac{1}{A_n^2} \tag{8-7}$$

或

$$A_{串}=\frac{1}{\sqrt{\dfrac{1}{A_1^2}+\dfrac{1}{A_2^2}+\cdots+\dfrac{1}{A_n^2}}} \tag{8-8}$$

二、并联通风（风路）及其特性

两条或两条以上的分支在某一节点分开后，又在另一节点汇合，且无交叉分支的通风，称为并联通风，如图 8－5 所示。

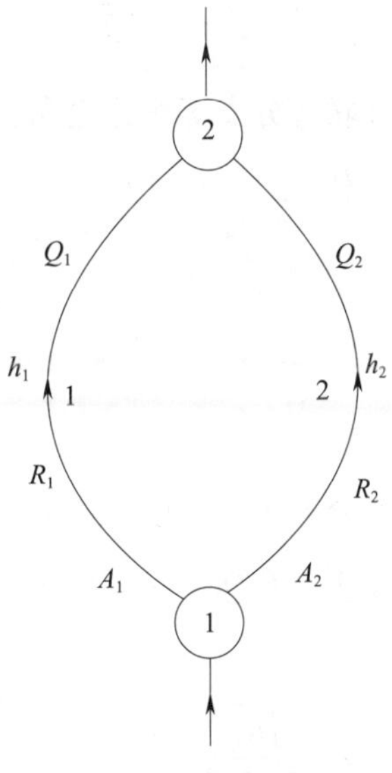

图 8－5　并联通风

并联风路的特性如下。

（1）并联风路的总风量等于并联各分支风量之和：

$$Q_{并}=Q_1+Q_2+\cdots+Q_n=\sum_{i=1}^{n}Q_i \tag{8-9}$$

（2）并联风路的总风压等于任一并联分支的风压：

$$h_{并}=h_1=h_2=\cdots=h_n \tag{8-10}$$

（3）并联风路的总风阻平方根的倒数等于并联各分支风阻平方根的倒数之和。

由 $h=RQ^2$，得 $Q=\sqrt{\dfrac{h}{R}}$，将其代入式（8-9）：

$$\sqrt{\frac{h_{并}}{R_{并}}}=\sqrt{\frac{h_1}{R_1}}+\sqrt{\frac{h_2}{R_2}}+\cdots+\sqrt{\frac{h_n}{R_n}}$$

再代入式（8-10）：

$$\frac{1}{\sqrt{R_{并}}}=\frac{1}{\sqrt{R_1}}+\frac{1}{\sqrt{R_2}}+\cdots+\frac{1}{\sqrt{R_n}} \tag{8-11}$$

或

$$R_{并}=\frac{1}{\left(\dfrac{1}{\sqrt{R_1}}+\dfrac{1}{\sqrt{R_2}}+\cdots+\dfrac{1}{\sqrt{R_n}}\right)^2} \tag{8-12}$$

当 $R_1=R_2=\cdots=R_n$ 时，则：

$$R_{并}=\frac{R_1}{n^2}=\frac{R_2}{n^2}=\cdots=\frac{R_n}{n^2} \tag{8-13}$$

（4）并联风路的总等积孔等于并联各分支等积孔之和。

由 $A=\dfrac{1.19}{\sqrt{R}}$，得 $\dfrac{1}{\sqrt{R}}=\dfrac{A}{1.19}$，将其代入式（8-12）：

$$A_{并}=A_1+A_2+\cdots+A_n \tag{8-14}$$

5. 并联风路的风量自然分配

（1）风量自然分配的概念

在并联风路中，其总风压等于各分支风压，根据式（3-12）和式（8-10）可得：

$$R_{并}Q_{并}^2=R_1Q_1^2=R_2Q_2^2=\cdots=R_nQ_n^2$$

由此，可以推导出：

$$Q_1=\sqrt{\frac{R_{并}}{R_1}}Q_{并} \tag{8-15}$$

$$Q_2=\sqrt{\frac{R_{并}}{R_2}}Q_{并} \tag{8-16}$$

…

$$Q_n=\sqrt{\frac{R_{并}}{R_n}}Q_{并} \tag{8-17}$$

式（8－15）至式（8－17）表明：当并联风路的总风量一定时，某分支所分配得到的风量取决于总风阻与该分支风阻之比。风阻大的分支自然流入的风量小，风阻小的分支自然流入的风量大。这种风量按并联各分支风阻值的大小自然分配的性质，称为风量的自然分配，也是并联网络的一种特性。

（2）自然分配风量的计算

根据并联网络中各分支的风阻，计算各分支自然分配的风量。可将式（8－12）依次代入式（8－15）至式（8－17），整理后得各分支分配的风量计算公式如下：

$$Q_1=\frac{Q_{并}}{1+\sqrt{\frac{R_1}{R_2}}+\sqrt{\frac{R_1}{R_3}}+\cdots+\sqrt{\frac{R_1}{R_n}}} \tag{8-18}$$

$$Q_2=\frac{Q_{并}}{\sqrt{\frac{R_2}{R_1}}+1+\sqrt{\frac{R_2}{R_3}}+\cdots+\sqrt{\frac{R_2}{R_n}}} \tag{8-19}$$

…

$$Q_n=\frac{Q_{并}}{\sqrt{\frac{R_n}{R_1}}+\sqrt{\frac{R_n}{R_2}}+\cdots+\sqrt{\frac{R_n}{R_{n-1}}}+1} \tag{8-20}$$

当 $R_1=R_2=\cdots=R_n$ 时，则

$$Q_1=Q_2=\cdots=Q_n=\frac{Q_{并}}{n} \tag{8-21}$$

计算并联网络各分支自然分配的风量，也可根据并联网络中各分支的等积孔进行计算。将 $\sqrt{R}=\frac{1.19}{A}$ 依次代入式（8－15）至式（8－17），整理后可得各分支分配的风量计算公式如下：

$$Q_1=\frac{A_1}{A_{并}}Q_{并}=\frac{A_1}{A_1+A_2+\cdots+A_n}Q_{并} \tag{8-22}$$

$$Q_2=\frac{A_2}{A_{并}}Q_{并}=\frac{A_2}{A_1+A_2+\cdots+A_n}Q_{并} \tag{8-23}$$

…

$$Q_n=\frac{A_n}{A_{并}}Q_{并}=\frac{A_n}{A_1+A_2+\cdots+A_n}Q_{并} \tag{8-24}$$

综上所述，在计算并联网络中各分支自然分配的风量时，可根据给定的条件选择公式，以方便计算。

【例 8-1】如图 8-6 所示并联网络，已知 R_1 为 0.16 kg/m^7，R_2 为 0.09 kg/m^7，风量 $Q_{并}$ 为 20 m^3/s。试求自然风配风量 Q_1 和 Q_2 以及 $R_{并}$、$h_{并}$、$A_{并}$（结果保留 1 位小数）。

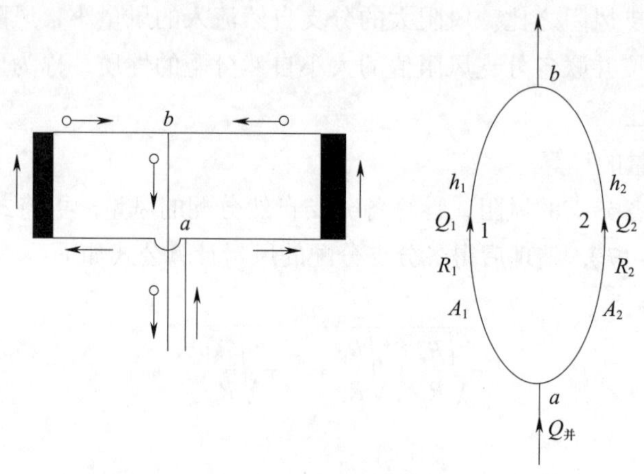

图 8-6　简单并联网络

【解】（1）1、2 分支巷道自然分配的风量为：

$$Q_1=\frac{Q_{并}}{1+\frac{\sqrt{R_1}}{\sqrt{R_2}}}=\frac{20}{1+\frac{\sqrt{0.16}}{\sqrt{0.09}}}=8.6\ (\mathrm{m^3/s})$$

$$Q_2=Q_{并}-Q_1=20-8.6=11.4\ (\mathrm{m^3/s})$$

（2）$R_{并}$、$h_{并}$、$A_{并}$ 的大小分别为：

$$R_{并}=\frac{R_1}{\left(1+\frac{\sqrt{R_1}}{\sqrt{R_2}}\right)^2}=\frac{0.16}{\left(1+\frac{\sqrt{0.16}}{\sqrt{0.09}}\right)^2}=0.03\ (\mathrm{kg/m^7})$$

$$h_{并}=R_{并}Q_{并}^2=0.03\times 20^2=12\ (\mathrm{Pa})$$

$$A_{并}=\frac{1.19}{\sqrt{R_{并}}}=\frac{1.19}{\sqrt{0.03}}=6.9\ (\mathrm{m^2})$$

【例 8-2】某矿井通风系统如图 8-7 所示，已知矿井总风量 Q 为 50m^3/s，各段井巷的风阻为：$R_{1-2}=0.16$ kg/m^7、$R_{2-3-4-7}=0.25$ kg/m^7、$R_{2-5-6-7}=0.36$ kg/m^7、$R_{7-8}=0.12$ kg/m^7，试求矿井总风阻、总阻力、总等积孔以及左右两翼的等积孔和自然分配的风量（结果保留 3 位小数）。

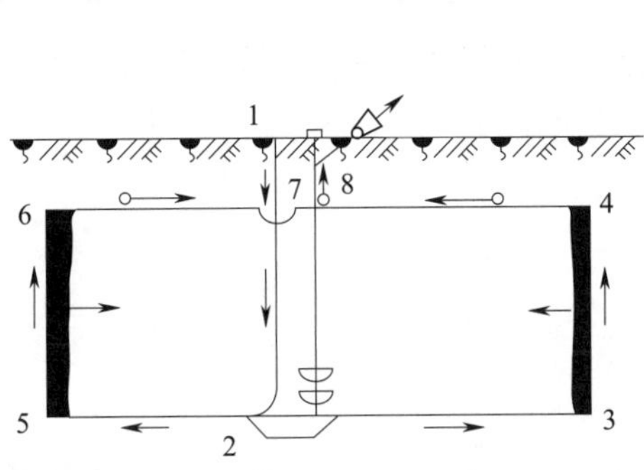

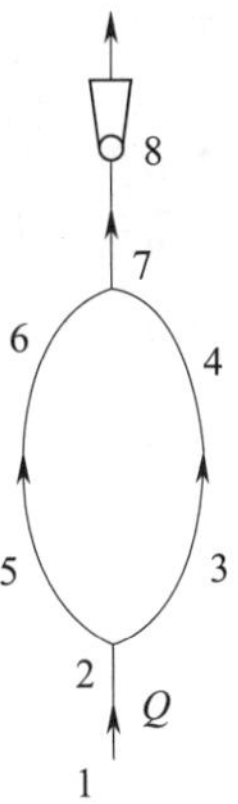

图 8-7 某矿井通风系统图

【解】(1)矿井总风阻 $R_{总}$为 $R_{1-2}+R_{2-7}+R_{7-8}$，其中：

$$R_{2-7}=\frac{R_{2-3-4-7}}{\left(1+\frac{\sqrt{R_{2-3-4-7}}}{\sqrt{R_{2-5-6-7}}}\right)^2}=\frac{0.25}{\left(1+\frac{\sqrt{0.25}}{\sqrt{0.36}}\right)^2}=0.074\ (\mathrm{kg/m^7})$$

$$R_{总}=R_{1-2}+R_{2-7}+R_{7-8}=0.16+0.074+0.12=0.354\ (\mathrm{kg/m^7})$$

(2)矿井总风阻和总等积孔为：

$$h_{总}=R_{总}Q^2=0.354\times 50^2=885\ (\mathrm{Pa})$$

$$A_{总}=\frac{1.19}{\sqrt{R_{总}}}=\frac{1.19}{\sqrt{0.354}}=2\ (\mathrm{m^2})$$

(3)左右两翼分支的等积孔为：

$$A_{2-5-6-7}=\frac{1.19}{\sqrt{R_{2-5-6-7}}}=\frac{1.19}{\sqrt{0.36}}=1.983\ (\mathrm{m^2})$$

$$A_{2-3-4-7}=\frac{1.19}{\sqrt{R_{2-3-4-7}}}=\frac{1.19}{\sqrt{0.25}}=2.38\ (\mathrm{m^2})$$

(4)左右两翼自然分配的风量为：

$$Q_{2-3-4-7}=\frac{QA_{2-3-4-7}}{A_{2-7}}=\frac{50\times 2.38}{2.38+1.98}=27.294\ (\mathrm{m^3/s})$$

$$Q_{2-5-6-7}=Q-Q_{2-3-4-7}=50-27.3=22.706\ (\mathrm{m^3/s})$$

三、串联通风、并联通风的比较

在矿井通风网络中，既有串联通风，又有并联通风。矿井的进风、回风风路多为串联通风，而工作面与工作面之间多为并联通风。从安全、可靠和经济角度看，并联通风与串联通风相比，具有以下明显优点：

（1）总风阻小，总等积孔大，通风容易，通风动力费用少。例如，假设有两条风路1和2，其风阻 $R_1 = R_2$，通过的风量 $Q_1 = Q_2$，故有风压 $h_1 = h_2$。现将它们分别组成串联通风和并联通风进行比较，如图8-8所示。各参数比较如下。

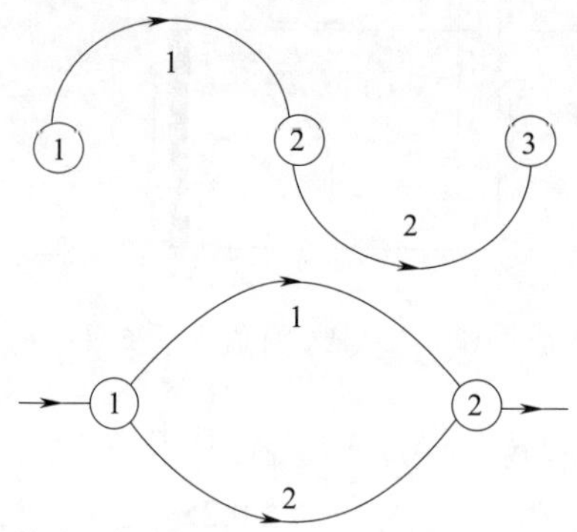

图8-8　串联与并联通风比较

1）串联时总风量为 $Q_{串} = Q_1 = Q_2$，并联时总风量为 $Q_{并} = Q_1 + Q_2 = 2Q_1$，故 $Q_{并} = 2Q_{串}$。

2）串联时总风阻为 $R_{串} = R_1 + R_2 = 2R_1$，并联时总风阻为 $R_{并} = \frac{R_1}{n^2} = \frac{R_1}{4}$，故 $R_{并} = \frac{1}{8}R_{串}$。

3）串联时总风压为 $h_{串} = h_1 + h_2 = 2h_1$，并联时总风压为 $h_{并} = h_1 = h_2$，故 $h_{并} = \frac{1}{2}h_{串}$。

通过上述比较可明显看出，在两条风路通风条件完全相同的情况下，并联网络的总风阻仅为串联网络总风阻的1/8；并联网络的总风压为串联网络总风压的1/2，这充分说明并联通风比串联通风更加经济。

（2）并联网络各分支独立通风，风流新鲜，互不干扰，有利于安全生产；而串联时，后面风路的入风是前面风路排出的污风，风流不新鲜，空气质量差，不利于安全生产。

（3）并联网络各分支的风量可根据生产需要进行调节；而串联网络各风路的风量则不能进行调节，不能有效地利用风量。

（4）并联网络的某一分支风路中发生事故，易于控制与隔离，不致影响其他分支巷道，事故波及范围小，安全性好；而串联网络的某一风路发生事故，容易波及整个网络，安全性差。

因此，《煤矿安全规程》强调，生产水平和采（盘）区必须实行分区通风（并联通风）；采、掘工作面应实行独立通风，严禁2个采煤工作面之间串联通风。

第三节　角联网络及其特性

一、简单角联网络及其特性

在并联的 2 条风路之间，还有 1 条风路连通的连接形式叫角联网络，如图 8-9 所示为简单角联网络，图中 BC 为对角巷道，其风流为对角风流。对角巷道中风流方向是不稳定的，风流可能由 B 流向 C，也可能由 C 流向 B；也可能 BC 巷道中无风流。这 3 种情况出现的条件如下。

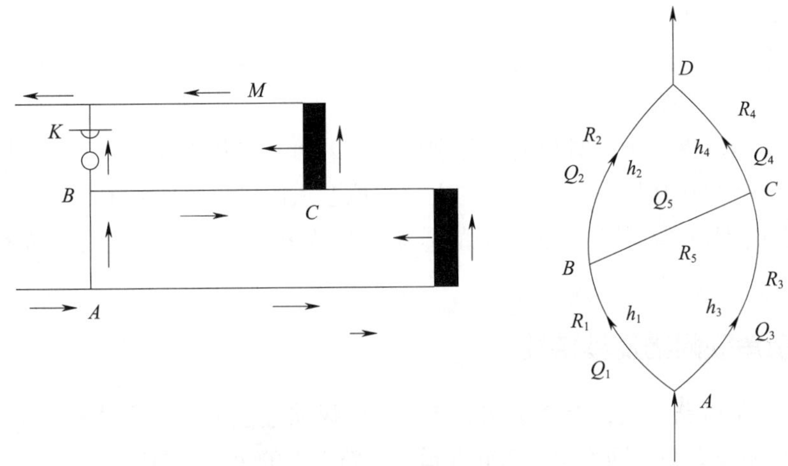

图 8-9　简单角联网络（一）

1. 风流由 B 流向 C

如图 8-9 所示，若风流由 B 流向 C，则说明 B 点总压力大于 C 点的总压力，即 $p_{总B} > p_{总C}$，各段巷道的风量关系满足 $Q_1 > Q_2$，$Q_3 < Q_4$；又因为 $h_1 = p_{总A} - p_{总B}$，$h_3 = p_{总A} - p_{总C}$，所以 $h_1 < h_3$，即 $R_1Q_1^2 < R_3Q_3^2$。

同理可得 $R_2Q_2^2 > R_4Q_4^2$。

当 $\frac{R_1Q_1^2}{R_2Q_2^2} < \frac{R_3Q_3^2}{R_2Q_2^2}$ 时，根据上述条件和不等式的性质可推演出：

$$\frac{R_1}{R_2} < \frac{R_3}{R_4} \tag{8-25}$$

式（8-25）即为简单角联网络中，BC 巷道中风流由 B 流向 C 的条件式。

2. 风流由 C 流向 B

用同样的分析方法可得风流由 C 流向 B 的条件为：

$$\frac{R_1}{R_2} > \frac{R_3}{R_4} \tag{8-26}$$

3. BC 巷道中无风流

如图 8-9 所示，若 BC 巷道中无风流（$Q_5 = 0$），则说明 B、C 两点的总压力相等，即 $p_{总B} = p_{总C}$。因为 $h_1 = p_{总A} - P_{总B}$，$h_3 = p_{总A} - P_{总C}$ 可得 $h_1 = h_3$，即 $R_1Q_1^2 = R_3Q_3^2$。同理可得 $R_2Q_2^2 = R_4Q_4^2$。又因为 $Q_5 = 0$（BC 巷道中无风流），则 $Q_1 = Q_2$，$Q_3 = Q_4$，$\frac{R_1Q_1^2}{R_2Q_2^2} = \frac{R_3Q_3^2}{R_4Q_4^2}$。因此：

$$\frac{R_1}{R_2} = \frac{R_3}{R_4} \tag{8-27}$$

式（8-27）即为简单角联网络中，BC 巷道中无风流通过的条件式。

注意：角联网络中各段风路的编号是人为的，在实际应用中应灵活运用公式。

综上所述，角联通风网络的特性可归纳如下。

（1）对角巷道的风流方向是不稳定的，风流方向的变化取决于各邻近巷道风阻的比值，而与对角巷道本身风阻值无关。

（2）在简单角联网络中，对角巷道分别把并联的两分支巷道分割为上下两段——上风流段和下风流段，当分别用同一并联分支的上风流段巷道的风阻（作分子）与下风流段巷道的风阻（作分母）相比时，则对角巷道中的风流总是从风阻比值小的一侧流向风阻比值大的一侧。

二、复杂角联网络及其特性

在并联的 2 条风路之间，有 2 条或 2 条以上的风路连通的连接形式称为复杂角联网络，如图 8-10 所示。复杂角联网络中，角联巷道（风路）中的风流方向所遵循的规律与简单角联网络一样，仅取决于各邻近巷道风阻的比值，而与对角巷道本身风阻值无关。

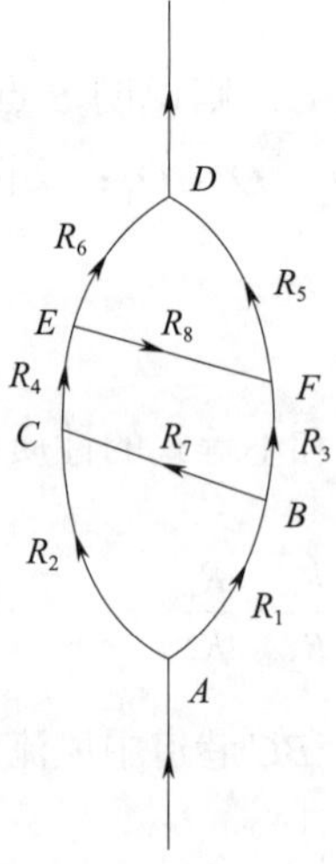

图 8-10　复杂角联网络

对于如图 8－10 所示的 BC 巷道，风流由 B 流向 C 的条件为：

$$\frac{R_1}{R_3} < \frac{R_2}{R_4} \tag{8-28}$$

风流由 C 流向 B 的条件为：

$$\frac{R_2}{R_4} < \frac{R_1}{R_3} \tag{8-29}$$

对于 EF 巷道，风流由 E 流向 F 的条件为：

$$\frac{R_4}{R_6} < \frac{R_3}{R_5} \tag{8-30}$$

风流由 F 流向 E 的条件为：

$$\frac{R_3}{R_5} < \frac{R_4}{R_6} \tag{8-31}$$

由上述分析可知，角联的主要缺点是角联巷道中的风流方向和风量不稳定，任意与之相邻风路的风阻发生变化时，都将引起其风量或风流方向的变化。

如图 8－9 所示，如果图中 K 处风门未关上而使 R_2 减小，或巷道 M 处发生冒顶或堆积材料过多使 R_4 增大，都将改变巷道的风阻比例关系，使对角风路中的风流方向发生变化，引起工作面或采区风流倒转或风量不足，影响安全生产。

如图 8－11 所示的 1、2、3 工作面，其中 2 号工作面的风量大小和风流方向将随相邻风路的风阻 R_1、R_3、R_4、R_5 的变化而变化。例如，当 CD 段巷道断面被堆积物堵塞时，2 号工作面轻则风量减少，重则风流反向，1 号工作面的污风便会流至 2 号工作面，此时可能因风量减少或风流反向而出现瓦斯积聚，甚至造成瓦斯事故。

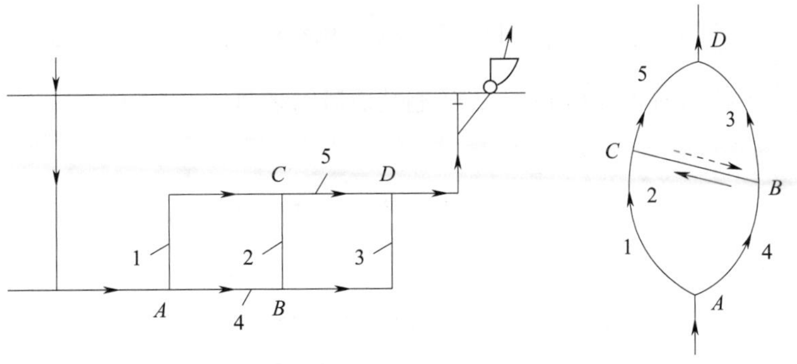

图 8－11　简单角联网络（二）

煤矿的采空区、压垮的隔离煤柱等漏风通道往往构成对角风路。随着生产的不断推进，井巷条件发生变化时，漏风量的大小和方向就会发生变化，尤其是煤炭自然发火严重的矿井，应特别注意漏风通道对安全的影响。同时，当这些漏风通道所形成的对角风路发生遗煤自燃时，也可以利用角联网络的特性，调节相邻巷道风阻的大小使对角风路无风，控制漏风量的大小，促使火区熄灭，这一方法叫调节风压防灭火。

因此，在实际工作中应尽量避免使用角联网络，若实在不能避免时，必须严格加强通风管理，各段风路的风阻值不得随意改变，要控制风阻的比例关系，以防止由于对角巷道风流反向、停滞而形成瓦斯积聚，甚至造成事故。

复习思考题

一、简答题

1. 什么叫串联网络、并联网络和角联网络？各有何特性？
2. 比较串联网络通风与并联网络通风的特点。
3. 什么叫风量自然分配？影响流入并联网络分支风量的因素是什么？
4. 风量分配的基本定律是什么？写出其数学表达式。

二、计算题

1. 甲矿通风系统如图 8-12 所示，试绘制其通风网络图。

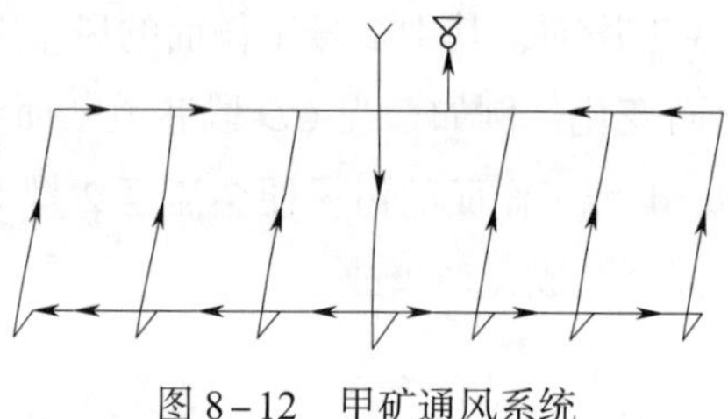

图 8-12　甲矿通风系统

2. 乙矿通风系统如图 8-13 所示，试绘制其通风网络图。

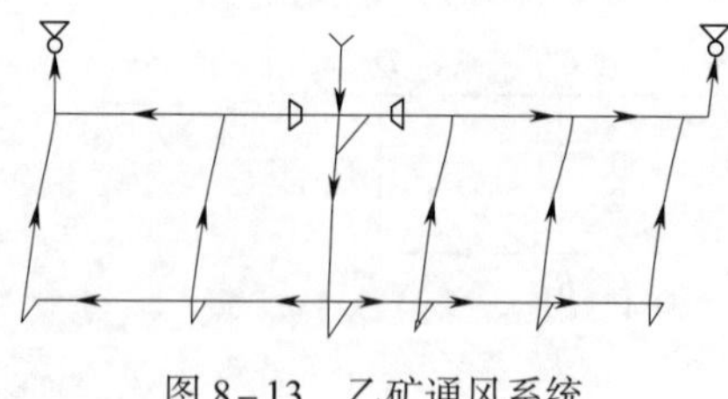

图 8-13　乙矿通风系统

3. 丙矿通风系统如图 8-14 所示，试绘制其通风网络图。

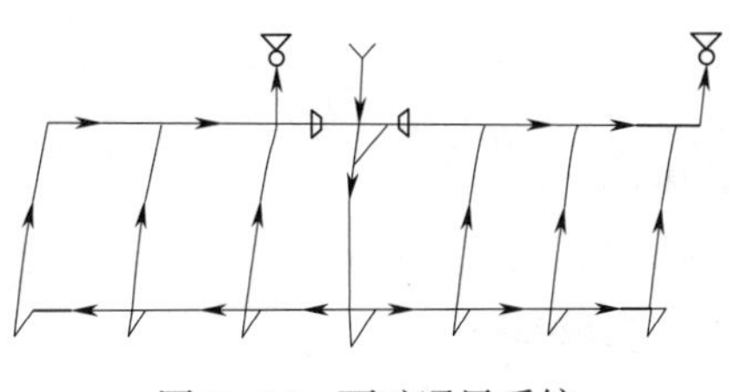
图 8－14 丙矿通风系统

4. 某回采工作面通风系统如图 8－15 所示，已知 $R_1=0.49\ \text{kg/m}^7$，$R_2=1.47\ \text{kg/m}^7$，$R_3=0.98\ \text{kg/m}^7$，$R_4=1.47\ \text{kg/m}^7$，$R_5=0.49\ \text{kg/m}^7$，该系统的总风压 $h_{16}=80\ \text{Pa}$。

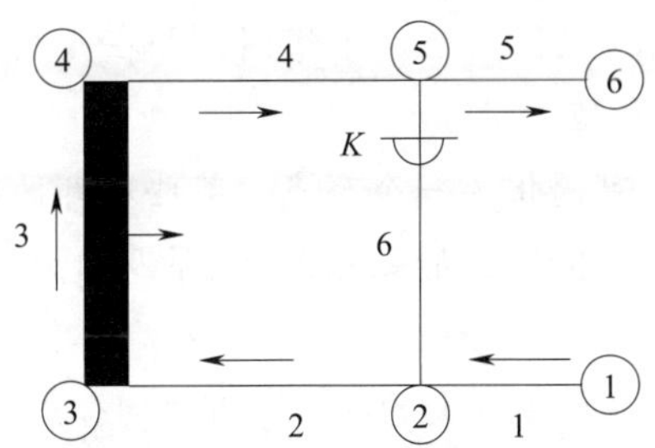

图 8－15 某回采工作面通风系统

（1）风门 K 关闭时，求工作面风量。

（2）当风门 K 打开时，总风压保持不变的情况下，求工作面风量及流过风门 K 的风量。

技能实训十 绘制通风网络图

一、实训目标

1. 掌握通风网络图的节点连接形式和节点编号方法。
2. 掌握通风网络图的绘制方法。
3. 掌握应用计算机绘制通风网络图的方法。

二、任务描述

在通风实验室或多媒体教室，给定一张矿井通风系统图或某一采区通风系统图，根据要求绘制通风网络图。

三、任务准备

1. 绘图工具：铅笔、橡皮、曲线板、三角板、绘图纸、图板等。
2. 计算机制图工具：计算机（安装绘图软件）。

四、知识要点

1. 风量平衡、风压平衡定律。
2. 串联、并联网络及其特性。
3. 矿井通风系统图的识读等基础知识。
4. 计算机绘图基础知识。

五、实训过程

1. 在通风系统图上，沿风流流动路线将各分岔点和汇合点依次编号，再沿编号顺序将风流流动路线按各分岔、汇合的情况依次绘成单线图，并在各线段上标注出风流方向、巷道风阻、通过的风量及通风阻力等数值。

2. 几个距离很近的节点，可简化为一个节点，某些局部区段网络可简化为一根单线，但应注明此区段始末两点的编号，单线上所注风阻、风量及阻力应为此区段的总风量、总风阻、总阻力。

3. 无通风机工作的几个标高相差不大的井口，可以闭合成一点。

4. 通风网络图的线条要均匀，并联风流最好画成互相对称的圆弧曲线。

5. 应画出主要漏风通道及主要通风设施。

六、注意事项

1. 各条风路上的风流方向、风量、阻力、巷道风阻的标注要准确无误。
2. 网络图上还应标注出采煤工作面、备用工作面和火区位置。
3. 在通风网络图的基础上绘制通风网络牌板。

七、总结与思考

矿井通风网络图能够真实反映通风系统中巷道连接关系，能够更直观、清晰、简洁地将通风系统呈现出来，便于分析井下通风的有效性。

第九章

矿井风量调节

本章学习目标

1. 了解局部风量调节的方法。
2. 了解矿井总风量调节的方法。

学习导引

风量调节是指为了满足采掘工作面和硐室的需风量，对矿井总风量或局部风量进行调节的工作。在生产矿井，随着巷道的延伸、开采深度的加大、工作面的推进和更替，矿井通风网络的风阻不断变化。据统计，推进较快的采区，其风阻变化每月为 0.1～0.2 kg/m^7，矿井风阻变化每月为 0.02～0.03 kg/m^7，瓦斯涌出量也会发生变化。这些变化必然引起井下各处的风量和风压变化。为了保证采掘工作面及其他用风地点得到足够的风量，就必须随时对矿井通风网络的风量进行调节，使风流按各处的需风量和预定路线流动，以确保安全生产并提高经济效益。风量调节是通风管理部门的一项经常性工作，按调节范围不同可分为局部风量调节和矿井总风量调节两种。

第一节　局部风量调节

局部风量调节是指采区内部工作面之间、采区之间、两翼以及各水平之间的风量调节。局部风量调节的方法可分为增加风阻调节法、降低风阻调节法和增加风压调节法。

一、增加风阻调节法

增加风阻调节法的实质就是以并联网络中阻力较大的分支阻力为依据，在阻力较小的分支中增加一项局部阻力，使并联各分支的阻力达到平衡，以保证风量按需分配。

1. 增加风阻调节法原理

在并联风路中，各分支的风量是自然分配的，当自然分配的风量大于或等于需要的风量时，可满足安全生产的要求，否则，必须进行风量调节。某采区两个采煤工作面的并联通风网络如图 9－1 所示。

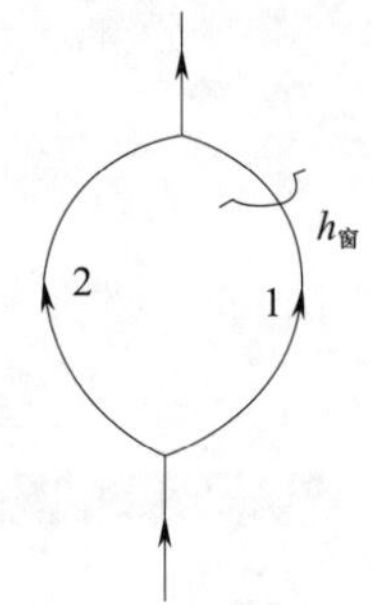

图 9－1　并联通风网络

已知两风路的风阻值 $R_1=0.8\ \mathrm{kg/m^7}$，$R_2=1.2\ \mathrm{kg/m^7}$，若总风量 $Q=16\ \mathrm{m^3/s}$，则该并联网络中自然分配的风量分别为：

$$Q_1=\frac{Q}{1+\sqrt{\dfrac{R_1}{R_2}}}=\frac{16}{1+\sqrt{\dfrac{0.8}{1.2}}}=8.8\ (\mathrm{m^3/s})$$

$$Q_2=Q-Q_1=16-8.8=7.2\ (\mathrm{m^3/s})$$

如按生产要求，分支 1 的风量 Q_1 应为 6 $\mathrm{m^3/s}$，分支 2 的风量 Q_2 应为 10 $\mathrm{m^3/s}$，自然分配的风量不符合生产要求。按满足生产要求的风量，两分支的阻力应分别为：

$$h_1=R_1Q_1^2=0.8\times6^2=28.8\ (\mathrm{Pa})$$

$$h_2=R_2Q_2^2=1.2\times10^2=120\ (\mathrm{Pa})$$

分支 2 的阻力大于分支 1 的阻力，这与并联网络各分支分压相等的规律不符。因此，必须进行调节。采用增加风阻调节法，即以 h_2 的数值为并联网络的总阻力（也为各分支阻力），在分支 1 上增加一项局部阻力 $h_{窗}$，使两风路的阻力相等，这时进入两风路的风量即为需要的风量：

$$h_1+h_{窗}=h_2 \text{或} h_{窗}=h_2-h_1$$

$$h_{窗}=120-28.8=91.2\ (\mathrm{Pa})$$

综上所述，增加风阻调节法的主要措施，是在调节支路回风侧设置调节风窗（如图 9–2 所示）、临时风帘、风幕（见图 9–3）等调节装置。其中调节风窗由于其调节风量范围大，制造和安装都较简单，在生产中使用最多。

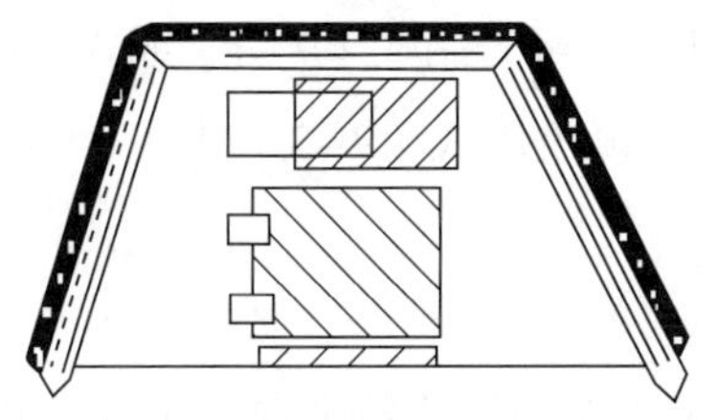
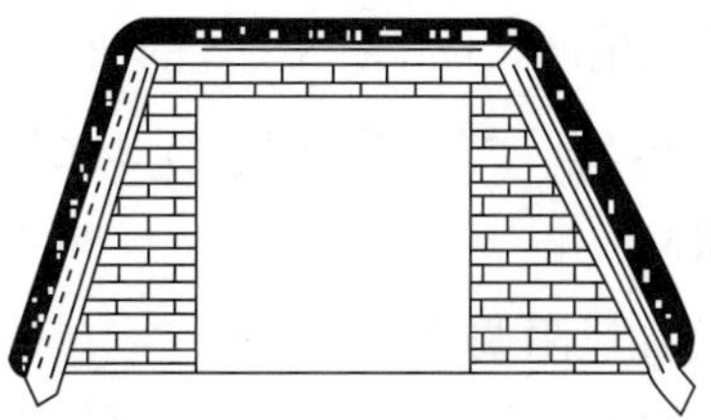

图 9–2　调节风窗

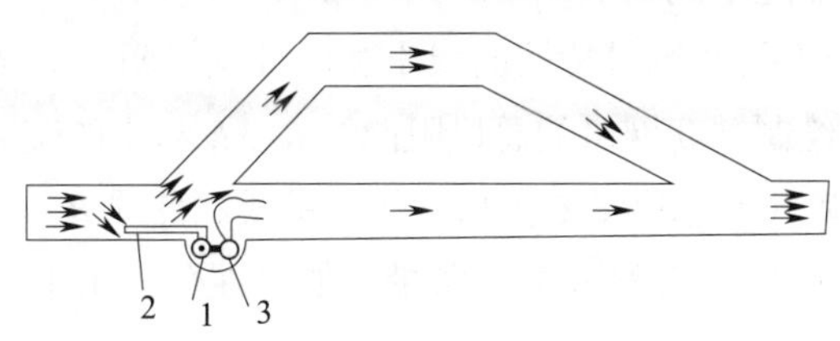

图 9–3　风幕

1—通风机；2—吸风管；3—圆筒

调节风窗的开口断面面积 $S_{窗}$ 的计算方法如下。

当 $S_{窗}/S \leqslant 0.5$ 时：

$$S_{窗} = \frac{QS}{0.65Q + 0.839S\sqrt{h_{窗}}} \tag{9-1}$$

或

$$S_{窗} = \frac{S}{0.65 + 0.839S\sqrt{R_{窗}}} \tag{9-2}$$

当 $S_{窗}/S > 0.5$ 时：

$$S_{窗} = \frac{QS}{Q + 0.759S\sqrt{h_{窗}}} \tag{9-3}$$

或

$$S_{窗} = \frac{S}{1 + 0.759S\sqrt{R_{窗}}} \tag{9-4}$$

式中，$S_{窗}$——调节风窗的断面面积，m^2；

S——巷道的断面面积，m^2；

Q——通过的风量，m^3/s；

$h_{窗}$——调节风窗的阻力，Pa；

$R_{窗}$——调节风窗的风阻，kg/m^7。

图 9–1 中，若分支 1 回风侧设置调节风窗处的巷道断面 $S = 8\ m^2$，假设 $S_{窗}/S \leqslant 0.5$，即用式（9–1）或式（9–2）进行计算，则调节风窗的开口断面面积为：

$$S_{窗}=\frac{S}{0.65+0.839S\sqrt{R_{窗}}}=\frac{8}{0.65+0.839\times 8\sqrt{91.2/36}}\approx 0.71(\mathrm{m}^2)$$

$S_{窗}/S=0.71/8=0.0888<0.5$，故按式（9-2）计算风窗面积是合适的。

在实际生产条件下，$S_{窗}/S$的值一般小于0.5，所以一般可先用式（9-1）或式（9-2）计算风窗面积$S_{窗}$；然后验算$S_{窗}$与S之比值，若大于0.5，再改用式（9-3）或式（9-4）计算风窗面积$S_{窗}$。

2. 增加风阻调节法的分析

（1）增加风阻调节法使通风网络总风阻增加，如果主要通风机特性曲线不变，总风量会减少，在一定条件下，可能达不到调节风量的预期效果。

如图9-4所示，已知主要通风机特性曲线Ⅰ和两分支风阻R_1、R_2。在图上按照“风压相等，风量相加”的原则，绘制并联网络的总风阻曲线R。R与Ⅰ的交点a即为主要通风机的工况点，a点的横坐标则为矿井的总风量Q。从a作水平线和曲线R_1、R_2交于b、c两点，则b、c两点的横坐标Q_1、Q_2为两风路自然分配的风量。如果在分支1中采取增加风阻调节法，增加的风阻值为$R_{窗}$，分支1中的风阻则上升为R_1'（$R_1'=R_1+R_{窗}$），在图上绘出R_1'的曲线，并绘出R_1'和R_2并联的风阻曲线R'，由R'与Ⅰ的交点a'解出调节后的矿井总风量Q'。由a'作水平线交R_1'和R_2于b'、c'，则调节后分配在两分支中的风量分别为Q_1'、Q_2'。

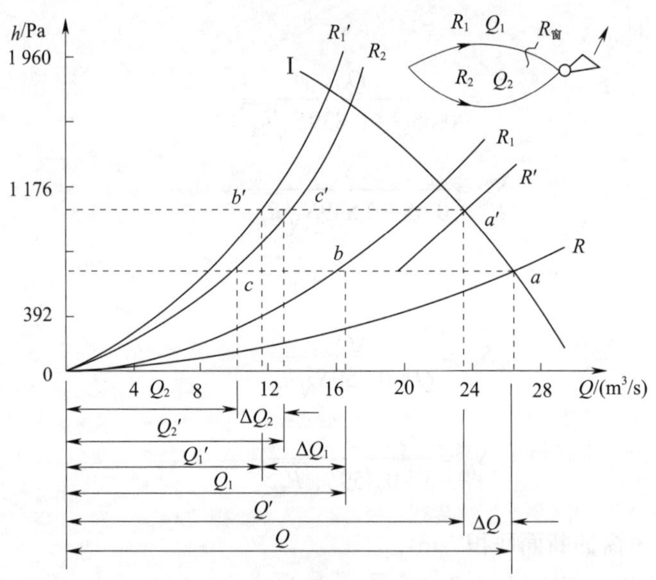

图9-4　增加风阻调节法分析

可以看出，风量调节后由于矿井总风阻值的增加，使总风量减少，其减少值$\Delta Q=Q-Q'$；增加风阻的分支1中风量也减少，其减少值$\Delta Q_1=Q_1-Q_1'$；分支2风量增加，其增加值$\Delta Q_2=Q_2'-Q_2$。显然减少值大，增加值小，其差值就等于总风量的减少值，即$\Delta Q=\Delta Q_1-\Delta Q_2$。

（2）总风量的减少值与主要通风机性能曲线的缓、陡有关。如图9-5所示，Ⅰ为轴流式通风机风压特性曲线，Ⅱ为离心式通风机风压特性曲线。R、R' 分别为调节前后的风阻曲线。可以看出，$\Delta Q < \Delta Q'$，表明通风机风压特性曲线越陡，总风量减少值越小，反之则越大。

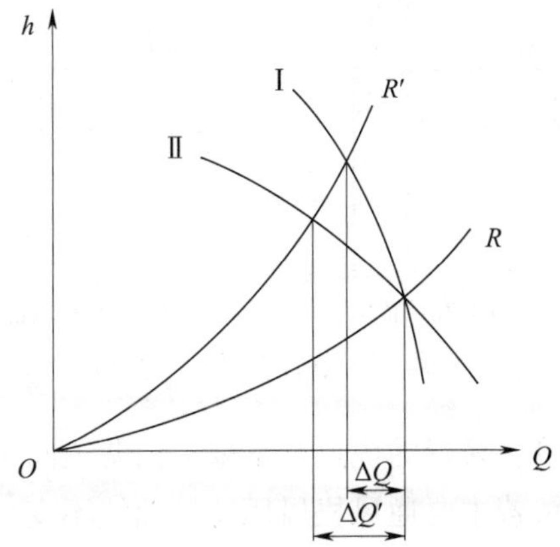

图 9－5　通风机风压曲线缓、陡对调风的影响

3. 增加风阻调节法的使用

（1）调节风窗一般安设在回风侧，以免影响运输。当必须安设在运输巷道时，可采取多段调节，即用若干个大面积调节风窗代替一个面积较小的调节风窗，且满足小面积风窗的阻力等于这些大面积风窗的阻力之和。

（2）在复杂通风网络中采用增加风阻调节法时，应按先内后外的顺序调节，使每个网孔的阻力达到平衡。要合理确定风窗的位置，防止重复设置。例如，如图 9－6 所示的复杂通风网络，若每条风路所需的风压值（图中括号内数值，单位为 Pa）已确定，合理的调节顺序应为 $A \to B \to C \to D \to E$，并分别在 ab 支路、cd 支路、ef 支路设置调节风窗，增加的风压值分别为 10 Pa、20 Pa、30 Pa。

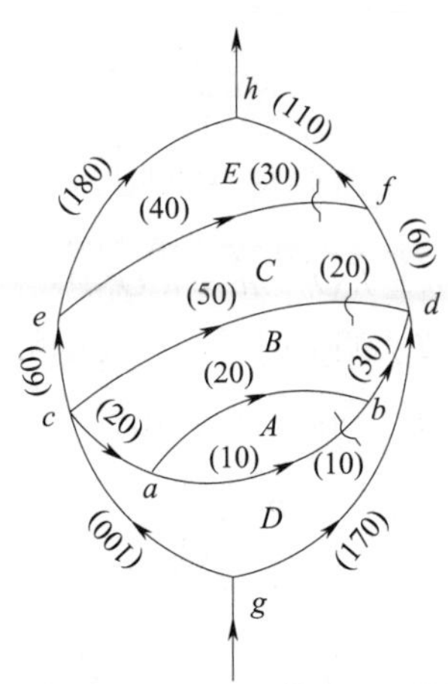

图 9－6　复杂通风网络中风窗调节的顺序

（3）风窗一般安设在风桥之后，如图 9－7（b）所示。如果将风窗安设在风桥之前［如

图 9-7（a）所示]，风流经风窗后压降很大，会造成风桥上、下风流的压差增大，导致风桥漏风增大。

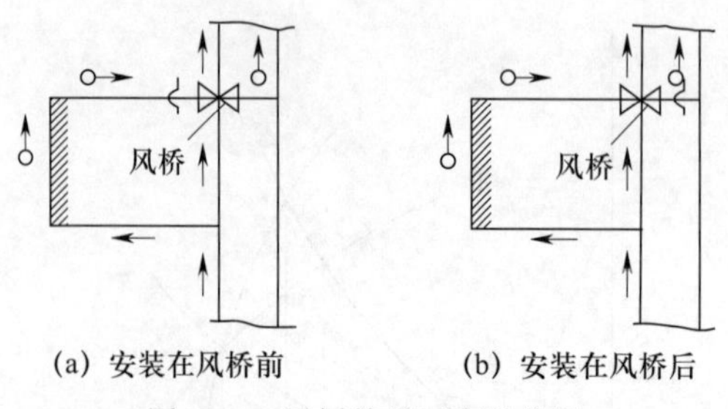

图 9-7　风桥前后风窗的位置

增加风阻调节法具有简单、易行的优点，是采区内巷道间主要的风量调节措施。但这种方法会使矿井的总风阻增加，若主要通风机风压特性曲线不变，会导致矿井总风量下降；因此，在总风量不能满足要求时，必须采取改变主要通风机风压特性曲线等方法，弥补增阻后总风量的减少。

二、降低风阻调节法

降低风阻调节法的实质就是当按实际需风量计算出并联网络各分支风路的阻力，当阻力不相等时，以阻力较小的分支风路的阻力值为依据，设法降低阻力较大的分支风路的风阻，使网孔中各分支风路的阻力达到平衡，风量按需分配。

1. 降低风阻调节法原理

如图 9-8 所示的并联风网，两分支风路的风阻分别为 R_1 和 R_2，需风量分别为 Q_1 和 Q_2。

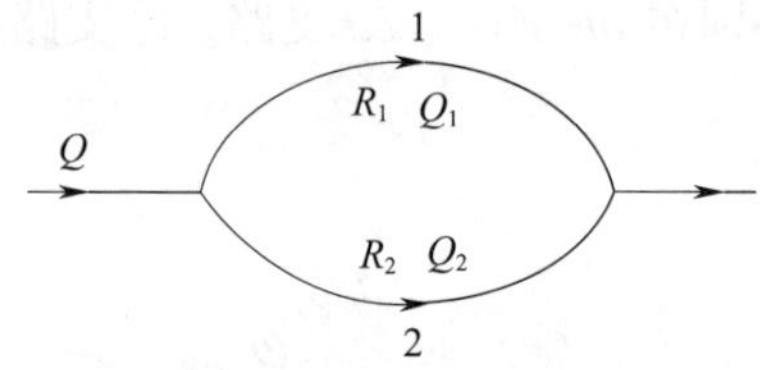

图 9-8　并联风网

则两条风路产生的阻力分别为$h_1 = R_1Q_1^2$，$h_2 = R_2Q_2^2$。

如果 $h_2 > h_1$，采用降低风阻调节法调节时，则以 h_1 的数值为依据，使 h_2 减少到 $h_2' = h_1$。为此，需把 R_2 降到 R_2'，即$h_2' = R_2'Q_2^2 = h_1$。因此可以得出：

$$R_2' = \frac{h_1}{Q_2^2} \tag{9-5}$$

2. 降低风阻的方法

降低风阻的方法可根据所需降阻数值和矿井通风状况而定。当降阻数值不大时，首先应考虑减小局部阻力，还可以在阻力大的巷道旁侧开掘并联巷道（可利用废旧巷），也可以改变巷道壁面平滑程度或支架形式，通过减少摩擦阻力系数降低风阻；当降阻数值较大时，可采用扩大巷道断面的方法，条件允许时，也可缩短通风路线总长度降低风阻。

如果将图 9－8 中分支 2 的断面扩大到 S_2'，则：

$$R_2' = \frac{\alpha_2' L_2 U_2'}{S_2'^3} \tag{9-6}$$

式中，R_2'——断面扩大后分支 2 的风阻，kg/m^7；

α_2'——扩大后断面的摩擦阻力系数，kg/m^3；

L_2——分支 2 的巷道全长，m；

U_2'——分支 2 扩大后的断面周长，m。

$$U_2' = K\sqrt{S_2'} \tag{9-7}$$

式中，K——巷道断面形状系数，其中，梯形巷道：K=4.03～4.28，一般取 4.16；三心拱巷道：K=3.8～4.06，一般取 3.85；半圆拱巷道：K=3.78～4.11，一般取 3.90。

将式（9－7）代入式（9－6），可得出分支 2 扩大后的断面面积公式：

$$S_2' = \left(\frac{\alpha_2' L_2 K}{R_2'}\right)^{\frac{2}{5}} \tag{9-8}$$

改变摩擦阻力系数降低风阻时，减小后的摩擦阻力系数见式（9－9）：

$$\alpha_2' = \frac{R_2' S_2^3}{L_2 U_2} \tag{9-9}$$

降低风阻调节法可使矿井总风阻减少，若主要通风机风压特性曲线不变，矿井总风量会增加。但这种方法工程量大、投资多、施工时间较长，所以降低风阻调节法多在矿井增产、原设计不合理或某些主要巷道年久失修的情况下，需要扩建或翻修时，用来降低主要风路中某一段巷道的通风阻力。

【例 9－1】已知某梯形巷道长 300 m，断面面积为 4.8 m^2，自然分配的风量为 15 m^3/s，通风阻力为 110 Pa，现根据生产实际需要，拟采用降低该巷道摩擦阻力系数的方法，使该巷道的通风阻力降为 81 Pa，风量提高到 18 m^3/s。那么，摩擦阻力系数应降为多少（结果保留 2 位小数）？

【解】（1）巷道降阻后的风阻为：

$$R' = \frac{h'}{Q^2} = \frac{81}{18^2} = 0.25\ (kg/m^7)$$

（2）摩擦阻力系数应降为：

$$\alpha' = \frac{R'S^3}{LU} = \frac{0.25\times 4.8^3}{300\times 4.16\sqrt{4.8}} = 0.01\ (kg/m^3)$$

三、增加风压调节法

增加风压调节法的实质就是以阻力较小的分支风路的阻力值为依据，在阻力较大的分支风路中安设辅助通风机，利用辅助通风机产生的风压来克服一部分阻力，使并联网络阻力达到平衡，风量按需分配。

1. 增加风压调节法原理

如图 9-9 所示，如果按需风量 Q_1、Q_2 计算出两分支风路的阻力 $h_2 > h_1$ 时，可在分支 2 中安装一台辅助通风机，用辅助通风机的风压来克服该通风网络的阻力差，使其符合风压平衡：

$$h_2 - h_{辅} = h_1 \tag{9-10}$$

式中，$h_{辅}$——辅助通风机风压，Pa；

h_1——分支 1 按需风量 Q_1 计算的阻力，Pa；

h_2——分支 2 按需风量 Q_2 计算的阻力，Pa。

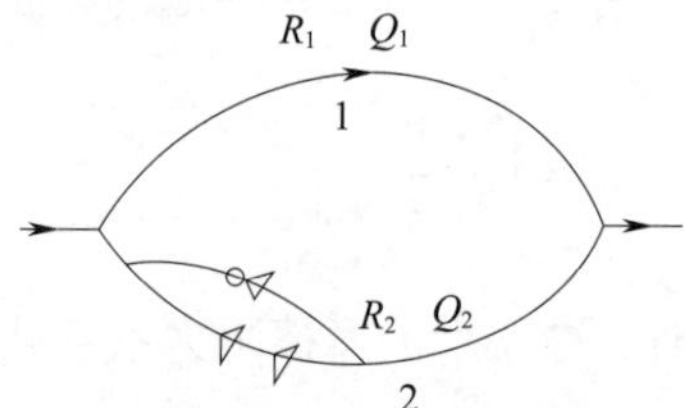

图 9-9　辅助通风机调节法原理

2. 辅助通风机的选择

（1）辅助通风机的风压

辅助通风机的风压，就是并联网络两分支的阻力差。由式（9-10）可知：

$$h_{辅} = R_2Q_2^2 - R_1Q_1^2 \tag{9-11}$$

式中，R_1、R_2——分支 1、分支 2 的风阻，kg/m^7；

Q_1、Q_2——分支 1、分支 2 的需风量，m^3/s。

（2）辅助通风机的风量

辅助通风机的风量，就是该巷道的需风量（图 9-9 中即为分支 2 的需风量）：

$$Q_{辅} = Q_2 \tag{9-12}$$

通过计算出的辅助通风机的风压和风量，就可选择合适的通风机。

3. 辅助通风机的安装和使用

（1）为了保证新鲜风流能够通过辅助通风机，同时又不妨碍运输，一般把辅助通风机安设在进风流的绕道中，如图 9-10 所示，但在进风巷道中至少要安设两道自动风门，其间距必须满足运输的要求，风门必须向压力大的方向开启。如果把辅助通风机安设在回风流中，安设方法基本相同，但要设法引入一股新鲜风流给通风机的电动机通风（如利用大钻孔等方法），使电动机在新鲜风流中运转。为此，安设电动机的硐室必须与回风流严密隔开。

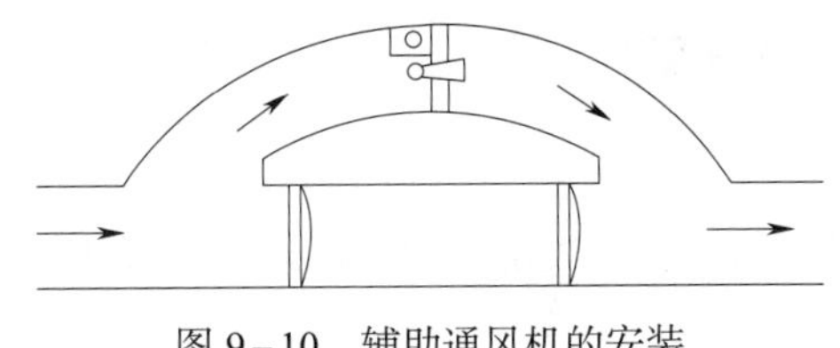

图 9-10　辅助通风机的安装

（2）如果辅助通风机停止运转，必须立即打开进风巷道中的风门，以免相邻区域的风流逆转，甚至产生循环风，并根据具体情况，采取相应安全措施。重新启动辅助通风机之前，应检查附近 20 m 内的瓦斯浓度，只有在不超过规定时，才允许启动风机。

（3）在采空区附近的巷道中安设辅助通风机时，要选择合适的位置；否则，有可能产生通过采空区的循环风或漏风，甚至引起采空区的煤炭自燃。

（4）严禁在突出矿井中安设辅助通风机。

四、三种调节方法的比较

增加风阻调节法的优点是简便、经济、易行。但由于它增加了矿井总风阻，矿井总风量要减少，因此这种方法只适于服务年限不长、调节区域的总风阻占矿井总风阻的比重不大的采区。对于矿井主要风路，特别是在阻力分配不均的矿井两翼调风时，则尽量避免使用。否则，不但不能达到预期效果，还会使全矿通风恶化。

降低风阻调节法的优点是减小了矿井总风阻，增加了矿井总风量。但工程量较大、费用高。因此，这种方法多用于服务年限长、巷道年久失修造成通风网络风阻很大而又不能使用辅助通风机调节的区域。

增加风压调节法的优点是简便、易行，且提高了矿井总风量。但管理复杂，安全性较差。因此，这种方法可在并联风路阻力相差较大、矿井主要通风机能力不能满足较大阻力风路的需求时使用。

总之，上述三种风量调节方法各有特点，要根据具体情况选用。当单独使用一种方法不能满足要求时，可考虑上述方法的综合运用。

第二节　矿井总风量调节

矿井应根据风量、风压的变化情况适时调整主要通风机的工况点，对矿井总风量进行调节。当矿井风量不足时，通过调节来增大风量，以满足安全生产的需要；当矿井风量过剩时，通过调节来减少风量，以降低主要通风机的能耗。对全矿井总风量大小进行的调节称为矿井总风量调节。矿井总风量调节的实质是改变主要通风机的工况点。调节的方法主要有两种：一是改变主要通风机的特性曲线；二是改变主要通风机的工作风阻。

一、改变主要通风机特性曲线

1. 离心式通风机

离心式通风机的实际特性曲线主要决定于风机的转速。如图 9－11 所示，离心式通风机在转速为 n_1 时，其风压特性曲线为 I。

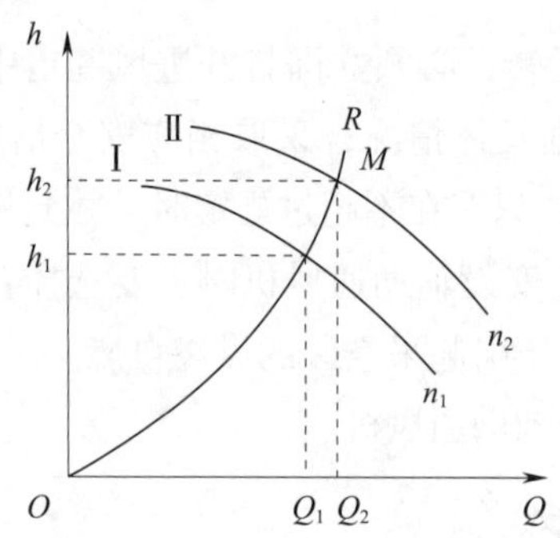

图 9－11　改变通风机转数时的特性曲线

如果实际产生的风量 Q_1 不能满足矿井需风量 Q_2 时，可用比例定律求出该风机所需的转速 n_2：

$$n_2 = n_1 \frac{Q_2}{Q_1} \tag{9-13}$$

绘制出新转速 n_2 时的全风压特性曲线 II，它和矿井总风阻曲线 R 的交点 M 即为通风机新的工况点。同时，根据新转速 n_2 的效率特性曲线和功率特性曲线，检查新工况点是否在合理的工作范围内，并验算电动机的能力。

改变通风机转速是改变离心式通风机特性曲线的主要方法。其具体做法是：如果通风机和电动机之间是间接传动，可以改变传动比或改变电动机的转速；如果通风机和电动机是直接传动，可改变电动机的转速或更换电动机。

2. 轴流式通风机

轴流式通风机的特性曲线主要由通风机叶片安装角度和通风机转速两个因素决定。在矿井生产中，常采用改变轴流式通风机叶片安装角度的方法调节风量。如图 9－12 所示，正常运转时，叶片安装角度为 θ_1（27.5°），运转工况点为特性曲线 I′ 上的 a 点；由于生产需要，矿井总阻力增加，为保证原有的风量，主要通风机运转工况点移至 b 点，此时，要把叶片安装角度调整到 θ_2（30°），使风压特性曲线 I 通过 b 点，从而保证矿井总风量的需要。

轴流式通风机的叶片，用双螺母固定于轮毂上，调整时只需将螺母拧开，调整好角度后再拧紧即可。这种方法的调节范围比较大，一般每次可调 5°（每次最小可调 2.5°），而且可使通风机在最佳工作区域内工作。采用变频技术控制主要通风机的矿井，在一定范围内，也可通过调整电动机转速，方便地实现总风量的调节。

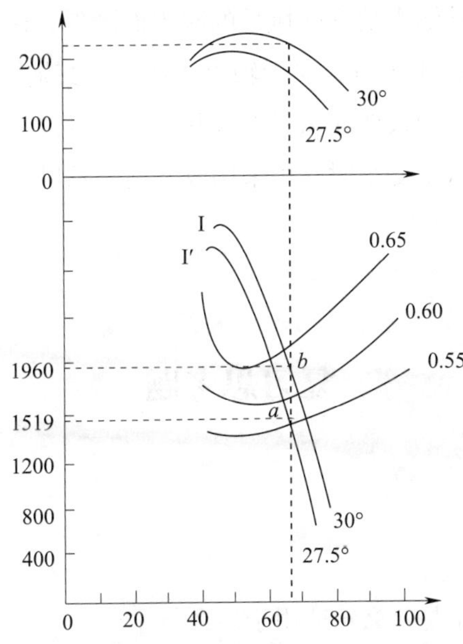

图 9－12 改变轴流式通风机的叶片安装角度时的特性曲线

3. 对旋式通风机

对旋式通风机是近年来开发应用的新型高效轴流式风机。其调节方法和一般轴流式通风机相似，可以改变风机两级叶轮上的叶片安装角度（可调整其中一级，也可同时调整两级），也可以改变电动机的转速。对旋式通风机的两级叶轮分别由不同的电动机驱动，在矿井投产初期也可单级运行。

二、改变主要通风机工作风阻

如图 9－13 所示的通风机工况，通风机特性曲线为 n，当矿井风阻特性曲线 R 增大为 R_1，即通风机的工况点由 a 变到 b 时，矿井总风量由 Q 减到 Q_1；而工况点由 a 变到 c 时，矿井总风量由 Q 增至 Q_2。因此，当矿井要求的通风能力超过主要通风机最大能力，又无法采用其他调节法时，就必须降低矿井总风阻，以满足矿井通风要求。

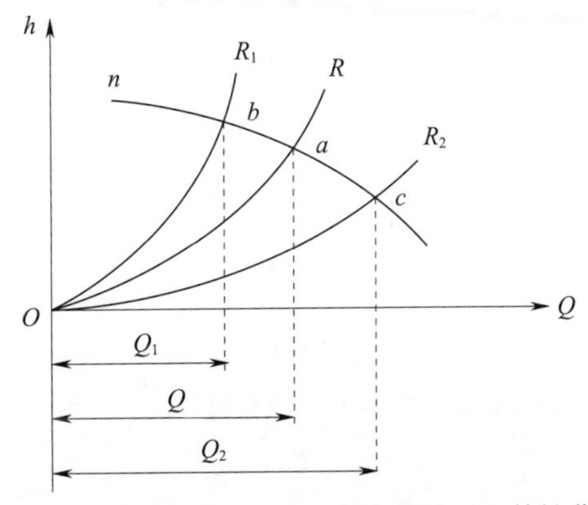

图 9－13 改变主要通风机的工作风阻时的特性曲线

如果主要通风机的风量大于矿井实际需要，可以增加主要通风机的工作风阻，使总风量下降。对于离心式通风机，其输入功率随风量的减少而降低，因此，当需风量变小时，可利用风硐中的闸门增加风阻，减小风量；对于轴流式风机，其输入功率随风量的减小而增加，故一般不用闸门调节，而多采用改变通风机的叶片安装角度或风机转速的方法进行调节；对于有前导器的通风机，当需风量变小时，可采用改变前导器叶片安装角度的方法来调节，但其调节幅度比较小。

复习思考题

一、简答题

1. 增加风阻调节法的实质是什么？适用于什么条件？
2. 降低风阻调节法的实质是什么？适用于什么条件？
3. 矿井总风量调节的实质是什么？调节的方法主要有哪些？

二、计算题

1. 图 9－14 所示通风网络图，已知 $R_1 = 0.08\ \mathrm{kg/m^7}$、$R_2 = 0.15\ \mathrm{kg/m^7}$、$R_3 = 0.18\ \mathrm{kg/m^7}$、$R_4 = 0.15\ \mathrm{kg/m^7}$、$R_s = 0.10\ \mathrm{kg/m^7}$，系统总风量 $Q_1 = 40\ \mathrm{m^3/s}$，各分支需风量 $Q_2 = 15\ \mathrm{m^3/s}$、$Q_3 = 20\ \mathrm{m^3/s}$、$Q_4 = 5\ \mathrm{m^3/s}$。若采用风窗调节（风窗设置处巷道断面面积 $S = 4\ \mathrm{m^2}$），风窗应设置在哪些风路上？风窗的面积为多少？调节后系统的总风阻、总等积孔为多少？

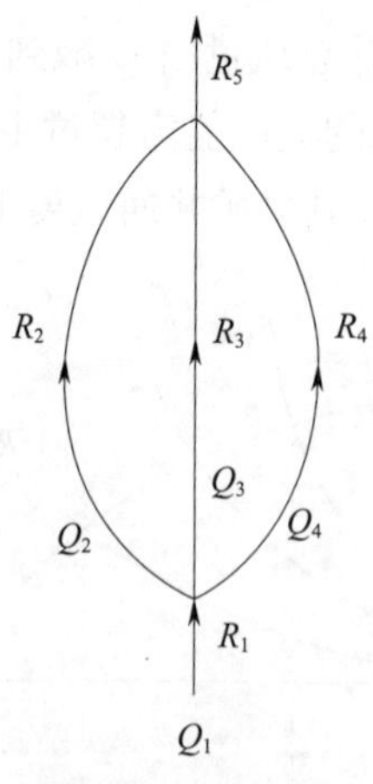

图 9－14　风窗调节

2. 如图 9－15 所示的通风系统，已知：$R_{BCE}=1.5\ \text{kg/m}^7$，$R_{BDE}=0.9\ \text{kg/m}^7$，$L_{BCE}=1\,500\ \text{m}$，$L_{BDE}=1\,000\ \text{m}$。因生产需要，两分支 BCD、BDE 的风量均为 $20\ \text{m}^3/\text{s}$，若采用全长扩大断面的调节措施，则需要在哪个分支上扩大断面？断面扩大到多少（扩大后巷道断面形状为梯形，$\alpha=0.02\ \text{kg/m}^3$）？

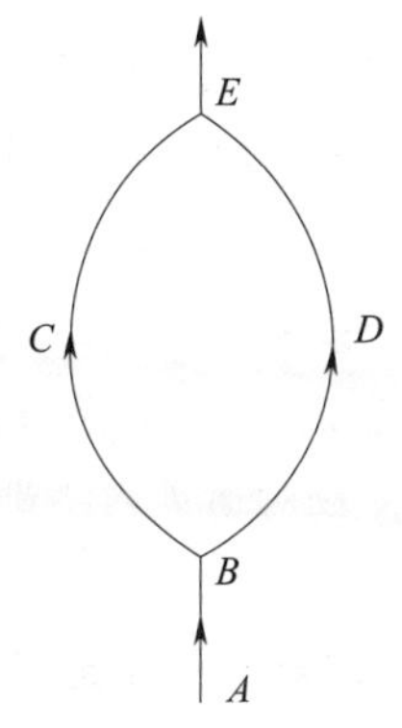

图 9－15　扩大断面调节

技能实训十一　增加风阻调节方案

一、实训目标

1. 掌握增加风阻调节法的原理。
2. 掌握在通风网络图上选择局部风量调节地点，并正确设置增阻调节设施的方法。

二、任务描述

在通风实验室或多媒体教室，给定某一采区的通风系统图及通风测量数据，根据要求绘制通风网络图，并在通风网络图上选择局部风量调节地点，并正确设置增加风阻的调节设施。

三、任务准备

某一采区的通风系统图及通风测量数据、计算器、记录本、铅笔、钢笔等。

四、知识要点

1. 增加风阻调节法的原理。
2. 调节风窗断面面积计算方法。

五、实训过程

1. 根据设定条件增加风阻以进行风量调节。

2. 根据提供的某一采区的通风系统图及通风测量数据进行网络解算。

3. 选择调节风窗设置位置。

4. 计算调节风窗的断面面积。

六、注意事项

1. 调节风窗应尽量安设在回风巷中，以免妨碍运输。总回风巷和主要进风巷中禁止设置调节风窗。安设在运输巷道时，则应采用多段调节，用若干面积较大的调节风窗来代替一个面积较小的调节风窗。

2. 在采区内安设调节风窗时，应安装在风桥之后，防止风桥漏风加大。

3. 安设调节风窗的地点要求围岩完好，尽量避免设在煤巷中，防止引起煤炭自然发火。

4. 在复杂通风网络中调节风量时，应对通风网络进行综合分析，防止重复设置风窗，避免增大通风阻力，降低能耗。

5. 风窗的窗口应靠近巷道的上部，以利于排放瓦斯。

七、总结与思考

增加风阻调节法具有简单易行，施工时间短，见效快，工程费用低等优点。但这种方法增加了矿井总风阻，被调节的并联风路中，一风路减少的风量超过另一风路增加的风量，使矿井的总风量减少。因此，这种方法只适用于在服务年限不长，调节区域的总风阻占矿井总风阻的比重不大的采区内使用。对于矿井主要风路，特别是在阻力相差较大的矿井两翼调风，应尽量避免采用；否则，不但不能起到预期效果，还可能使全矿井通风状况恶化。

附　录

附录一　井巷摩擦阻力系数α（kg/m^3 或 Ns^2/m^4）值（$\rho=1.2\ kg/m^3$）

一、水平巷道

1. 不支护巷道α值

附表 1-1　不支护巷道的α值

巷道壁的特征	$\alpha(\times10^4)/kg\cdot m^{-3}$
（1）顺走向在煤层里开掘的巷道	58.8
（2）交叉走向在岩层里开掘的巷道	68.6 ~ 78.4
（3）巷壁与底板粗糙度相同的巷道	58.8 ~ 78.4
（4）同（3），在底板阻塞情况下	98 ~147

2. 混凝土、混凝土砖及砖石砌碹的平巷α值

附表 1-2　砌碹平巷的α值

类别	$\alpha(\times10^4)/kg\cdot m^{-3}$
混凝土砌碹、外抹灰浆	29.4~39.2
混凝土砌碹、不抹灰浆	49~ 68.6
砖砌碹、外抹灰浆	24.5 ~29.4
砖砌碹、不抹灰浆	29.4 ~ 30.2
料石砌碹	39.2 ~49

注：巷道断面小者取大值。

3. 圆木棚子支护的巷道 α 值

附表 1-3　　圆木棚子支护的巷道 α 值

木柱直径 d_0/cm	支架纵口径 $\Delta = L/d_0$ 时的 $\alpha(\times 10^4)/\text{kg}\cdot\text{m}^{-3}$							按断面校正	
	1	2	3	4	5	6	7	断面 /m²	校正系数
15	88.2	115.2	137.2	155.8	174.4	164.6	158.8	1	1.2
16	90.16	118.6	141.1	161.7	180.3	167.6	159.7	2	1.1
17	92.12	121.5	141.1	165.6	185.2	169.5	162.7	3	1.0
18	94.03	123.5	148	169.5	190.1	171.5	164.6	4	0.93
20	96.04	127.4	154.8	177.4	198.9	175.4	168.6	5	0.89
22	99	133.3	156.8	185.2	208.7	178.4	171.5	6	0.8
24	102.9	138.2	167.6	193.1	217.6	192	174.4	8	0.82
26	104.9	143.1	174.4	199.9	225.4	198	180.3	10	0.78

注：表中 $\alpha \times 10^4$ 值适合于支架后净断面 $S = 3\,\text{m}^2$ 的巷道，对于其他断面的巷道应乘以校正系数。

4. 金属支架的巷道 α 值

（1）工字梁拱形和梯形支架巷道的 α 值

附表 1-4　　工字梁拱形和梯形支架的巷道 α 值

金属梁尺寸 d_0/cm	支架纵口径 $\Delta = L/d_0$ 时的 $\alpha(\times 10^4)/\text{kg}\cdot\text{m}^{-3}$					按断面校正	
	2	3	4	5	8	断面 /m²	校正系数
10	107.8	147	176.4	205.4	245	3	1.08
12	127.4	166.6	205.8	245	294	4	1.00
14	137.2	186.2	225.4	284.2	333.2	6	0.91
16	147	205.8	254.8	313.6	392	8	0.88
18	156.8	225.4	294	382.2	431.2	10	0.84

注：d_0 为金属梁截面的高度。

（2）金属横梁和帮柱混合支护的平巷 α 值

附表 1-5　　金属横梁和帮柱混合支护的平巷 α 值

边柱厚度 d_0/cm	支架纵口径 $\Delta = L/d_0$ 时的 $\alpha(\times 10^4)/\text{kg}\cdot\text{m}^{-3}$					按断面校正	
	2	3	4	5	6	断面 /m²	校正系数
40	156.8	176.4	205.8	215.6	235.2	3	1.08
						4	1.00
						6	0.91
						8	0.88
50	166.6	196.0	215.6	245.0	264.6	10	0.84

注：（1）“帮柱”是混凝土或砌碹的柱子，呈方形；

（2）顶梁是由工字钢或 16 号槽钢加工的。

5. 钢筋混凝土预制支架的巷道 α 值

钢筋混凝土预制支架的巷道 $\alpha(\times10^4)$ 值为 88.2～186.2 kg/m^3（纵口径大，取值也大）。

6. 锚杆或喷浆巷道的 α 值

锚杆或喷浆巷道的 $\alpha(\times10^4)$ 值为 78.4～117.6 kg/m^3；对于装有皮带运输机的巷道，$\alpha(\times10^4)$ 值为 147～196 kg/m^3。

二、井筒、暗井及溜道

（1）无任何装备的清洁的混凝土和钢筋混凝土井筒 α 值见附表 1－6。

（2）砖和混凝土砖砌的无任何装备的井筒，其值 α 按附表 1－6 增大一倍。

（3）有装备的井筒，井壁用混凝土、钢筋混凝土、混凝土砖及砖石砌碹的平巷 $\alpha(\times10^4)$ 值为 343～490 kg/m^3，选取时应考虑到罐道梁的间距，装备物纵口径以及有无梯子间和梯子间规格等。

（4）木支护的暗井和溜道 α 值见附表 1－7。

附表 1－6　　无任何装备的清洁的混凝土和钢筋混凝土井筒 α 值

井筒直径 /m	井筒断面 /m^2	$\alpha(\times10^4)$ / $kg\cdot m^{-3}$	
		平滑的混凝土	不平滑的混凝土
4	12.6	33.3	39.2
5	19.6	31.4	37.2
6	28.3	31.4	37.2
7	38.5	29.4	35.3
8	50.3	29.4	35.3

附表 1－7　　木支护的暗井和溜道 α 值

井筒特征	断面 /m^2	$\alpha(\times10^4)$ / $kg\cdot m^{-3}$
人行格间有平台的溜道	9	460.6
有人行格间的溜道	0.95	196
下放煤的溜道	1.8	156.8

三、矿井巷道实测 α 值

沈阳煤矿设计研究院编制的 α 值表见附表 1－8（沈阳煤矿设计研究院在抚顺、徐州、新汶、阳泉、大同、梅田、鹤岗 7 个矿务局 14 个矿井的实测资料）。

附表 1－8　　矿井巷道实测 α 值

序号	巷道支护形式	巷道类别	巷道壁面特征	$\alpha(\times10^4)$ / $kg\cdot m^{-3}$	选取参考
1	锚喷支护	轨道平巷	光面爆破，凸凹度 <150 mm	50～77	断面大，巷道整洁凸凹度 <50 mm，近似砌碹的取小值，新开采区巷道，断面较小的取大值；断面大而成型差，凸凹度大的取大值
			普通爆破，凸凹度 >150 mm	83～103	巷道整洁，底板喷水泥抹面的取小值，无道碴和锚杆外露的取大值

续表

序号	巷道支护形式	巷道类别	巷道壁面特征	$\alpha(\times10^4)$ / kg·m^{-3}	选取参考
1	锚喷支护	轨道斜巷（设有行台阶）	光面爆破，凸凹度 <150 mm	81～89	兼流水巷和无轨道的取小值
			普通爆破，凸凹度 >150 mm	93～121	兼流水巷和无轨道的取小值；巷道成型不规整，底板不平的取大值
		通风行人巷（无轨道、台阶）	光面爆破，凸凹度 <150 mm	68～75	底板不平，浮矸多的取大值；自然顶板层面光滑和底板积水的取小值
			普通爆破，凸凹度 >150 mm	75～97	巷道平直，底板淤泥积水的取小值；四壁积尘，不整洁的老巷有少量杂物堆积取大值
		通风行人巷（无轨道、有台阶）	光面爆破，凸凹度 <150 mm	72～84	兼流水巷的取小值
			普通爆破，凸凹度 >150 mm	84～110	流水冲沟使底板严重不平的 α 值偏大
		胶带运输机巷（铺轨）	光面爆破，凸凹度 <150 mm	85～120	断面较大，全部喷混凝土固定道床的 $\alpha(\times10^4)$ 值为 85；其余的一般均应取偏大值；吊挂胶带输送机宽为 800～1 000 mm
		胶带运输机巷（铺轨）	普通爆破，凸凹度 >150 mm	119～174	巷道底平，整洁的巷道取小值；底板不平，铺轨无道碴，胶带输送机卧底，积煤泥的取大值；落地式胶带宽为 1.2 m
2	喷砂浆支护	轨道平巷	普通爆破，凸凹度 >150 mm	78～81	喷砂浆支护与喷混凝土支护巷道的摩擦阻力系数相近，同种类别巷道可按锚喷的选
3	锚杆支护	轨道平巷	锚杆外露 100～200 mm 锚间距 600～1 000 mm	94～149	支护设置规整，自然顶板平整光滑的取小值；壁面波状凸凹度 >150 mm，近似不规整的裸体状取大值；沿煤顺槽，底板为松散浮煤，一般取中间值
		胶带输送机巷（铺轨）	锚杆外露 150～200 mm 锚间距 600～800 mm	127～153	落地式胶带宽为 800～1 000 mm；断面小，支护设置不规整的取大值，断面大，自然顶板平整光滑取小值
4	料石砌碹支护	轨道平巷	壁面粗糙	49～61	断面大的取小值；断面小的取大值；巷道洒水清扫的取小值
		轨道平巷	壁面平滑	38～44	断面大的取小值；断面小的取大值；巷道洒水清扫的取小值
		胶带输送机斜巷（铺轨设有行人台阶）	壁面粗糙	100～158	钢丝绳胶带输送机宽为 1 000 mm，下限值为推测值，供选取参考
5	毛石砌碹支护	轨道平巷	壁面粗糙	60～80	
6	混凝土棚支护	轨道平巷	断面 5～9 m^2，纵口径 4～5	100～190	依纵口径、断面选取 α 值；巷道整洁的完全棚，纵口径小的取小值

续表

<table>
<tr><th>序号</th><th>巷道支护形式</th><th>巷道类别</th><th>巷道壁面特征</th><th>$\alpha(\times10^4)$ / kg·m^{-3}</th><th>选取参考</th></tr>
<tr><td rowspan="2">7</td><td rowspan="2">U 型钢支护</td><td>轨道平巷</td><td>断面 5～8 m^2，纵口径 4～8</td><td>135～181</td><td>按纵口径、断面选取，纵口径大的、完全棚支护的取小值；不完全支护棚大于完全支护棚的α值</td></tr>
<tr><td>胶带输送机巷（铺轨）</td><td>断面 9～10 m^2，纵口径 4～8</td><td>209～226</td><td>落地式胶带宽为 800～1 000 mm，包括工字钢梁、U 型钢腿的支架</td></tr>
<tr><td rowspan="2">8</td><td rowspan="2">工字钢、钢轨支护</td><td>轨道平巷</td><td>断面 4～6 m^2，纵口径 7～9</td><td>123～134</td><td>包括工字钢与钢轨的混合支架；不完全支护棚支护的α值大于完全支护棚的，纵口径 =9 取小值</td></tr>
<tr><td>胶带输送机巷（铺轨）</td><td>断面 9～10 m^2，纵口径 4～8</td><td>209～226</td><td>工字钢与 U 型钢的混合支架与第 7 项胶带输送机巷近似，单一种支护与混合支护 α 值近似</td></tr>
<tr><td rowspan="5">9</td><td rowspan="5">综采工作面</td><td rowspan="3">掩护式支架</td><td>采高 <2 m, 德国 WS1.7 双柱式</td><td>300～330</td><td>系数值包括采煤机在工作面内的附加阻力（下同）</td></tr>
<tr><td>采高 2～3 m，德国 WS1.7 双柱式，德国贝考瑞特，国产 OK Ⅱ型</td><td>260～310</td><td>分层开采铺金属网和工作面片帮严重、堆积浮煤多的取大值</td></tr>
<tr><td>采高 >3 m，德国 WS1.7 双柱式</td><td>220～250</td><td>支架架设不整齐，有露顶的取大值</td></tr>
<tr><td>支撑掩护式支架</td><td>采高 2～3 m，国产 ZY-3，4 柱式</td><td>320～350</td><td>采高局部有变化，支架不齐的取大值</td></tr>
<tr><td>支撑式支架</td><td>采高 2～3 m，英国 DT，4 柱式</td><td>330～420</td><td>支架架设不整齐的取大值</td></tr>
<tr><td rowspan="3">10</td><td rowspan="3">普采工作面</td><td>单体液压支柱</td><td>采高 <2 m</td><td>420～500</td><td></td></tr>
<tr><td>金属摩擦支柱，铰接顶梁</td><td>采高 <2 m，DY-100 型采煤机</td><td>450～550</td><td>支架排列较整齐，工作面内有少量金属支柱等堆积物的可取小值</td></tr>
<tr><td>木支柱</td><td>采高 <1.2 m，木支架较乱</td><td>600～650</td><td></td></tr>
<tr><td rowspan="3">11</td><td rowspan="3">炮采工作面</td><td>金属摩擦支柱，铰接顶梁</td><td>采高 <1.8 m，支架整齐</td><td>270～350</td><td>工作面每隔 10 m 用木垛支撑的实测 $\alpha(\times10^4)$ 值为 954～1 050</td></tr>
<tr><td rowspan="2">木支柱</td><td>采高 <1.2 m，支架整齐</td><td>300～350</td><td></td></tr>
<tr><td>采高 <1.2 m，木支架较乱</td><td>400～450</td><td></td></tr>
</table>

附录二　轴流式风机特性曲线

一、2K60 型轴流式通风机个体和类型特性曲线

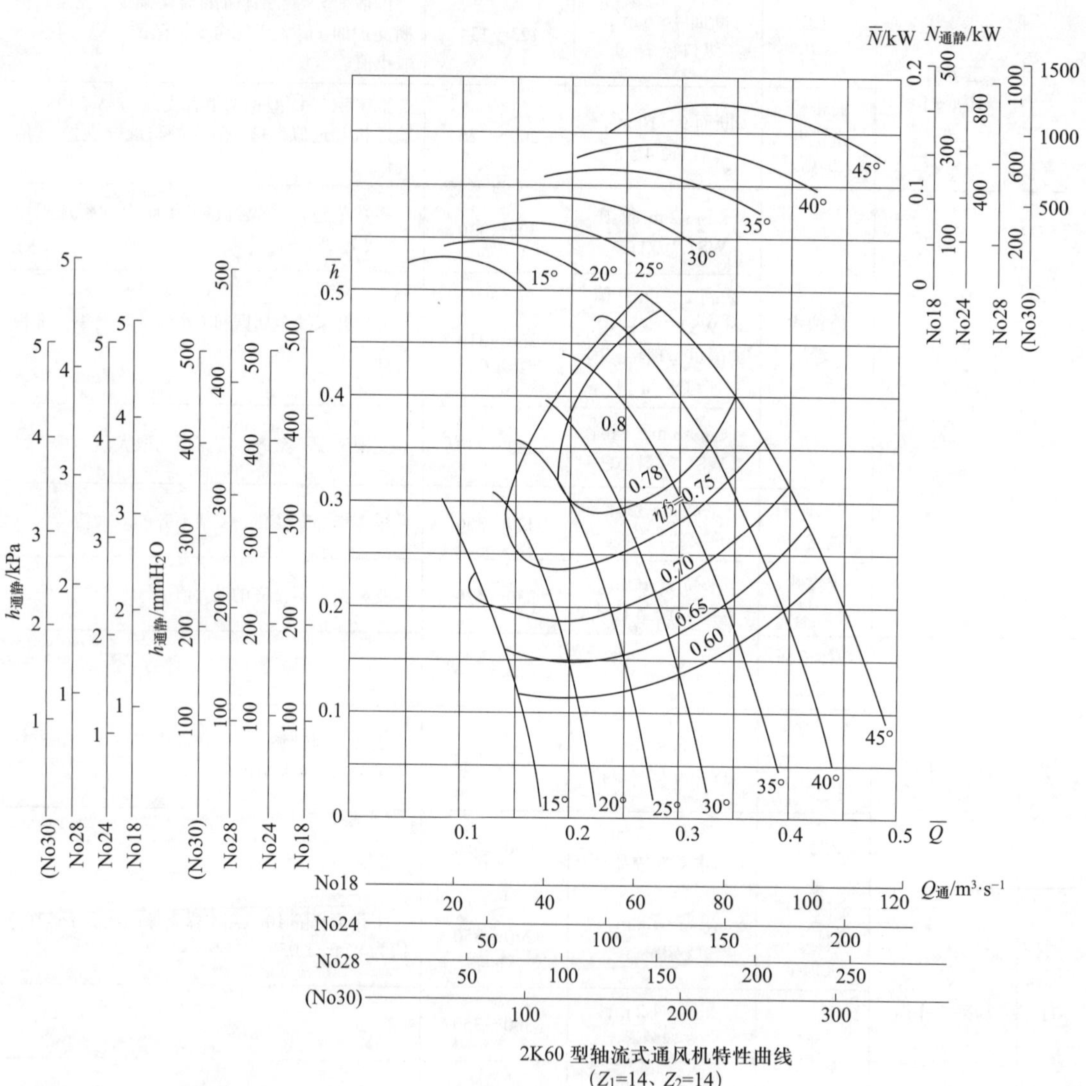

2K60 型轴流式通风机特性曲线
(Z_1=14、Z_2=14)

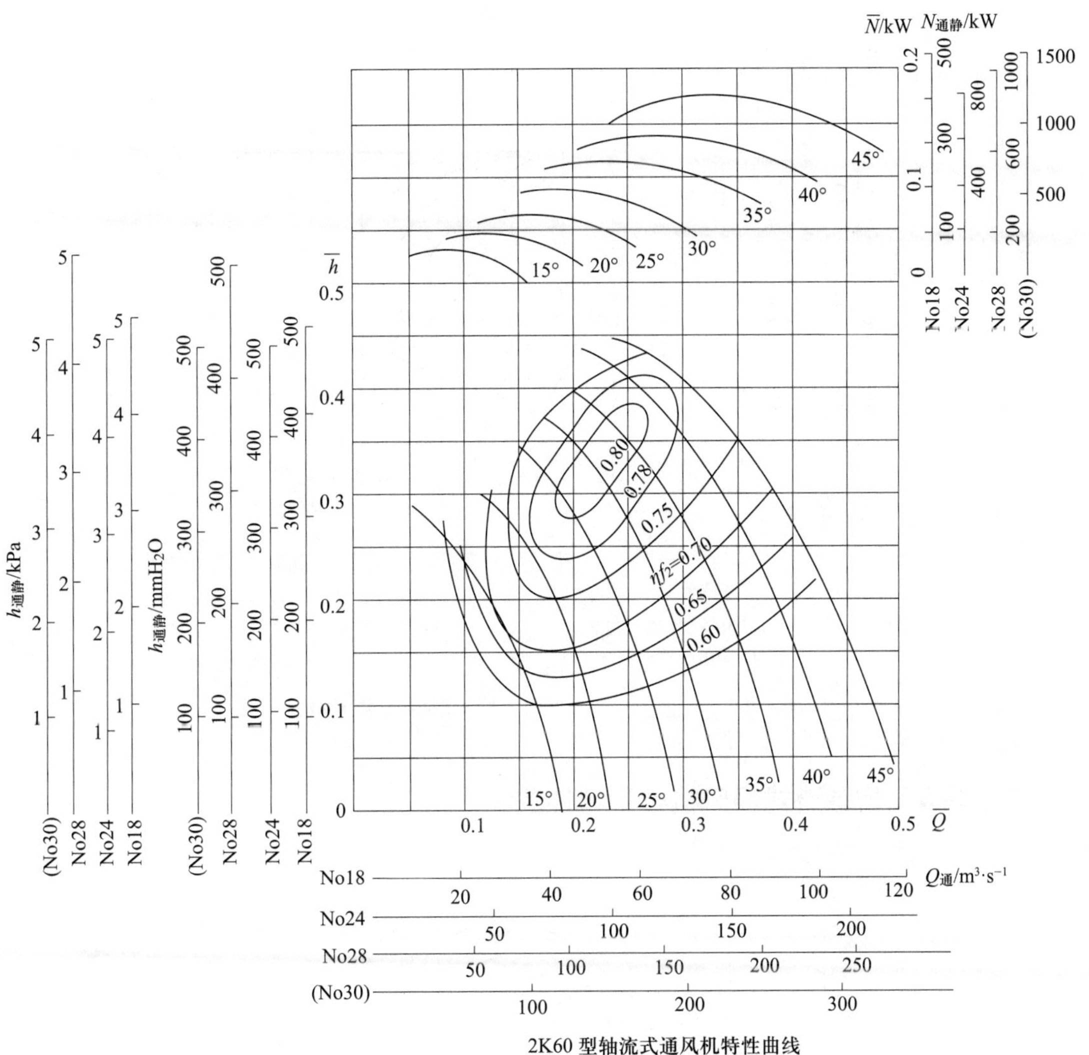

2K60 型轴流式通风机特性曲线
(Z_1=14、Z_2=7)

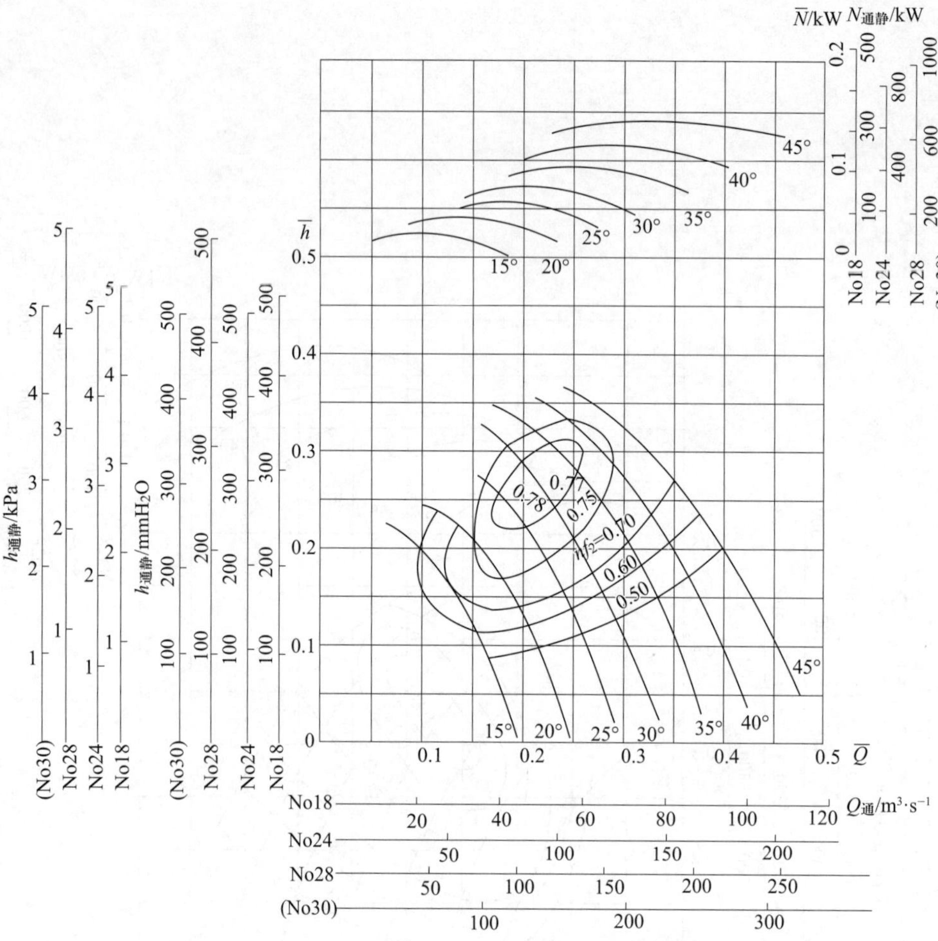

2K60 型轴流式通风机特性曲线

(Z_1=7、Z_2=7)

二、GAF 型轴流式通风机类型特性曲线

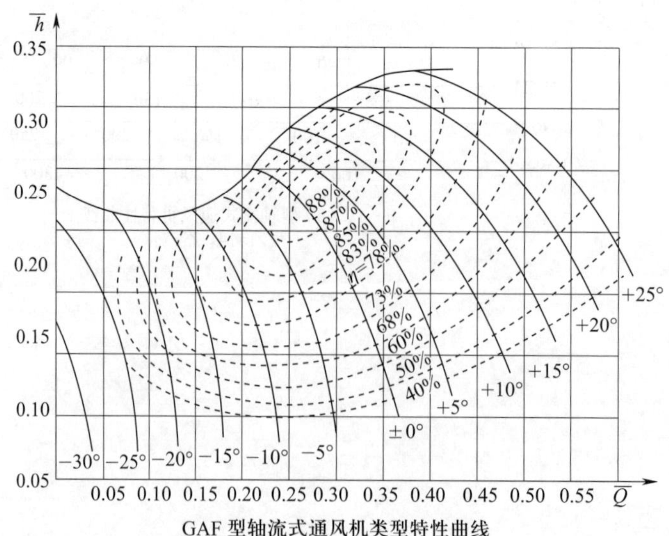

GAF 型轴流式通风机类型特性曲线

三、62A14-11 型轴流式通风机特性曲线

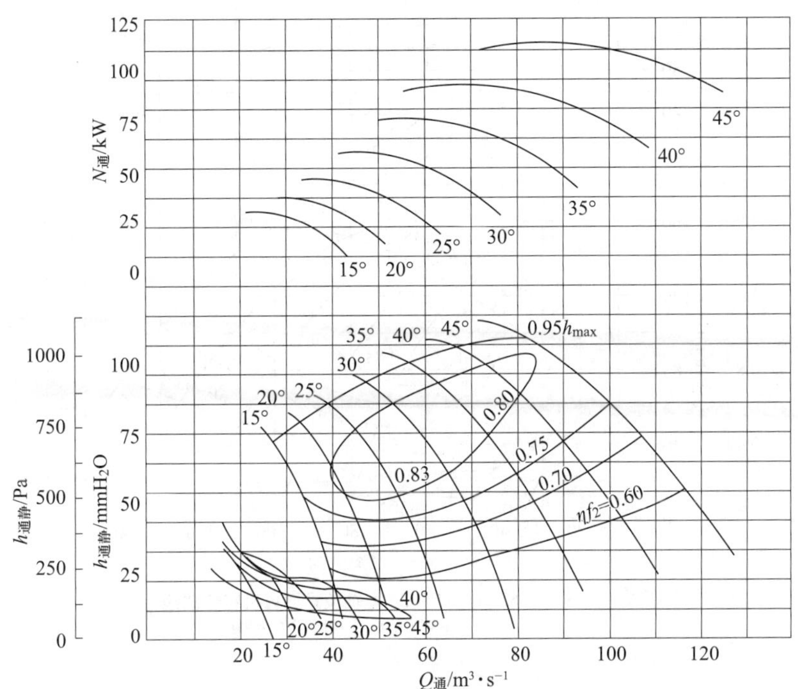

62A14–11No24 型轴流式通风机特性曲线
（n=500r/min，叶片数 Z=16）

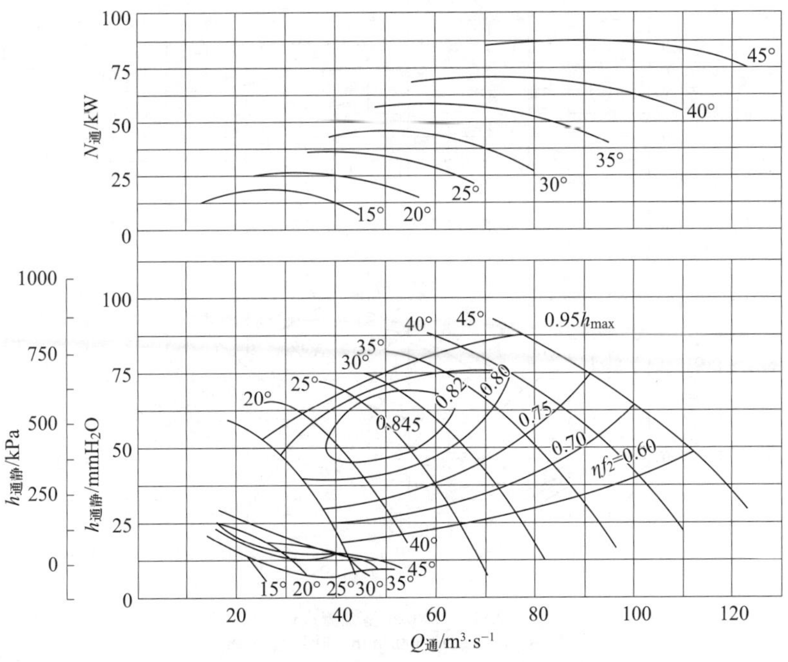

62A14–11No24 型轴流式通风机特性曲线
（n=500r/min，叶片数 Z=8）

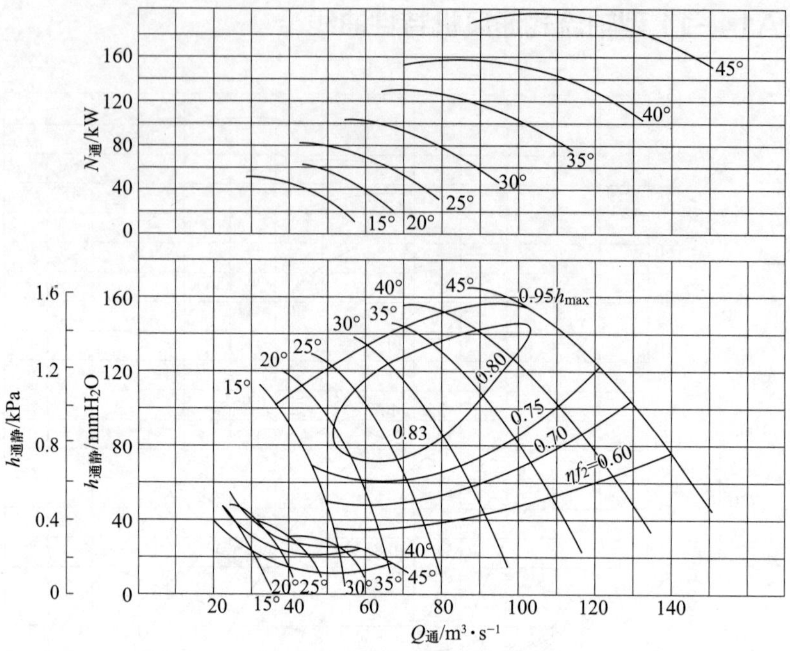

62A14–11No24 型轴流式通风机特性曲线
（n=600r/min，叶片数 Z=16）

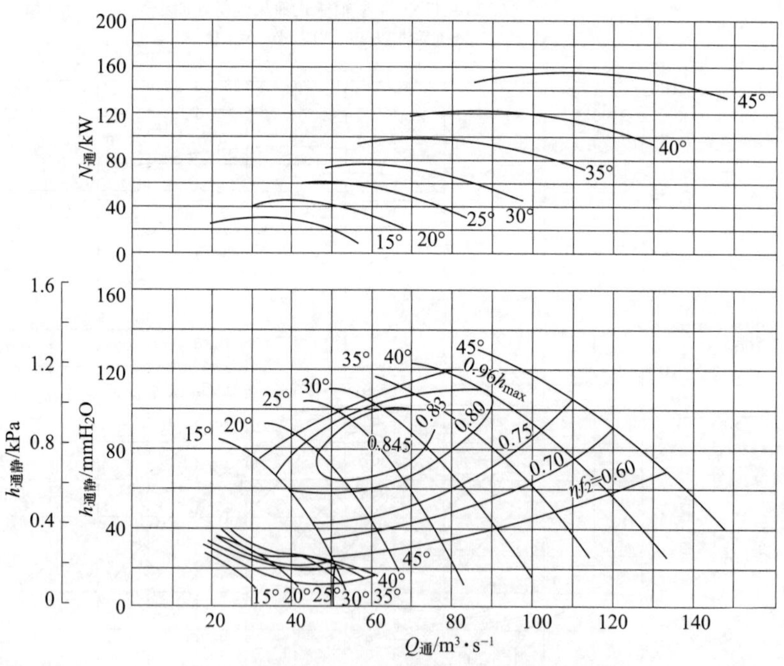

62A14–11No24 型轴流式通风机特性曲线
（n=600r/min，叶片数 Z=8）

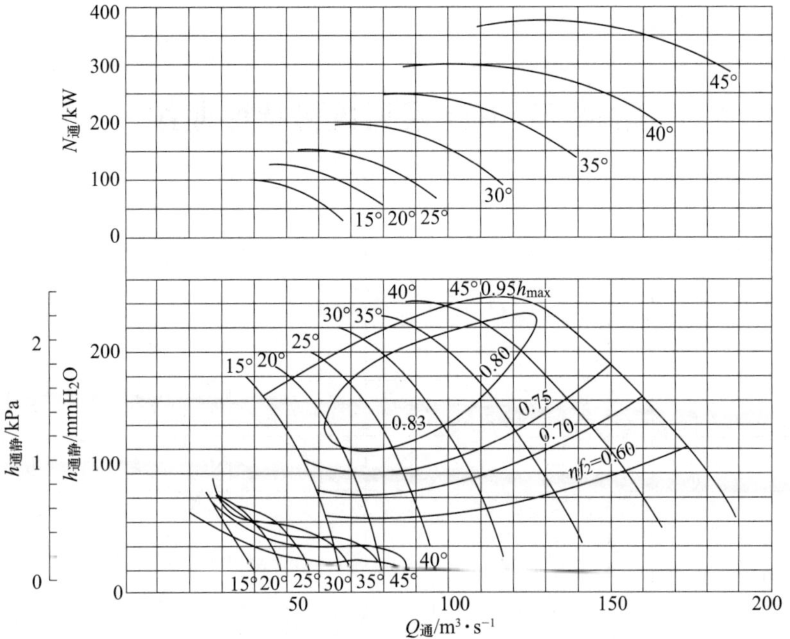

62A14–11No24 型轴流式通风机特性曲线
(n=750r/min，叶片数 Z=16)

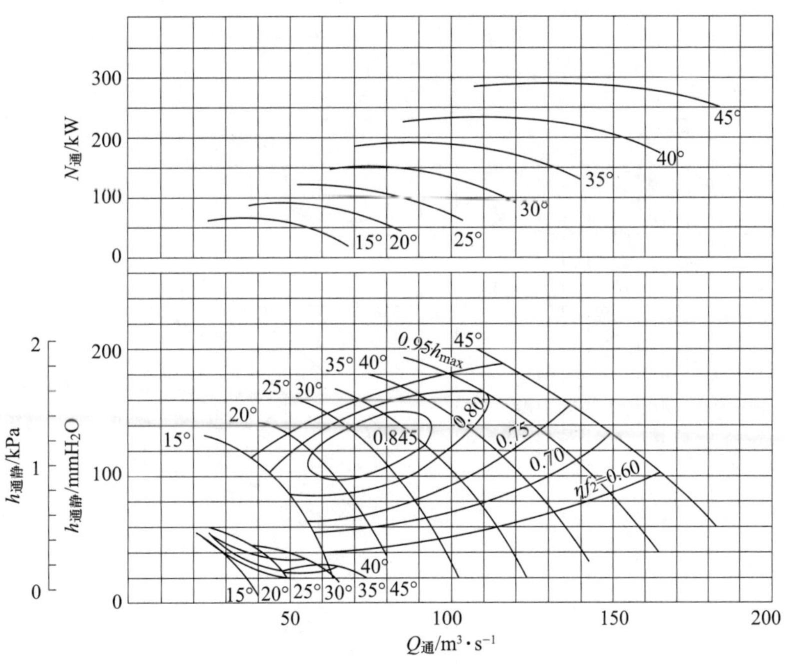

62A14–11No24 型轴流式通风机特性曲线
(n=750r/min，叶片数 Z=8)

附录三　BD 系列风机特性曲线

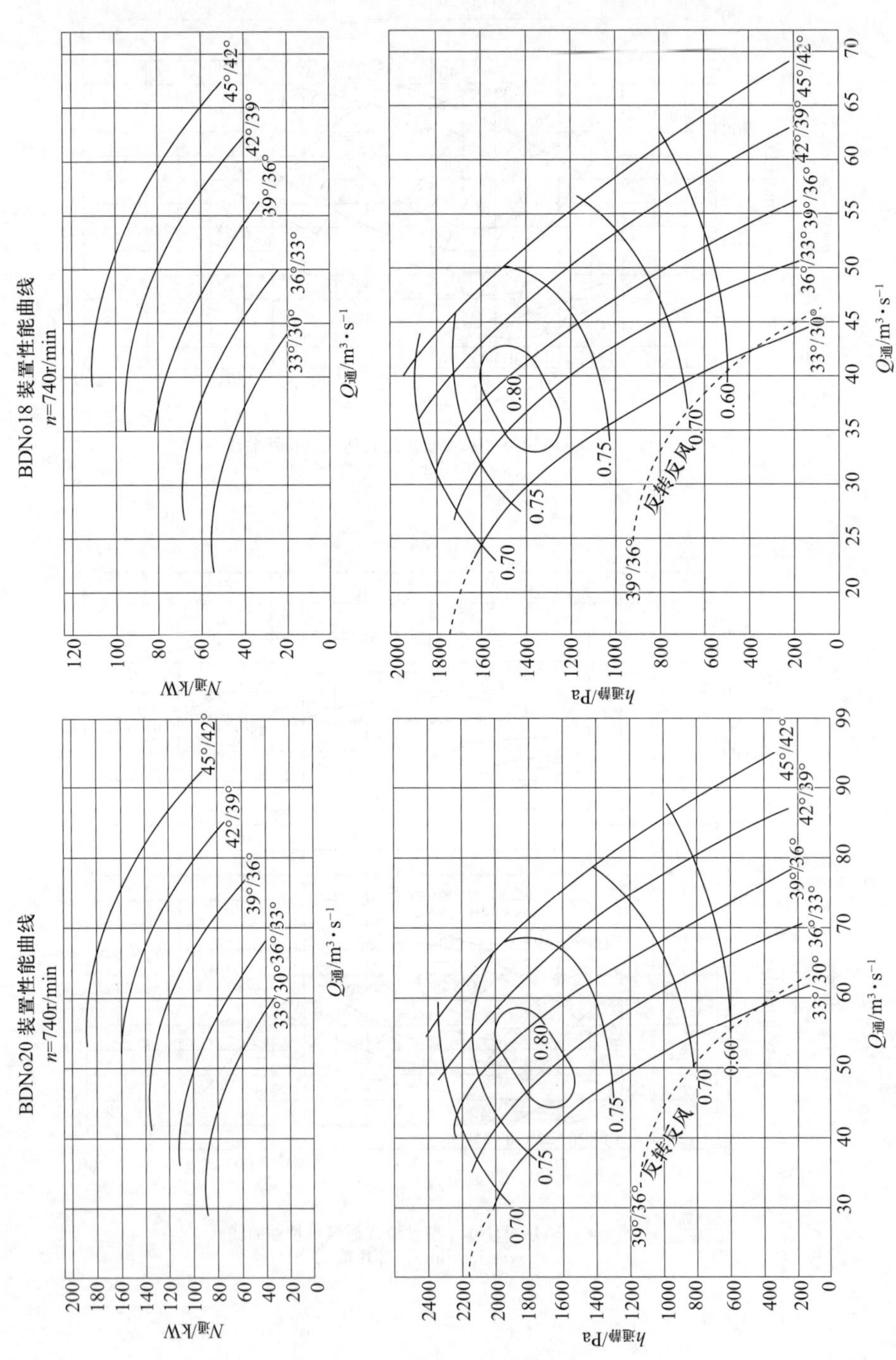

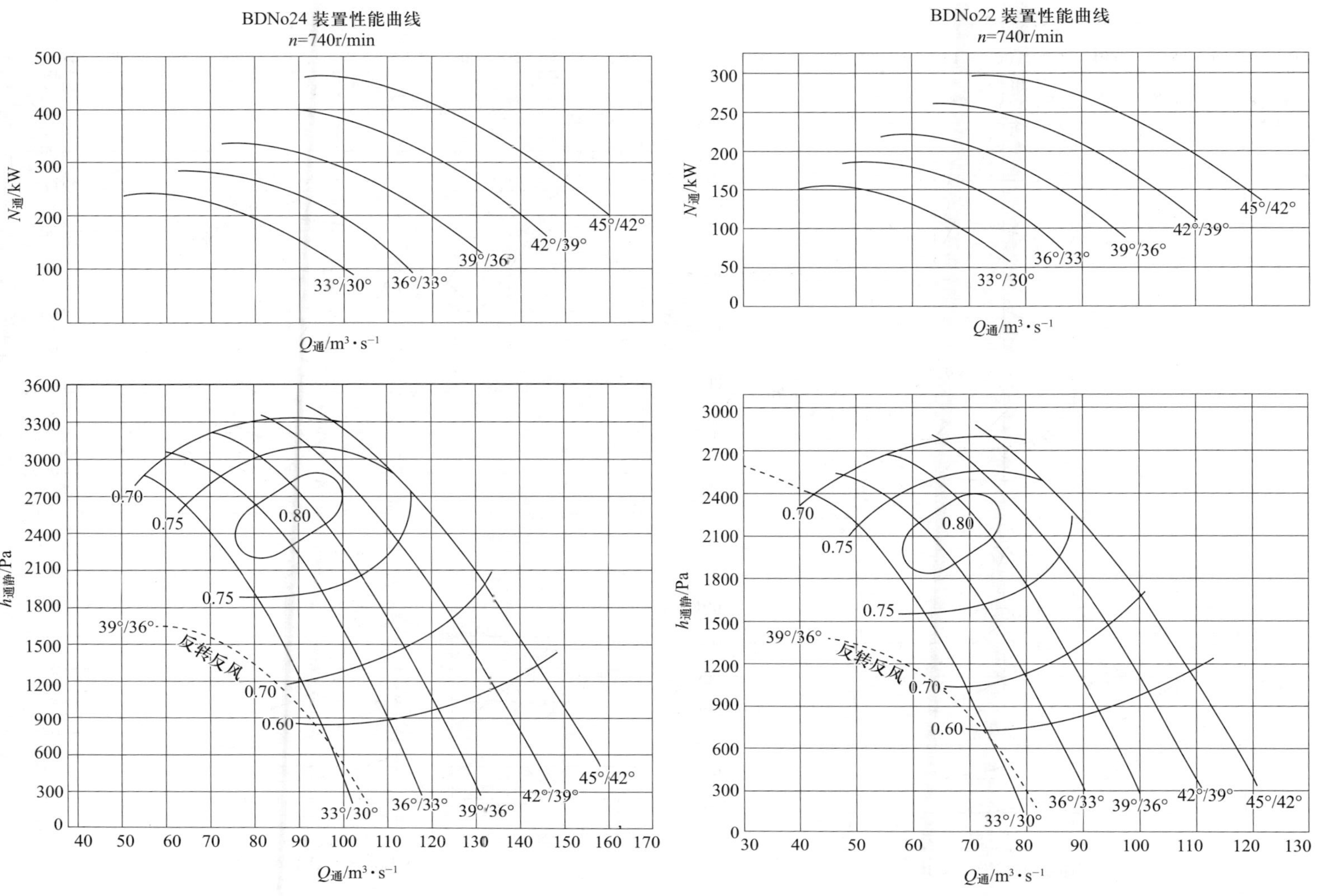
BDNo24 装置性能曲线
n=740r/min
$N_{通}$/kW
$Q_{通}$/m³·s⁻¹
$h_{通静}$/Pa
33°/30°
36°/33°
39°/36°
42°/39°
45°/42°
0.70
0.75
0.80
0.60
39°/36°
反转反风
BDNo22 装置性能曲线
n=740r/min
$N_{通}$/kW
$Q_{通}$/m³·s⁻¹
$h_{通静}$/Pa
33°/30°
36°/33°
39°/36°
42°/39°
45°/42°
0.70
0.75
0.80
0.60
39°/36°
反转反风

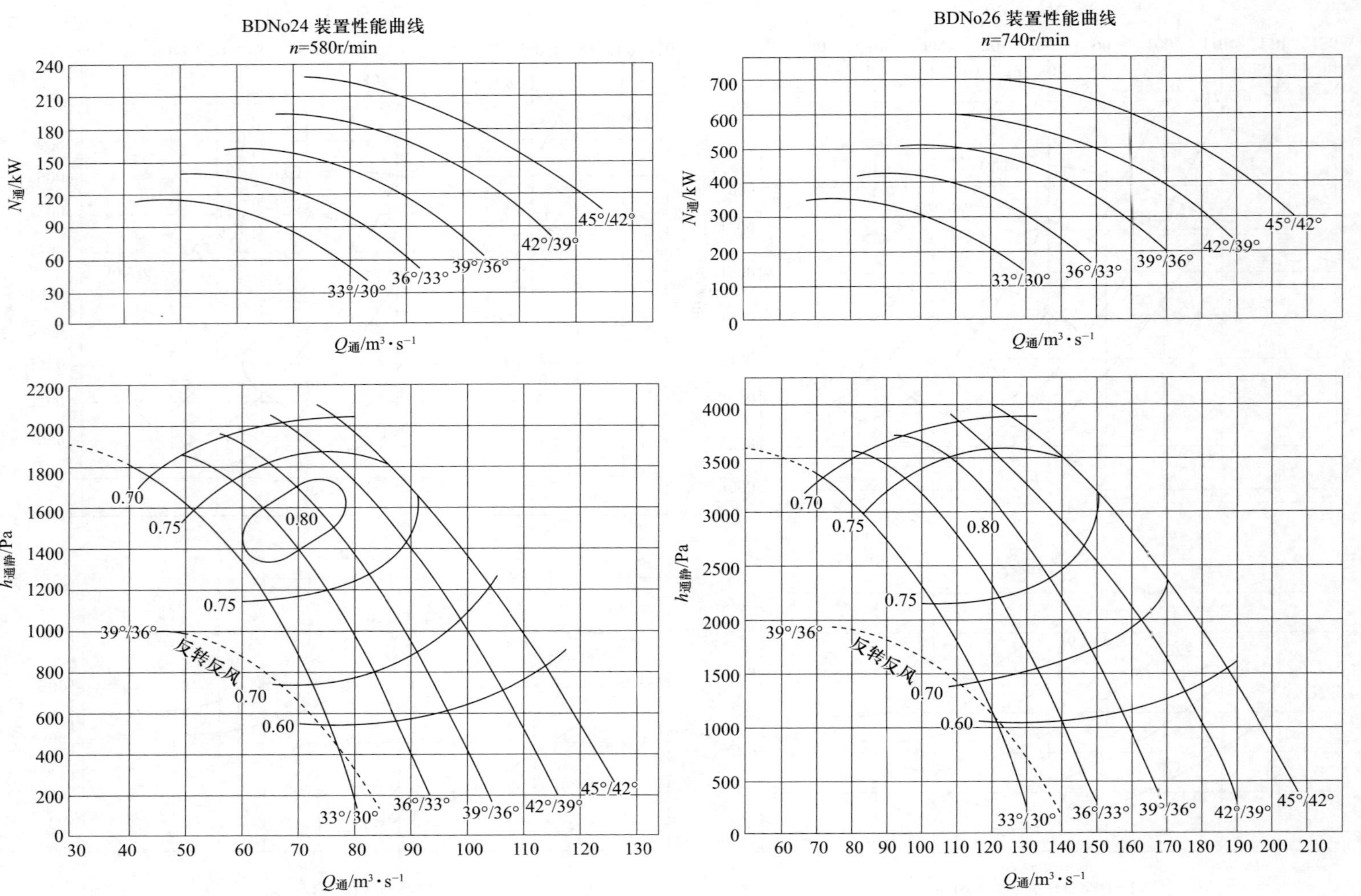

BDNo24 装置性能曲线
n=580r/min
$N_{通}$/kW
$Q_{通}$/m³·s⁻¹
$h_{通静}$/Pa
45°/42°
42°/39°
39°/36°
36°/33°
33°/30°
0.80
0.75
0.70
0.60
39°/36°
反转反风
BDNo26 装置性能曲线
n=740r/min
$N_{通}$/kW
$Q_{通}$/m³·s⁻¹
$h_{通静}$/Pa

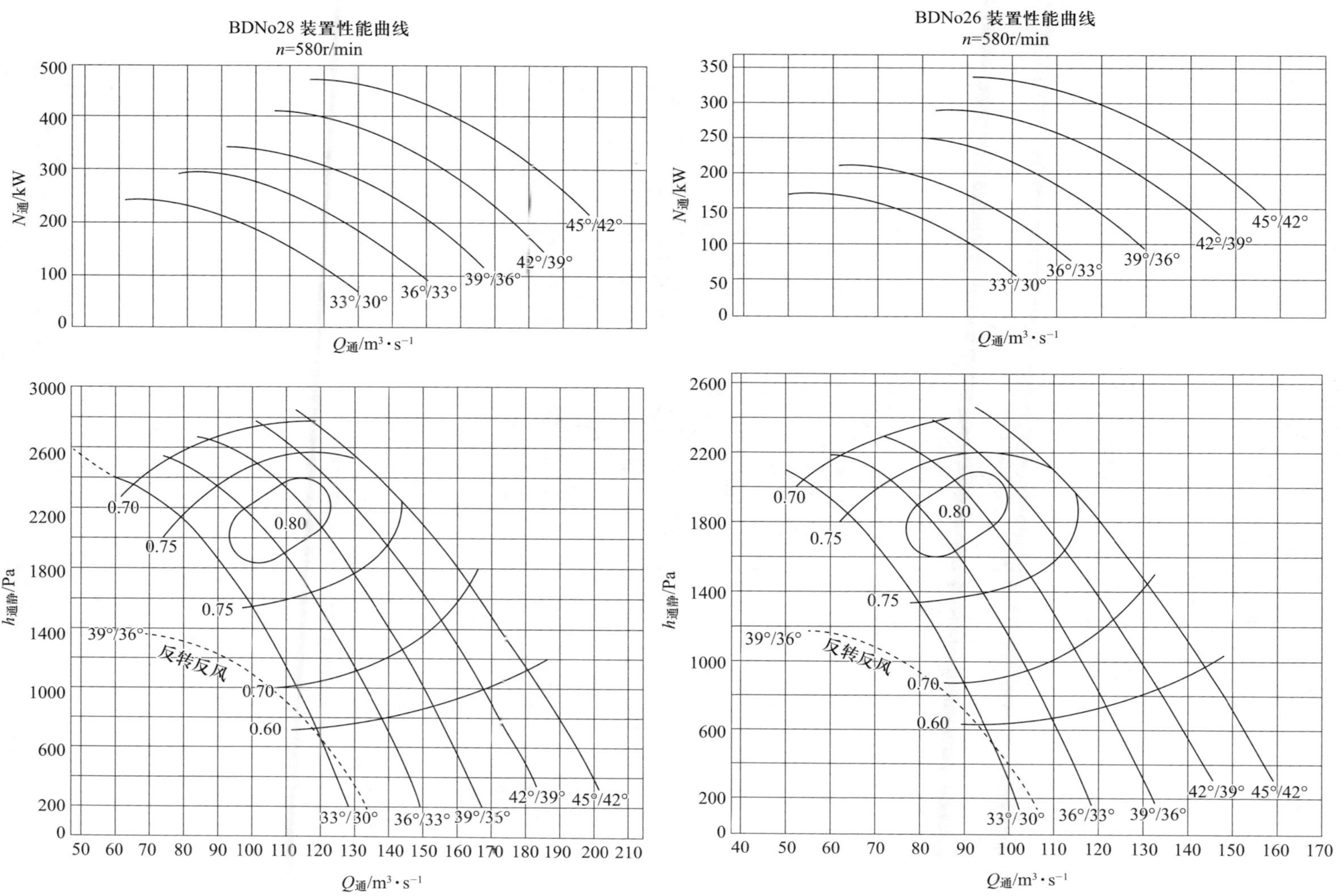

BDNo28 装置性能曲线
n=580r/min
N通/kW
500
400
300
200
100
0
45°/42°
42°/39°
39°/36°
36°/33°
33°/30°
Q通/m³·s⁻¹
h通静/Pa
3000
2600
2200
1800
1400
1000
600
200
0
0.70
0.75
0.80
0.75
39°/36°
反转反风
0.70
0.60
33°/30°
36°/33°
39°/35°
42°/39°
45°/42°
50 60 70 80 90 100 110 120 130 140 150 160 170 180 190 200 210
Q通/m³·s⁻¹
BDNo26 装置性能曲线
n=580r/min
N通/kW
350
300
250
200
150
100
50
0
45°/42°
42°/39°
39°/36°
36°/33°
33°/30°
Q通/m³·s⁻¹
h通静/Pa
2600
2200
1800
1400
1000
600
200
0
0.70
0.80
0.75
0.75
39°/36°
反转反风
0.70
0.60
33°/30°
36°/33°
39°/36°
42°/39°
45°/42°
40 50 60 70 80 90 100 110 120 130 140 150 160 170
Q通/m³·s⁻¹

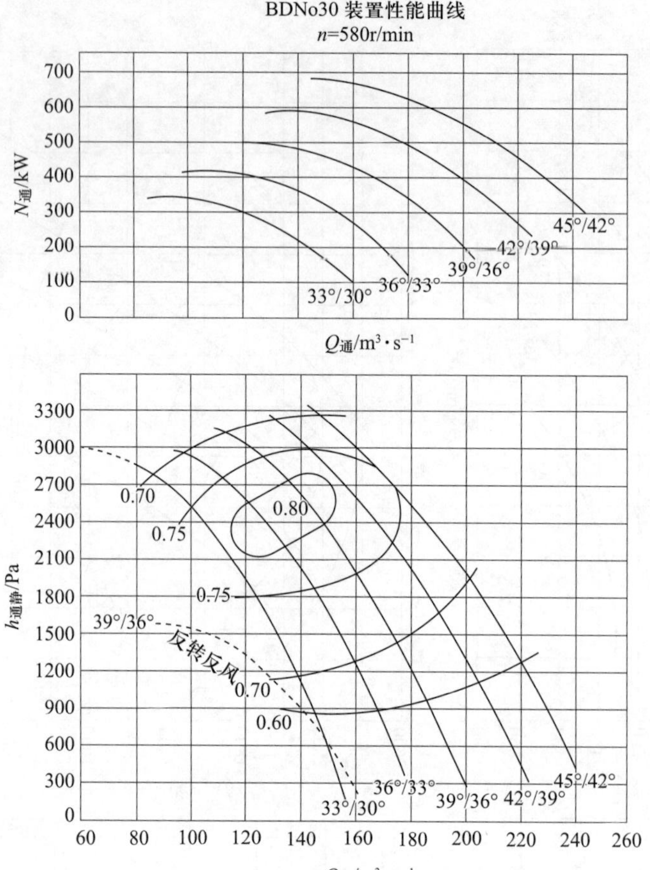

BDNo30 装置性能曲线
n=580r/min
N通/kW
700
600
500
400
300
200
100
0
45°/42°
42°/39°
39°/36°
36°/33°
33°/30°
Q通/m³·s⁻¹
h通静/Pa
3300
3000
2700
2400
2100
1800
1500
1200
900
600
300
0
0.70
0.75
0.80
0.75
39°/36°
反转反风
0.70
0.60
36°/33°
33°/30°
39°/36°
42°/39°
45°/42°
60
80
100
120
140
160
180
200
220
240
260
Q通/m³·s⁻¹

附录四　通风机性能试验数据记录表和计算表

附表 4-1　　　　**通风机性能试验使用的仪器和工具**

名称	规格	数量	用途	说明
风表	高速 中速 低速	各 1 只	在矿井总回风巷中或风硐中测风速	附校正曲线
秒表	普通	2 只	配合风表测风	具体数量依试验方案选定
垂直水柱计	0～400 mm	1 只	测量通风机所产生的静压	
压差计	DJM9 型、Y61 型	1～6 台	在风硐或圆锥形扩散器测速压	
皮托管	500 mm（长）	12 只以上	配合压差计测动压	
胶管	内径 4 mm	若干	传递压力	
三通接头	外径 4～5 mm	若干	连接胶管用	
瓦特表	三相或单相	1～2 只	测量电动机的功率消耗	各种电气仪表应采用 0.2 级或 0.5 级精度，并使所测得的数值在仪表测量范围的 20% 到 95% 以内
电流表	依通风机的电动机容量选择	1～2 只	测量电动机的电流量	
电压表	同上	1～2 只	测量电动机的电压	
功率因数表	同上	1 只	测量电动机的功率因数	
电流互感器	同上	单相的 2 只	配合电流表使用	
电压互感表	依电动机的额定电压选定	单相的 2 只	配合电压表使用	
转速表	依电动机选定	1 只	测量电动机的转速	
气压计	空盒气压计	1 只	测量通风机风流的绝对大气压力	包括电话线
温度计	普通	1 只	测量风流的温度	
湿度计	通风干湿表	1 只	测量风流的相对湿度	
皮尺或钢尺	常用的	各 1 个	测量有关结构尺寸	
mm 方格纸	—	若干	绘制曲线图	
计算器	—	1 部	计算数据	
电话机	防爆、普通	各 1 部	通信联络	
木板	—	若干	井下调节工况	

附表 4-2　　　　**气象原始记录表**

测定地点__________　　　　　　　　测定日期__________

序号	测定时间	干球温度 /℃	湿球温度 /℃	相对湿度 /%	大气压力 /Pa	空气密度 / kg · m^{-3}
1						
2						
3						

附表 4-3　　风量原始记录表

测定地点________　　测定日期________

测点序号	测定时间	测风处断面面积 /m²	每次测定的风表读数				真实风速 / m·s⁻¹	风量 / m³·s⁻¹
			第一次	第二次	第三次	平均		
1								
2								
3								
4								

附表 4-4　　风量原始记录表

压差计编号________　　测定日期________

测点序号	测定时间	动压测定值 /Pa				换算成风速 / m·s⁻¹	测点断面面积 /m²	风量 / m³·s⁻¹
		第一次	第二次	第三次	平均			
1								
2								
3								
4								

附表 4-5　　静压原始记录表

测压地点________　　测定日期________

测点序号	测定时间	测压处断面面积 / m²	增（减）木板断面面积 / m²	静压读值 / Pa
1				
2				
3				

附表 4-6　　机电原始记录表

通风机型号________　　测定日期________

测点序号	测定时间	电流 /A	电压 /V	功率因数 /%	计算出的功率 /kW	功率表测得的功率 /kW	通风机转数 /r·min⁻¹
1							
2							
3							
4							

附表 4－7　通风机性能试验风量记录汇总表

试验地点＿＿＿＿＿　　　　风机名称＿＿＿＿＿

试验日期＿＿＿＿＿　　　　叶片安装角度＿＿＿＿＿

测点序号	测风地点记录时间	矿井总回风			扩散器环形空间							水泥扩散器出口			备注
		断面/m^2	风速/$m \cdot s^{-1}$	风量/$m^3 \cdot s^{-1}$	动压测定值（Pa）				平均风速/$m \cdot s^{-1}$	断面/m^2	风量/$m^3 \cdot s^{-1}$	断面/m^2	风速/$m \cdot s^{-1}$	风量/$m^3 \cdot s^{-1}$	
					1号仪器	2号仪器	3号仪器	……							
1															
2															
3															
4															

附表 4－8　通风机性能试验静压记录计算表

试验地点＿＿＿＿＿　　　　风机名称＿＿＿＿＿

试验日期＿＿＿＿＿　　　　叶片安装角度＿＿＿＿＿

测点序号	记录时间	风硐测压断面风流的相对静压/Pa	风量/$m^3 \cdot s^{-1}$	风硐断面面积/m^2	风硐测压断面风流的平均动压/Pa	通风机静压/Pa	备注
1							
2							
3							
4							

附表 4－9　通风机性能试验校正计算表

试验地点＿＿＿＿＿　　　　风机名称＿＿＿＿＿

试验日期＿＿＿＿＿　　　　叶片安装角度＿＿＿＿＿

测点序号	风机进风口大气压力/Pa	空气温度/℃	空气密度/$kg \cdot m^{-3}$	空气密度校正系数k_ρ	通风机转数校正系数k_n			校正后的风量$Q_{通}$/$m^3 \cdot s^{-1}$	校正后的通风机静压$h_{通静}$/Pa	校正后的输入功率$N_{通入}$/kW	校正后的静压输出功率$N_{通进出}$/kW
					k_n	k_n^2	k_n^3				
1											
2											
3											
4											

附表 4-10　　通风机性能试验汇总表

试验地点________　　　　风机名称________

试验日期________　　　　叶片安装角度________

测点序号	通过通风机的风量 $Q_{通}$/$m^3 \cdot s^{-1}$	通风机的静压 $h_{通静}$/Pa	静压输出功率 $N_{通进出}$/kW	通风机输入功率 $N_{通入}$/kW	静压效率 $\eta_{静}$/%	备注
1						
2						
3						
4						